全国中等职业技术学校园林绿化专业教材

园林植物保护

（第二版）

陶振国　主编

中国劳动社会保障出版社

图书在版编目（CIP）数据

园林植物保护/陶振国主编．—2版．—北京：中国劳动社会保障出版社，2013
ISBN 978-7-5167-0682-4

Ⅰ.①园… Ⅱ.①陶… Ⅲ.①园林植物-植物保护 Ⅳ.①S436.8

中国版本图书馆CIP数据核字（2013）第315975号

中国劳动社会保障出版社出版发行

（北京市惠新东街1号 邮政编码：100029）

*

中青印刷厂印刷装订 新华书店经销

787毫米×1092毫米 16开本 19印张 276千字

2014年1月第2版 2021年1月第3次印刷

定价：43.00元

读者服务部电话：（010）64929211/84209101/64921644

营销中心电话：（010）64962347

出版社网址：http://www.class.com.cn

http://jg.class.com.cn

简介

本教材为全国中等职业技术学校园林绿化专业教材，由人力资源和社会保障部教材办公室组织编写。

教材在介绍昆虫基础知识和园林植物保护一般措施的基础上，着重对园林植物常见虫害的种类及防治措施、园林植物常见病害的识别及防治方法、草坪杂草的种类及防除方法进行了详细的讲解。为了配合文字讲解，增强教学直观性，教材中使用了大量插图。每章设置的“实训”环节，可以帮助学生通过实际操作，加深对所学内容的理解，提高动手能力和解决实际问题的能力；章后的“思考练习题”用以帮助学生进一步巩固所学知识和技能。教材配有电子课件，可登录www.class.com.cn在相应的书目下载。

本教材由陶振国任主编，吴可嘉、常博明、陈美兰、傅佳益参加编写，马建伟审稿。

目录

CONTENTS

绪论……01

第一章　昆虫基础知识……03

第一节　昆虫概述……03

实训一　昆虫外部形态观察……13

第二节　昆虫的生活与环境……15

实训二　昆虫的生活与环境调查……26

第三节　昆虫的类群……28

实训三　昆虫标本的采集、制作及保存……40

实训四　昆虫的类群观察（一）……46

实训五　昆虫的类群观察（二）……47

实训六　昆虫的类群观察（三）……48

实训七　昆虫的类群观察（四）……50

第四节　非昆虫害虫形态……51

实训八　非昆虫害虫形态观察……55

思考与练习……56

第二章　园林植物保护措施……62

第一节　病虫害防治措施……62

第二节　化学农药介绍……67

第三节　常用杀虫剂介绍……72
第四节　安全合理使用农药……83
第五节　植保机械、机具的使用与维护……89
实训九　农药种类与剂型观察……102
实训十　农药的稀释……104
思考与练习……105
第三章　植物害虫的防治……107
第一节　刺吸式口器害虫的防治……107
实训十一　刺吸式口器昆虫的防治……127
第二节　食叶害虫的防治……128
实训十二　食叶害虫的防治……155
第三节　蛀干害虫的防治……157
第四节　地下害虫的防治……168
第五节　非昆虫害虫的防治……173
第六节　草坪害虫的防治……182
实训十三　综合训练……185
思考与练习……186
第四章　植物病害的防治……190
第一节　园林植物病害与病原类群……190
实训十四　园林植物病害与病原类群观察……210
第二节　病害流行与防治原则……212
第三节　杀菌剂的类型与园林常用杀菌剂……219

第四节　植物叶部病害的识别与防治……229
实训十五　植物叶部病害的识别（一）……253
实训十六　植物叶部病害的识别（二）……255
实训十七　植物叶部病害的识别（三）……257
第五节　植物茎部病害的识别与防治……259
实训十八　植物茎部病害的识别……262
第六节　植物根部病害的识别与防治……264
实训十九　植物根部病害的识别……268
实训二十　病理学综合训练……270
思考与练习……270
第五章　草坪杂草的防治……274
第一节　草坪杂草的种类……274
第二节　草坪杂草防除……283
实训二十一　除草剂使用浓度实验……292
思考与练习……294
参考文献……295

绪论

园林景观与各种栽培的园林植物，给我们的环境与生活带来了美的享受。但同时，园林植物又不可避免地会受到有害生物的危害而导致观赏性能降低，植物生长势衰弱，甚至死亡，使园林景观蒙受重大损失。为了减轻或防止此类有害生物如害虫、病原微生物和杂草对园林植物的危害，需要研究园林植物害虫、病害、草害的形态特征、发生发展规律，并人为地采取某些管理和技术措施，保证园林植物的正常生长，我们称这种措施为园林植物保护。园林植物保护工作，是发展园林事业，提高园林绿化综合效益的一项重要措施。

园林植物保护课程的主要学习内容是了解园林植物昆虫及植物病害的基础知识，了解当前园林植物保护发展方向，掌握园林植物保护的生产应用技能，掌握常见园林植物害虫、病害与草害的基本特征及重要害虫、病害及草害的发生发展规律，综合利用多学科知识，以经济、科学的方法，应用园林植物保护措施，及时有效地进行园林植物虫害、病害、草害的防治，维护人们的美好环境。

我国早在公元一千多年前就开展了治蝗、治螟工作，以后随着农业的发展又掌握了应用农业技术、有益生物和砷、汞、油类、石灰、植物性农药等防治病虫害；一千三百多年前就对选择抗病虫害品种、轮作防病等有了比较详细的记载；一千年前开始应用铜制剂等重金属制剂防治病害等。新中国成立后，国家十分重视植物保护工作，在各个不同的发展阶段，提出了相应的植保方针，颁布了一系列的政策和法令。全国各地建立健全了植物保护和植物检疫机构，培养了一支专业技术队伍，取得了显著成绩。

近年来，我国在综合防治病虫害的手段方面有了较大发展。生物防治逐步开展起来，利用激素、电离辐射治虫，利用抗生素治病等新技术正在逐步推广。农药品种逐年增多，高效低毒、低残留和特异性农药不断出现。植物检疫制度也在不断完善，以城市生态园林为基础的综合防治理论水平进入了新的阶段，城市绿地生态系统工程开始在综合治理中得以应用。先进的喷药机械，如机动喷雾机、超低量喷雾器、管道化喷药设备等已大面积推广使用。测报工具和测报技术有了迅速的发展。

但是，随着园林环境的不断变化，有害生物的组成也发生了相应的改变。特别是滥用农药，破坏了自然界的生态平衡，使得一些原来已经控制了的有害生物又有所抬头，某些次要有害生物上升为主要防治对象。随着园林植物的大量引进和大范围调运，又面临着新的病虫为害的问题。加上目前我们仍对一些有害生物的发生、发展规律了解不多，缺乏经济有效的防治措施，某些检疫对象的分布区域正在逐渐扩展，新的危险性有害生物也存在传入和扩大为害的问题，有害对象的抗药性也在不断提高。随着园林绿化事业的迅速发展，对植物保护工作提出了更高的要求。“预防为主，综合治理”就是在保护环境的前提下重视自然控制作用，对有害生物的一种管理系统，是园林植物保护的基本方针。

“预防为主，综合治理”的园林植保方针，要求尽可能协调地运用适当的技术措施和多种行政措施，使有害生物种群控制在经济受害允许水平之下，并获得最佳的经济效益、社会效益和生态效益。植物保护工作要全面贯彻“预防为主，综合治理”的方针，加强植物检疫和测报工作，把有害对象的防治工作纳入综合治理的轨道。

学习本课程的目的，就是要掌握防治有害生物的基本理论知识和实际操作技能，为学习各种重要园林植物有害生物的发生发展规律和防治方法打下基础。本课程实践性强，在学习过程中要坚持理论联系实际，积极参加教学实践，提高对园林植物病虫害的识别能力和防治水平，为现代城市园林绿化做出贡献。

第一章　昆虫基础知识

学习目标

◆掌握昆虫的基本形态特征
◆了解昆虫的基本生活习性
◆了解昆虫与生活环境的关系
◆掌握与园林关系密切的主要目的特征
◆了解常见的非昆虫类害虫

昆虫与园林植物的关系十分密切，园林植物既是多种昆虫的生活环境，又是其主要的食料来源。如金龟子成虫吃植物叶片，幼虫危害植物根部；天牛幼虫蛀食植物枝干等。绝大多数昆虫是对园林植物的生长与观赏有害的，但也有部分昆虫会直接或间接地对人类有益，如瓢虫捕食害虫、蚕能吐丝、蜜蜂酿蜜等。因此，人们可以保护、利用、人工饲养某些有益昆虫来防治害虫，造福人类。

第一节　昆虫概述

昆虫属节肢动物门的昆虫纲。其外部形态变化较大，昆虫因种类的不同，身体构造差别很大，但基本构造是一致的。其最基本特征为：成虫整个体躯分头、胸、腹三部分；胸部具有3对分节的足，通常还有两对翅；另外，身体还包裹着坚硬的外骨骼，并着生各种衍生物。

一、昆虫体躯的分段、分节

昆虫纲成虫身体分头、胸、腹三个体段（见图1—1）。头部有口器和1对触角，通常还有2～3个单眼和1对复眼；胸部由三节构成，生有3对分节的足，大部分种类有两对翅；腹部一般由9～11个体节组成，末端生有外生殖器，有的昆虫还有1对尾须。昆虫身体的最外层是坚韧的“外骨骼”。

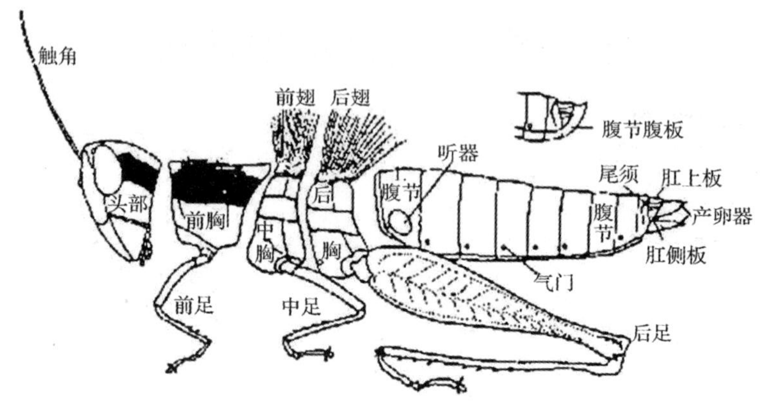

图1—1　昆虫结构

二、昆虫的头部

昆虫的头部一般呈圆形或椭圆形，位于体躯最前方，外表是坚硬的头壳。头部的附器有触角、复眼（单眼）和口器。昆虫的头壳表面有缝和沟，将头部划分成若干区域。常见的有额、唇基、头顶、颊和后头。头部是昆虫感觉和取食的中心。

1. 触角

昆虫除少数种类外，头部都有一对触角，一般着生于额两侧。触角由许多环节组成。基部第一节称为柄节，第二节称为梗节，梗节以后的各小节统称为鞭节（见图1—2）。

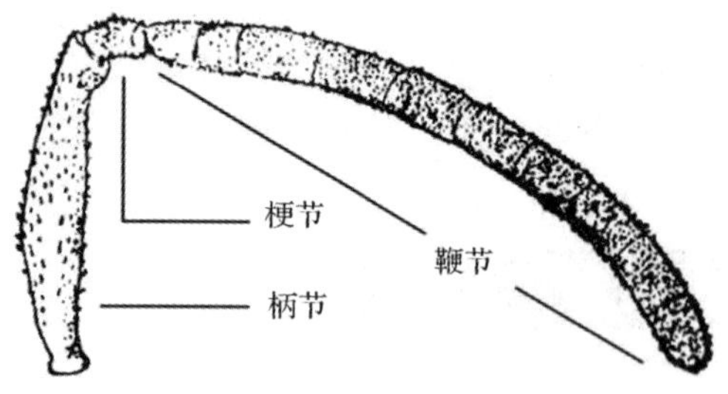

图1—2　昆虫的触角结构

触角是昆虫重要的感觉器官，表面上有许多感觉器，具有嗅觉和触觉的功能，昆虫借以觅食和寻找配偶。昆虫触角的形状因昆虫的种类和雌雄不同而多种多样，昆虫触角的形状成为昆虫分类的重要依据。因此，识别昆虫触角的类型是学习园林植物保护必须要掌握的技能，昆虫触角的常见形状（见图1—3）有以下几种。

（1）刚毛状。触角短，基部两节较粗，鞭节部分则细如刚毛。如蝉、蜻蜓、叶蝉等

的触角。

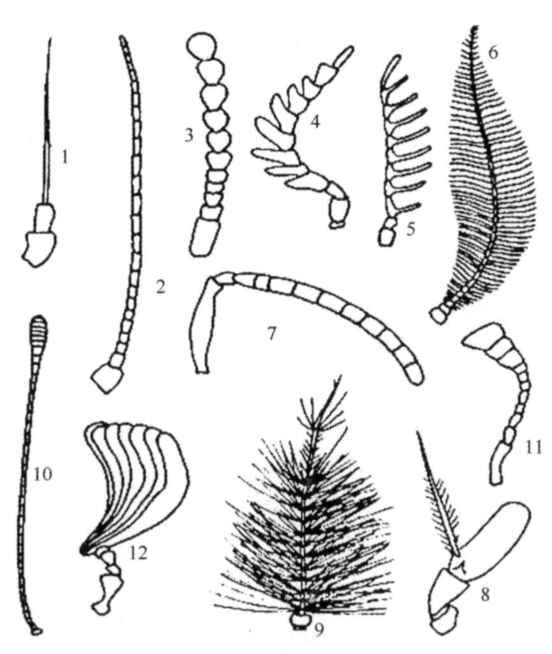

1—刚毛状 2—丝状 3—念珠状 4—锯齿状 5—栉齿状 6—羽毛状
7—膝状 8—具芒状 9—环毛状 10—球杆状 11—锤状 12—鳃片状

图1—3　昆虫的触角类型

（2）丝状（线状）。触角细长，除基部1～2节稍大外，其余各节大小和形状相似。如蟋蟀、螽斯等的触角。

（3）念珠状。鞭节由近似圆球形、大小相似的小节组成，像一串念珠。如白蚁的触角。

（4）锯齿状。鞭节各节的端部向一边突出呈锯齿状。如叩头虫、芫菁等昆虫的触角。

（5）栉齿状。鞭节各小节的一边向外突出呈细枝状，形如梳子。如蛾类雄虫的触角。

（6）羽毛状。鞭节各节向两边伸出细枝，形似羽毛。如蛾类雌虫的触角。

（7）膝状。触角的柄节很长，梗节短小，鞭节和柄节弯成膝状。如象鼻虫、蜜蜂的触角。

（8）具芒状。触角短，鞭节仅一节，上有一根刚毛或芒状构造，称触角芒。如蝇类的触角。

（9）环毛状。鞭节各节均生有一圈长毛，近基部的毛较长。如雄性蚊子的触角。

（10）球杆状。触角细长如杆，近端部数节逐渐膨大。如蝶类的触角。

（11）锤状。与球杆状相似，但触角较短，末端数节显著膨大似锤。如瓢虫的触角。

（12）鳃片状。触角末端数节延展呈片状，状如鱼鳃，可以开合。如金龟子的触角。

2. 单眼与复眼

眼是昆虫的视觉器官，在昆虫的取食、栖息、繁殖、避敌、决定行动方向等各种活动中起重要作用。

昆虫的眼有两种：一种是复眼，1对，位于头的两侧，是由一至多个小眼集合而成，是昆虫的主要视觉器官；另一种是单眼，一般有3个，但也有1～2个或无单眼的。单眼只能分辨光线强弱和方向，不能分辨物体和颜色。

3. 口器

口器是昆虫的取食器官。昆虫由于食性和取食方式的不同，产生了各种不同类型的口器。

（1）咀嚼式口器。用于取食固体食物，是昆虫最基本、最原始的口器类型。其基本构造由上唇、上颚、下颚、下唇及舌五个部分组成（见图1—4）。

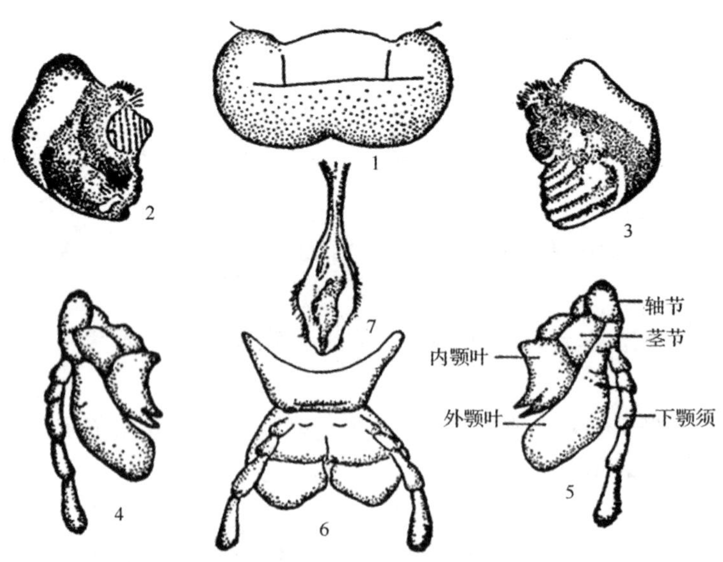

1—唇　2，3—上颚　4，5—下颚　6—下唇　7—舌

图1—4　咀嚼式口器组成

具有咀嚼式口器类型的昆虫有蝗虫、蟋蟀、蝼蛄、蛾蝶类的幼虫、甲虫的成虫与幼虫、叶蜂类的成虫与幼虫等。其典型危害是造成植物体各种形式的机械损伤。如最明显的是常造成叶片的缺刻、孔洞或将叶肉吃去，仅留网状叶脉，甚至全部被吃光；钻蛀性害虫常将茎秆、果实等蛀成隧道或孔洞；有的害虫钻入叶中潜食叶肉；有的害虫咬断幼苗的根或茎，造成幼苗萎蔫枯死；还有的害虫吐丝、卷叶、缀叶等。

防治咀嚼式口器害虫，常用的方法是使用胃毒剂和微生物农药。将这类药剂直接喷布于植物体上或制成毒饵，使其和食物一起被昆虫食入消化道，即可引起昆虫中毒或致病死亡。

（2）刺吸式口器。用于取食液体食物，由咀嚼式口器演化而成的。其构造特点是上唇短小，呈三角形；上、下颚变成两对口针，相互嵌合形成两个管道；下唇延长成包藏和保护口针的喙。刺吸式口器昆虫危害植物时是借助肌肉动作将口针刺入组织内，吸取汁液，而喙留在植物体外（见图1—5）。

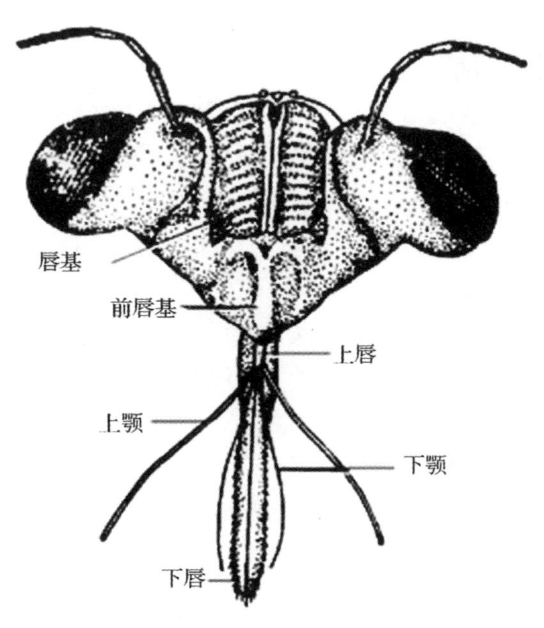

图1—5　刺吸式口器组成

具有刺吸式口器类型的昆虫有蚜虫、蝉、介壳虫、蝽等。其典型危害是植物受害部位常出现各种褪色斑点，使受害植株萎蔫，叶片卷曲、黄化、皱缩，或在叶、茎、根上形成虫瘿等。同时，很多蚜虫、叶蝉、木虱等是传播植物病害的媒介，特别是病毒类病害的主要媒介。

防治刺吸式口器昆虫只能用触杀剂、熏蒸剂和内吸剂才有防治效果。

（3）虹吸式口器。虹吸式口器是蛾、蝶类成虫所特有的口器类型。上唇和上颚退化，下唇呈片状，下颚须发达，由左、右下颚的外颚叶特化成一条能卷曲、能伸展的喙，取食时可伸展吸吮花蜜。

（4）其他类型口器。除前面三种口器类型之外，昆虫还有舐吸式口器（蝇类成虫）、锉吸式口器（蓟马类）、嚼吸式口器（蜜蜂成虫）等。昆虫由于食性的不同，取食器官在头部着生的位置也有不同，一般可以分为下列三种类型。

1）下口式：口器向下，头部的纵轴和身体的纵轴近呈直角，如蝗虫，此类口器昆虫多见于植食性昆虫。

2）前口式：口器向前伸出，头部纵轴和身体的纵轴接近平行，如步甲、蝼蛄、天牛幼虫等，此类口器昆虫多见于捕食性昆虫和钻蛀性昆虫。

3）后口式：口器向后伸出，头部的纵轴和身体的纵轴呈锐角，如蝉、蝽、蚜虫等，此类口器昆虫多为刺吸式口器。

昆虫各种不同的口器，决定了其不同的取食方法。了解昆虫口器的类型，不仅可辨别昆虫的种类，更可以正确地采取合理的防治措施。

三、昆虫的胸部

昆虫的胸部也分成三个部分，即前胸、中胸和后胸，分别着生前足、中足和后足。大部分昆虫在中胸和后胸上着生一对前翅和一对后翅。因此，胸部是昆虫的运动中心。

1. 胸节的基本构造

昆虫的每一胸节均由背板、侧板（左右对称）和腹板组成，各骨板又被若干沟缝划分为一些骨片，如盾片、小盾片等。

各胸节的发达程度与足、翅的功能密切相关。前足发达的种类（如蝼蛄、螳螂），其前胸也较发达；前翅为重要飞行器的种类（如蝇类），其中胸就最发达；后翅为重要飞行器的种类（如甲虫），其后胸就比中胸发达。

2. 胸足的构造与类型

胸足是胸部的附肢，是昆虫重要的运动器官，着生于侧板和腹板之间。成虫的胸足一般分为6节，由基部向端部依次称为基节、转节、腿节、胫节、跗节和前跗节。除前跗节外，各节大致都呈管状，节间由膜相连接，均可活动。前跗节是胸足的末端部分，由着生在最末一个跗节端部两侧的爪及爪间的中垫组成，爪与中垫可扒住物体或附着在物体上。

昆虫的胸足由于要更好地适应不同的生活环境和生活方式，特化成了形态和功能不同的足。常见的胸足类型有（见图1—6）以下几种。

（1）步行足。步行足是最常见的一种足，各节发育均匀，细而长，无显著特化，适于行走。如步行虫、瓢虫、蟑螂等。

（2）跳跃足。跳跃足一般由后足特化而成，后足的腿节特别发达，胫节细长，适于跳跃。如蝗虫、蟋蟀等的后足。

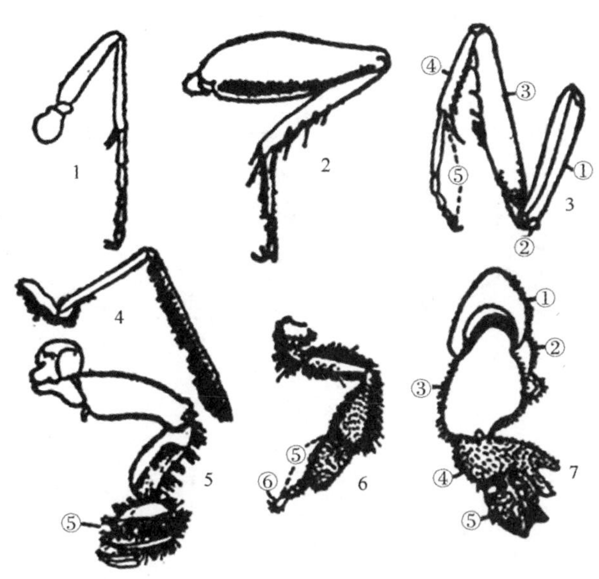

1—步行足 2—跳跃足 3—捕捉足 4—游泳足
5—抱握足 6—携粉足 7—开掘足

①基节 ②转节 ③腿节 ④胫节 ⑤跗节 ⑥爪

图1—6 昆虫足的类型

（3）捕捉足。捕捉足为前足特化而成，其基节延长，腿节腹面有槽，胫节可以折嵌在槽内，形似折刀，且腿节与胫节的相对面上具齿，适于捕捉。如螳螂、猎蝽的前足。

（4）游泳足。游泳足扁平，胫节和跗节边缘缀有长毛，适于划水。如龙虱、仰蝽的后足。

（5）抱握足。抱握足较短粗，跗节特别膨大，具吸盘状构造。如龙虱雄虫的前足。

（6）携粉足。携粉足后足胫节宽扁，向外的一面光滑并内陷，生很多毛，特称“花粉蓝”。第一跗节很大，内面有横列的硬毛，用以梳刮附着在身体上的花粉。如蜜蜂的后足。

（7）开掘足。开掘足一般由前足特化而成，前足较短而宽，胫节宽扁有齿，适于掘土挖隧道。如蝼蛄、金龟子的前足。

胸足的类型常用于推断昆虫的栖息场所和取食方式等，如具开掘足的昆虫为土栖，具游泳足的昆虫为水生，具捕食足的昆虫为捕食性，后腿膨大的昆虫善跳跃等。因此，可依据足的类型辨别昆虫种类，并采取相应方法防治害虫和保护益虫。

3. 翅的构造与类型

昆虫的翅是由胸节背板侧缘向外扩展而来。昆虫的翅通常呈三角形，具有三边和三角。为了适应折叠和飞行，翅上常生一些褶线，将翅面划分为四个区，如图1—7所示。

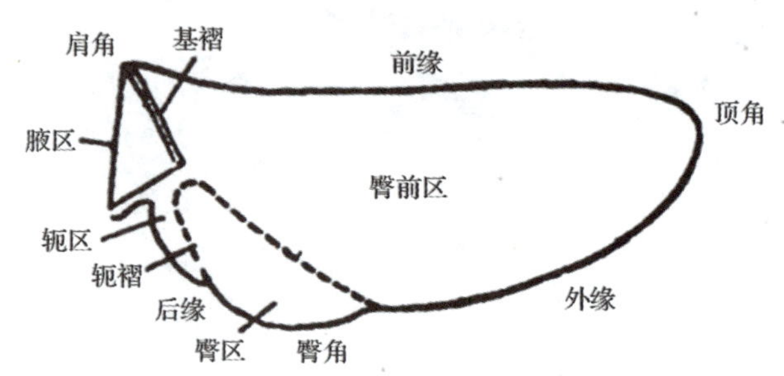

图1—7　翅的分区

三边：前缘、外缘、后缘（内缘）。

三角：肩角（基角）、顶角、臀角。

四区：腋区、轭区、臀区、臀前区。

根据昆虫翅的形状、质地与被覆物，可将昆虫的翅分为以下几种类型（见图1—8）。

（1）复翅。翅质地坚韧如皮革，多不透明或半透明，有翅脉。如蝗虫、蟋蟀的前翅。

（2）膜翅。翅膜质薄而透明，翅脉明显可见。如蜻蜓、蜜蜂等的翅。

（3）鳞翅。翅的质地为膜质，翅上密被鳞片，外观不透明。如蛾、蝶的翅。

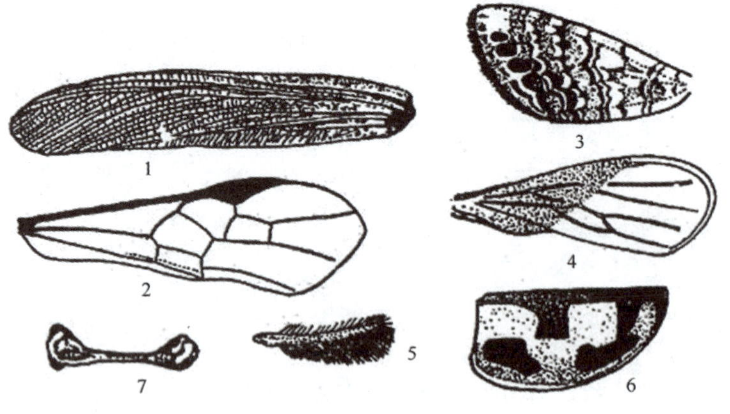

1—复翅 2—膜翅 3—鳞翅 4—半鞘翅 5—缨翅 6—鞘翅 7—平衡棒

图1—8　翅的类型

（4）半鞘翅。基半部为皮革质或角质，端半部为膜质，有翅脉。如蝽的前翅。

（5）缨翅。前后翅狭长，翅脉退化，翅的质地为膜质，边缘上着生细长缨毛。如蓟马类的翅。

（6）鞘翅。翅质地坚硬如角质，不用于飞行，用来保护背部和后翅，如甲虫类的前翅。

（7）平衡棒。某些昆虫的后翅退化成很小的棒状构造，飞翔时用以平衡身体。如蚊、蝇的后翅。

四、昆虫的腹部

腹部是昆虫的第三体段，紧接于胸部，一般由9～11节构成，大多数昆虫不超过10节，其中第1～7节无附肢，第8节、第9节着生外生殖器，第10节、第11节着生尾须。各种内脏如消化、循环、神经、排泄、呼吸和生殖系统均着生在腹腔内（见图1—9），因此，腹部是昆虫代谢和生殖的中心。

1. 腹部的基本构造

昆虫的每个腹节由背板、腹板和侧膜组成。前后相连的两腹节相互套叠，因此腹部能伸缩、弯曲、扩张、转动。这对昆虫的呼吸、循环并容纳大量的卵和产卵活动都十分有利。如蝗虫产卵时，腹部可伸长1～2倍，甚至达3.6倍，将卵产入深层土壤中。

2. 昆虫的外生殖器

昆虫的腹部末端着生外生殖器，雌性的外生殖器称为产卵器，雄性的外生殖器称为交配器。

3. 尾须

尾须是由末腹节附肢演化而成的须状外凸物，其形状因昆虫种类不同变化较大。有的不分节，呈短锥状，如蝗虫；有的细长多节呈丝状，如缨尾目、蜉蝣目；有的硬化成铗状，如革翅目。尾须上生有许多感觉毛，具有感觉作用。

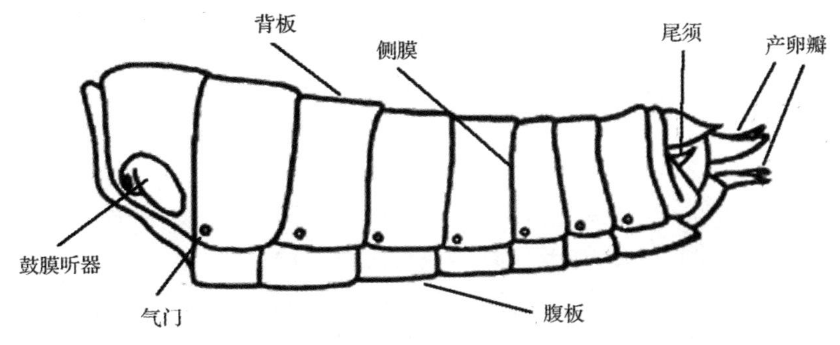

图1—9　昆虫的腹部

五、昆虫的体壁及其衍生物

体壁是昆虫的表面外壳，又称外骨骼，其主要作用是保持体形完整，供体内肌肉着生，保护内脏避免机械损伤，阻止体内水分蒸发，防止毒物入侵，使体表着生感觉器，以适应环境变化与外界保持联系。因此，体壁影响着昆虫机体多方面的生命活动，对决定昆虫的生物学特性起着重要作用。

1. 体壁的结构与性能

体壁从内向外由底膜、皮细胞层（也称真皮层）和表皮层组成。昆虫体壁的保护特性主要是表皮层的作用。体壁的分层结构对昆虫发展成为自然界最昌盛的动物类群有很大意义。认识昆虫的体壁特性目的就是设法打破其保护性能，提高农药穿透体壁的能力，杀灭害虫。

2. 体壁衍生物

昆虫体壁的衍生物包括体壁的外长物和皮细胞腺。

体壁的外长物分为非细胞性的和细胞性的两大类。非细胞性的凸起有小刺、脊纹和翅面上的微毛等。细胞性的凸起又可分为多细胞和单细胞两类：单细胞外长物主要有刚毛、感觉毛、毒毛和鳞片；多细胞外长物主要指刺和距，区别是刺的基部固着在体壁上，不能活动，而距的基部则与体壁以膜相连，可以活动，如图1—10所示。

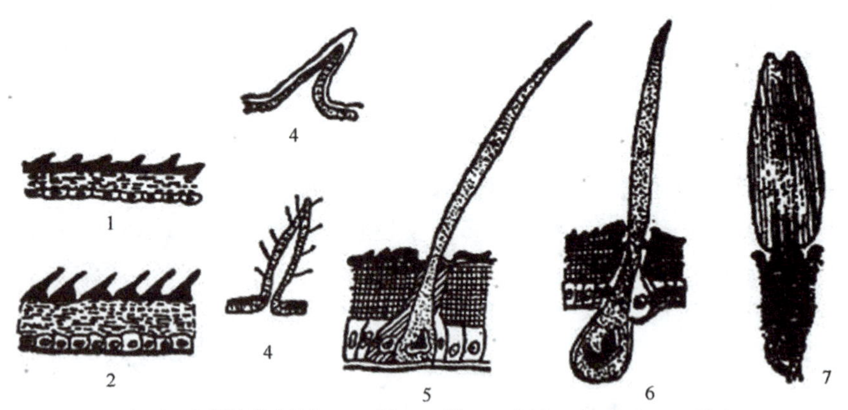

1，2—非细胞表皮凸起　3—刺　4—距　5—刚毛　6—毒毛　7—鳞片

图1—10　体壁衍生物

昆虫体壁的皮细胞腺包括唾腺、蜡腺、丝腺、胶腺、臭腺、毒腺、性腺等，分别能分泌各种特殊物质，控制昆虫的生长发育等各种生命活动。

了解昆虫体内的腺体及其分泌性能，对广开自然资源，研究昆虫生理功能，开辟害虫防治的新途径具有重要意义。目前，已有人工合成的类似腺体分泌物实际应用于害虫的防治上。

实训一　昆虫外部形态观察

一、实训目的及要求

认识昆虫体躯外形的一般特征与主要附器的着生位置，了解昆虫触角、足及翅的基本构造及常见类型。

二、实训材料与用具

材料：蝗虫、蝼蛄、椿象、蝉、蚜虫、金龟甲、步行甲、蛾类、蝶类、蓟马类、螳螂、草蛉、蜜蜂、蜻蜓、象甲、白蚁等浸渍标本、针插标本。

用具：体视显微镜、放大镜、挑针、镊子等。

三、实训内容及方法

1. 昆虫体段的观察

用放大镜观察蝗虫体躯，注意体外包被的外骨骼，体躯分节情况，头、胸、腹三个体段的划分，以及各体段着生的主要附器的种类、位置与形态。

2. 触角观察

用体视显微镜或放大镜观察蜜蜂触角的柄节、梗节、鞭节的构造，对比观察蝗虫、蝉、蛾类、蝶类、椿象、金龟甲、白蚁等触角，以了解触角的不同类型。

3. 足的观察

观察蝗虫后足的基节、转节、腿节、胫节、跗节，爪及爪垫的构造，对比观察蝼蛄、螳螂的前足，蝗虫的后足，步行甲的足，以了解昆虫足的变化及类型。

4. 翅的观察

取蛾类的前翅，观察昆虫翅的构造及分区，对比观察蝗虫、蜂类、草蛉、蓟马类的前后翅，椿象、金龟甲类的前翅，比较昆虫翅的不同类型及特征。

四、作业

1. 绘制蝗虫外部形态图，并注明其各体段及附器的名称。

2. 绘制昆虫足的基本构造图，并注明各部分名称。

3. 观察昆虫翅，指出其三边与三角及翅的分区。

4. 将观察后的昆虫各类型附器从昆虫体上取下，粘贴于实验报告上，并指明各附器的类型。

实验报告

昆虫外部形态观察
一、实训目的及要求 认识昆虫体躯外形的一般特征和主要附器的着生位置，了解昆虫触角、足及翅的基本构造及常见类型。
二、实训材料与用具 蝗虫、蝼蛄、椿象、蝉、蚜虫、金龟甲、步行甲、蛾类、蝶类、蓟马类、螳螂、草蛉、蜜蜂、蜻蜓、象甲、白蚁等浸渍标本，针插标本。体视显微镜、放大镜、挑针、镊子等。
三、实训内容及方法 1．昆虫体段的划分。 2．触角、足、翅的观察。
四、作业 1．绘制蝗虫外部形态图，注明各体段及附器的名称。
2．绘制昆虫足的基本构造图，并注明各部分名称。 3．观察昆虫翅，指出其三边和三角及翅的分区。 4．将观察后的昆虫各类型附器从昆虫体上取下，粘贴于实验报告上，并指明各附器的类型。 触角： 翅： 足：

第二节 昆虫的生活与环境

昆虫从卵开始到成虫为止的一生，包括昆虫的生殖、发育、变态等方面的生物特性。研究昆虫的生活规律，对害虫的防治和益虫的利用都有重要的意义。

一、昆虫的生殖方式

昆虫是自然界中分布最广、种类最多、数量最大的动物类群，这与它的繁殖特点是分不开的，主要表现在其繁殖方式的多样化、繁殖力强、生活史短和所需的营养少等方面。大多数昆虫为雌雄异体，进行两性生殖，也有若干种昆虫有特殊的生殖方式，比如多胚生殖和幼体生殖等。

1. 两性生殖

绝大多数昆虫经过雌雄交配后，产下的受精卵发育成新个体的生殖方式称为两性生殖。如天牛、蛾、蝶等的生殖方式。

2. 孤雌生殖

雌虫所产生的卵不经过受精而发育成新个体的现象称为孤雌生殖，又称单性生殖。常见的孤雌生殖有偶发性、经常性、季节性（周期性）三类。

（1）偶发性的孤雌生殖。在正常情况下行两性生殖，偶尔出现未经受精的卵而发育成新个体的现象，如家蚕。

（2）经常性的孤雌生殖。在正常情况下行孤雌生殖，偶尔发生两性生殖。在膜翅目蜜蜂、蚂蚁等昆虫中，受精卵发育成雌虫，未受精卵发育成雄虫。

（3）周期性的孤雌生殖。孤雌生殖和两性生殖随季节变迁而交替进行，这种现象称为世代交替。蚜虫是常见的例子，蚜虫从春季到秋季连续若干代都以孤雌生殖繁殖后代，只在冬季将来临时才产生雄蚜，进行两性生殖，雌雄交配产卵越冬。

3. 多胚生殖

一个成熟的卵可以发育成两个或两个以上的个体的生殖方式称为多胚生殖。常见于膜翅目的小蜂、细蜂等寄生性昆虫。

4. 幼体生殖

少数昆虫在母体尚未达到成虫阶段，还处于幼虫期就进行生殖，称为幼体生殖。幼体生殖实际是一种孤雌生殖，如一些瘿蚊。

二、昆虫的发育

昆虫的个体发育可分为胚胎发育和胚后发育两个阶段。胚胎发育是指从卵受精开始，到幼虫破开卵壳孵化为止，昆虫的胚胎发育是在卵内进行的。胚后发育是指幼虫自卵中孵出到成虫性成熟为止。在胚后发育过程中，需要经过一系列形态和内部器官的变化，这种现象称为变态。最常见的变态类型有不完全变态与完全变态。昆虫的发育一般经过卵期、幼虫期、蛹期和成虫期四个阶段。

1. 卵期

卵期是昆虫个体发育的第一个时期，是指卵从母体产下后到孵化出幼虫所经过的时期。昆虫在胚胎发育完成后，幼虫破卵而出，称为孵化。卵是一个不活动的虫态，昆虫对产卵和卵的构造本身都有特殊的保护性适应，所以常被用作虫情调查的对象。因此，了解昆虫的产卵方式，确认各种卵的类型，对选择针对性强的防虫、治虫方式，具有特殊的实际意义。

昆虫卵的形状多种多样。常见的卵为圆形或肾形，如蝗虫的卵。此外，还有球形（如甲虫）、桶形（如椿象）、半球形（如夜蛾类）、有柄形（如草蛉）、瓶形（如粉蝶）等。卵的表面有的平滑，有的具有华丽的饰纹（见图1—11）。

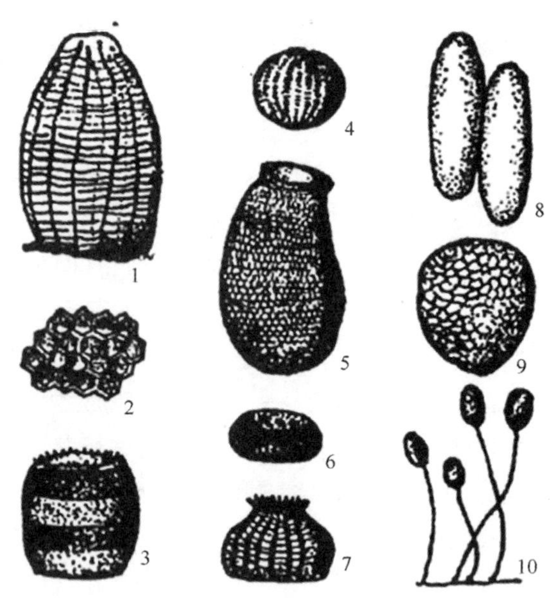

1—瓶形 2—卵壳一部分 3—桶形 4—球形 5—茄果形
6—半球形 7—篓形 8—长椭圆形 9—卵形 10—有柄形

图1—11 昆虫卵的形状

昆虫的产卵方式随种而异，有的散产，如天牛、凤蝶；有的聚产，如螳螂、椿象；有的裸产，如松毛虫；有的隐产，如蝉、蝗虫等。

2. 幼虫期

幼虫期是昆虫个体发育的第二个时期。从卵孵化出来后到出现成虫特征之前的整个发育阶段，称为幼虫期（或若虫期）。幼虫期的明显特点是大量取食，积累营养，迅速增大体积。从实践意义来说，幼虫期对园林植物的危害最严重，因而常常是防治的重点

时期。

在幼虫的发育过程中，每隔一定时间要将旧的表皮蜕去，幼虫蜕去旧表皮的过程称为蜕皮。各种昆虫的蜕皮次数很不相同，但同一种昆虫的蜕皮次数一般来说是相当稳定的。在正常情况下，幼虫生长到一定程度就要蜕一次皮，所以它的大小或生长进程（即所谓虫龄）可以用蜕皮次数来作指标。初孵的幼虫称1龄幼虫，蜕一次皮后称2龄幼虫，每蜕一次皮就增加1龄，幼虫生长到最后1龄，称为老熟幼虫或末龄幼虫。

完全变态类昆虫的幼虫由于食性、习性和生活环境十分复杂，幼虫在形态上的变化极大，根据幼虫足的数目可分成无足型、寡足型和多足型三类（见图1—12）。

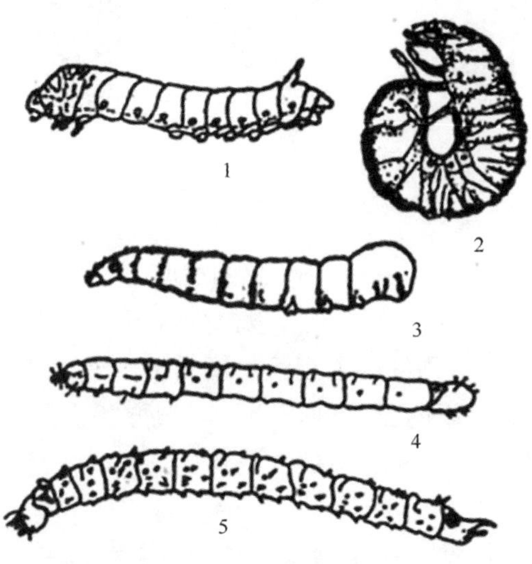

1—多足型 2—寡足型 3—无足型（无头）
4—无足型（半头） 5—无足型（全头）

图1—12 幼虫足的类型

（1）无足型。幼虫既无胸足，也无腹足。

（2）寡足型。幼虫只具有3对胸足，没有腹足和其他附肢。

（3）多足型。幼虫具有3对胸足，2~8对腹足。

3. 蛹期

自末龄幼虫蜕去表皮至变为成虫所经历的时间称为蛹期。蛹是完全变态类昆虫由幼虫变为成虫的过程中必须经过的虫态。

根据翅、触角和足等附肢是否紧贴于蛹体上及蛹的形态，将蛹分为三类（见图1—13）。

（1）离蛹（裸蛹）。触角、足等附肢和翅不贴附于蛹体上，可以活动。

（2）被蛹。触角、足、翅等附肢紧贴蛹体上，不能活动。

（3）围蛹。蛹体实际上是离蛹，但蛹体外面由末龄幼虫所蜕的皮形成的蛹壳所包围。

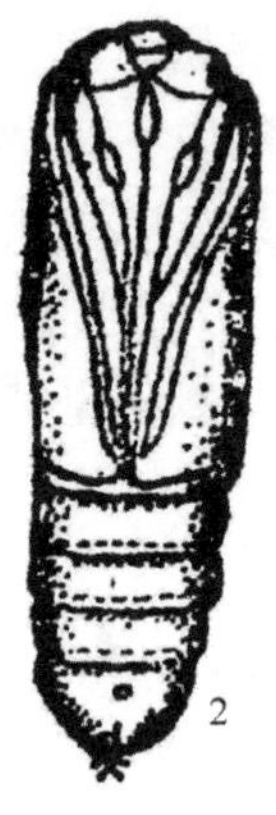

1—离蛹 2—被蛹 3—围蛹

图1—13 蛹的类型

蛹期是个不活动的虫期，蛹期不取食，也很少进行主动的移动，缺少防御和躲避敌害的能力，而其内部则进行着激烈的器官组织的解离和生理活动，要求相对稳定的环境来完成所有的转变过程。因此，不同昆虫的化蛹场所与方式也是多种多样的，有的吐丝作茧，有的在树皮缝中或在地下作土室，有的在蛀道内或卷叶内等。

4. 成虫期

成虫期是昆虫个体发育的最后一个时期。成虫从它的前一虫态蜕皮而出的过程，统称为羽化。

有些昆虫刚羽化后，性器官就已经成熟，不需要取食即可交尾、产卵。这类成虫口器一般都退化，寿命很短。大多数昆虫羽化为成虫时，性器官还未完全成熟，需要继续取食，才能达到性成熟，这种现象称为“补充营养”。

成虫雌雄性别十分明显。除外生殖器的构造不同外，雌雄的区别常表现在个体大小、体形差异、颜色变化等方面，这种现象称为雌雄二型。同种昆虫具有两种或更多不同类型的个体，而这种分化并非表现在雌雄性的差异上，即在同一性别的个体中出现不同类型的分化，这种现象称为昆虫的多型现象。如季节性出现多型现象的蚜虫和社会性多型的蜜蜂。

三、昆虫的变态

昆虫经过长期的演化，由于幼虫虫态的分化程度不同以及对环境长期适应的结果，发生了不同的变态类型，大致可分为不完全变态和完全变态。

1. 不完全变态

不完全变态是指昆虫在个体发育过程中，只经过卵、若虫（幼虫）、成虫三个虫态的变化。成虫的特征随着若虫的生长发育逐步显现，成虫与若虫形态上的差别不大，只是翅、性器官等的发育程度有些不同。这类变态分为三个亚型。

（1）渐变态。其幼虫除翅未成长和性器官未成熟外，其他与成虫相同，生活习性也一样，故称这类幼虫为“若虫”，如蟋蟀、蝗虫、椿象、蝉等。

（2）半变态。其幼虫水生、成虫陆生，幼虫形态为适于水生特点而不同于成虫，这类幼虫又称为“稚虫”，如蜻蜓、豆娘等。

（3）过渐变态。其幼虫在转变为成虫前有一个不食不动的类似蛹的时期，真正的幼虫仅2～3龄，如蚧虫的雄虫属过渐变态。

2. 完全变态

完全变态是指昆虫一生经过卵、幼虫、蛹和成虫四个虫态。其特点除有卵、幼虫、蛹、成虫四个明显不同的外部形态外，幼虫和成虫的生活习性和栖息环境也十分不同，在幼虫变为成虫过程中，口器、触角、足等都需经过重新分化；在幼虫与成虫之间要经历“蛹”这一特殊阶段来完成体形变化。如蛾、蝶、甲虫、蜂和蝇等。

四、昆虫的世代和生活史

1. 昆虫的世代

昆虫自卵或幼体离开母体到成虫性成熟产生后代为止的个体发育周期，称为1个世代。各种昆虫完成1个世代所需的时间不同，在一年内完成的世代数也不同，如红脚绿金龟、樟蚕等一年发生1个世代；棉卷叶野螟等一年内完成5个世代；桑天牛等需2年才完成1个世代；有的昆虫甚至十几年才能完成1个世代，如美洲十七年蝉完成1个世代。昆虫完成1个世代所需的时间和一年内发生的代数，除昆虫的种类不同外，往往与所处的地理位置、环境因子有密切的关系。

一年发生多代的昆虫，由于成虫发生期长和产卵先后不一，同一时期内，在一个地区可同时出现后代个体生长发育不整齐，出现前代与后代混合发生，代界不明显的现象，这种现象称为世代重叠。

对一年发生2代和多代的昆虫，划分世代的顺序均以卵期开始，依先后出现的次序称第1代、第2代……但应注意跨年虫态的世代顺序，习惯上是凡以卵越冬的，越冬卵就是次年的第1代卵。如梧桐木虱，2012年秋末产卵越冬，卵至2013年四五月孵化，这越冬卵就是2013年的第1代卵。以其他虫态越冬的都不是次年的第1代而是前一年的最后一代，称为越冬代。如马尾松毛虫2011年11月中旬以4龄幼虫越冬，这越冬幼虫称为2011年的越冬代幼虫。

2. 生活史

昆虫在一年中发生世代及生长发育的状况称为生活史。包括越冬虫态、一年中发生的世代、越冬后开始活动的时期、各代历期、各虫态的历期和生活习性等。了解害虫的生活史，掌握害虫的发生规律，是防治害虫的可靠依据。

昆虫的年生活史除用文字进行叙述外，也可以用图表来表示（见表1—1）。

表1—1　XXX叶甲生活史

月 旬 代	1	2	3	4	5	6	7	8	9	10	11	12
	上中下	上中下	上中下	上中下	上中下	上中下	上中下	上中下	上中下	上中下	上中下	上中下
越冬代	⊕⊕ ⊕	⊕⊕ ⊕	⊕⊕ ⊕ ++ +	++								
第1代				… —— — ○ ○ +	— ○○ ○ ++ +	+						
第2代					… —— ○ ○ +	‥ —— ○○ ○ ++ + △△	△△ △	△△ ++ +	+			
第3代									… — — ○ ○ +	‥ —— ○○ ++ + ⊕⊕ ⊕	⊕⊕ ⊕	⊕⊕ ⊕

图例：…卵，—幼虫，○蛹，+成虫，⊕越冬成虫，△越夏成虫

五、昆虫的主要生活习性

昆虫种类众多，分布极广，在长期演化过程中，为适应在各种复杂的环境条件下生存，各种昆虫具有许多不同的习性，如食性、趋性、假死性等。掌握昆虫的这些习性，就可以正确地进行虫情调查，预测预报，寻找害虫的薄弱环节，采取各种有效措施消灭害虫。

1. 食性

各种昆虫在自然界的长期活动中逐渐形成了一定的食物范围。

（1）按照取食的对象一般可分为以下几种。

1）植食性昆虫：以活的植物的各个部位为食物的昆虫。大多数是林业害虫，如马尾松毛虫、刺蛾、叶甲等；少数种类对人类有益，如柞蚕、家蚕等。

2）肉食性昆虫：以其他动物为食物的昆虫。如瓢虫、螳螂、食虫虻、胡蜂等，寄生在害虫体内的寄生蝇、寄生蜂等，对人类有害的蚊、虱等。

3）腐食性昆虫：以动物、植物残体或粪便为食物的昆虫，如蜣螂（粪金龟子）等。

4）杂食性昆虫：既以植物或动物为食，又可腐食，如蜚蠊（蟑螂）。

（2）根据昆虫所吃食物种类的多少分类，又可分为以下几类。

1）单食性昆虫：只以一种或近缘种动植物为食物的昆虫，如臭椿皮蛾、大叶黄杨金星尺蛾等。

2）寡食性昆虫：以一科或几种近缘科的动植物为食物的昆虫，如菜粉蝶、马尾松毛虫等。

3）多食性昆虫：以多种非近缘科的动植物为食物的昆虫，如刺蛾、棉蚜和蓑蛾等。

2. 趋性

趋性是指昆虫对各种刺激物所产生的反应，趋向刺激物的活动称正趋性，避开刺激物的活动称负趋性。各种刺激物主要有光、温度、化学物质等。因而趋性也就有趋光性、趋化性、趋温性等。

（1）趋光性。趋光性是昆虫视觉器官对光线刺激所引起的趋向活动。

（2）趋化性。趋化性是昆虫嗅觉器官对化学物质刺激所引起的嗜好活动。

（3）趋温性。趋温性是昆虫感觉器官对温度刺激所引起的趋向活动。

利用昆虫的趋性可设置黑光灯诱杀有趋光性的昆虫，如马尾松毛虫、夜蛾等；用糖醋液来诱杀有趋化性的地老虎类昆虫。另外，可利用昆虫的趋性来进行预测预报，采集标本。

3. 假死性

有一些昆虫在取食爬动时，当受到外界突然震动惊扰后，往往立即从树上掉落地面，蜷缩肢体不动或在爬行中缩作一团不动，这种行为称为假死性。如象甲、叶甲、金龟子等成虫遇惊即假死下坠，3～6龄的松毛虫幼虫受震落地等。可利用害虫的假死性进行人工扑杀、虫情调查等。

4. 群集性

同种昆虫的大量个体高密度聚集在一起的习性称为群集性。马尾松毛虫1～2龄幼虫、刺蛾的幼龄幼虫、金龟子一些种类的成虫都有群集危害的特性。

社会性是指昆虫亲代和子代相互合作，共同居住在一起营造社会生活的现象。这类昆虫群体中个体有多型现象，有不同分工。如蜜蜂（有蜂王、雄蜂、工蜂）、白蚁（有蚁王、蚁后、有翅型繁殖蚁、兵蚁、工蚁）等。

5. 拟态和保护色

像竹节虫、尺蛾的一些幼虫等昆虫的形态与植物某些部位的形态很相像，从而获得保护的现象，称为拟态；保护色是指某些昆虫具有的同它生活环境中背景相似的颜色，这有利于躲避捕食性动物的视线而达到保护自己的效果，如蚱蜢、枯叶蝶、尺蛾等。

掌握昆虫的生活习性可以更好地利用害虫的某些薄弱环节，制定出有效的防治措施。

六、昆虫的发生与环境的关系

昆虫的发生除与本身的生物特性有关外，还与环境条件有密切关系。影响昆虫种群数量的环境因素主要有气候因素、土壤因素、生物因素和人为因素等。

1. 气候因素

气候因素与昆虫的生命活动关系非常密切。气候因素包括温度、湿度、光照和风等，其中以温度和湿度对昆虫的影响最大。

（1）温度对昆虫生长发育的影响。昆虫是变温动物，体温随环境的高低而变化。体温的变化可直接加速或抑制其代谢过程。因此，昆虫的生命活动直接受外界温度的支配。

任何一种昆虫的生长发育、繁殖等生命活动，都要求一定的温度范围，这一温度范围称适宜温区（或有效温区）。不同昆虫适宜温区不同，根据昆虫对温度的适应范围，可分为五个温区（见表1—2）。

表1—2　昆虫对温度的适应范围

温度（℃）	温区		昆虫对温度的反应
60…… ……	致死高温区		部分高蛋白凝固，酶系统遭破坏，短时间内造成死亡
50……	停育高温区		死亡决定于高温强度和持续时间
40……	最高有效温度 高适温区	适宜温区（有效温区）	随温度升高，发育速度减慢
30……	最适温区		死亡率最小，繁殖力最强，发育速度最快
20……	低适温区 最低有效温区		发育速度较慢，繁殖力较低，或不能繁殖
10……	停育低温区		代谢过程很慢，引起生理机能失调，死亡决定于低温强度和持续时间
0…… -10… -20… -30… -40…	致死低温区		原生质结冰，组织破坏而死亡

（2）湿度对昆虫的影响。昆虫对湿度的要求依种类、发育阶段和生活方式不同而有差异。相对湿度最适范围一般为70%～90%，湿度过高或过低都会延缓昆虫发育，甚至造成死亡。如松干蚧的卵，相对湿度在89%时孵化率为99.3%；相对湿度在36%以下，绝大多数卵不能孵化；而相对湿度在100%时，卵虽然孵化，但若虫不能钻出卵囊而死亡。表1—3可以说明昆虫卵的孵化一般都要求较高的湿度。但一些刺吸式口器害虫，如介壳虫、蚜虫、叶蝉和叶螨等，对空气湿度变化并不敏感，即使空气非常干燥，也不会影响它们对水分的要求，天气干旱时寄主汁液浓度增大，提高了营养成分，有利害虫繁殖，所以这类害虫往往在干旱时危害严重。

表1—3 日本松干蚧卵的孵化与湿度的关系

相对湿度（%）	卵的孵化率（%）	相对湿度（%）	卵的孵化率（%）
低于36	绝大部分不能孵化	89	99.3
54.6	72.4	100	卵虽能孵化，但若虫均死于卵囊中
70.3	95.7		

降雨不仅影响环境湿度，也直接影响害虫发生的数量，其作用大小常因降雨时间、次数和强度而定。春季雨后有助于一些在土壤中以幼虫或蛹越冬的昆虫顺利出土；而暴雨则对一些害虫，如蚜虫、初孵介壳虫和叶螨等有很大的杀伤作用，从而大大降低虫口密度；阴雨连绵不但影响一些食叶害虫的取食活动，且易造成致病微生物的流行。

（3）光对昆虫的影响。昆虫的生命活动和行为与光的性质、强度和周期有密切的关系。

1）昆虫对光的性质和强度的反应。光是一种电磁波，因波长不同显示出不同的性质。昆虫辨别不同波长光的能力和人的视觉不同。人眼可见的波长范围为400～800纳米的光，但多偏于短波光，许多昆虫对330～400纳米的紫外线有强趋性，因此，在测报和灯光诱杀方面常用黑光灯（波长365纳米）。此外，蚜虫对550～600纳米黄色光有反应，利用“黄色诱板”可以诱杀蚜虫。

2）昆虫对光周期的反应。光周期是指昼夜交替时间在一年中的周期性变化，它对昆虫的生活起着一种信息作用。许多昆虫对光周期的年变化反应非常明显，表现于昆虫的季节生活史、滞育特征、世代交替以及蚜虫的季节性多型现象。

光照时间及其周期性变化是引起昆虫滞育的重要因素，季节周期性影响着昆虫的年生活史的循环。昆虫滞育受到温度和食料条件的影响，主要是光照时间起的信息作用。已证明近百种昆虫的滞育与光周期变化有关。实验证明，许多昆虫的孵化、化蛹、羽化都有一定的昼夜节奏特性，这些特性与光周期变化密切相关。

3）风对昆虫的影响。风对环境的温湿度有影响，可以降低气温和湿度，从而对昆虫的体温和水分产生影响。但风对昆虫的影响主要是昆虫的活动，特别是昆虫的扩散和迁移受风影响较大，风的强度、速度和方向直接影响昆虫扩散和迁移的频度、方向和范围。有资料表明，许多昆虫能借风力传播到很远的地方，如蚜虫可借风力迁移1 200～1 440公里的距离；松干蚧卵囊可被气流带到高空随风而去；在广东危害严重的松突圆蚧，在自然界主要是靠风力传播。

2. 土壤因素

土壤是昆虫的一个特殊生态环境，很多昆虫的生活都与土壤有密切的关系。如蝼蛄、蟋蟀、金龟子、地老虎、叩甲和白蚁等苗圃害虫，有些终生在土壤中生活，有些大部分虫态是在土中度过的。许多昆虫一年中的温暖季节在土壤外面活动，而冬季即以土壤为

越冬场所。

土壤的理化性状，如温度、湿度、机械组成、有机质成分、含量以及酸碱度等，直接影响在土壤中生活的昆虫生命活动。一些地下害虫往往随土壤温度变化而上下移动，以栖息于适温土层。秋天土温下降时，土内昆虫向下移动；春天土温上升时，则向上移动到适温的表土层；夏季土温较高时，又潜入较深的土层中。在一昼夜之间土内昆虫也有其一定的活动规律，如蛴螬、小地老虎夏季多于夜间或清晨上升到土表危害作物，中午则下降到土壤下层。生活在土中的昆虫，大多对湿度要求较高，当湿度低时会因失水而影响其生命活动。

总之，各种与土壤有关的害虫及其天敌，各有其最适于栖息的土壤环境条件。人们掌握了这些信息之后，可以通过土壤耕作、施肥、灌溉等各种措施，改变土壤条件，达到控制害虫的目的。

3. 生物因素

生物因素包括食物、捕食性和寄生性天敌、各种病原微生物等。

（1）食物因子。昆虫和其他动物一样，必须利用植物或其他动物所制成的有机物以取得生命活动过程所需要的能源，有没有必需的食物，关系到能不能在这个生境中生存的问题；存在的食物是否适合于这种昆虫的要求，又关系到这个生境中种群数量的问题。

昆虫种类繁多，不同的种类其食性也是不同的。食物直接影响昆虫的生长、发育、繁殖和寿命等。食物如果数量足、质量高，则昆虫生长发育快，自然死亡率低，生殖力高；相反，则生长慢，发育和生殖均受到抑制，甚至因饥饿引起昆虫个体大量死亡。一些昆虫成虫期有取食补充营养的特点，如果得不到营养补充，则产卵甚少或不产卵，寿命亦缩短。

（2）昆虫的天敌。在昆虫的生长发育过程中，昆虫由于被其他生物寄生或捕食而死亡，这些生物称为昆虫的天敌。天敌是影响昆虫种群数量的一个重要因素。天敌种类很多，大致可分为以下几类。

1）病原生物：病原生物主要包括病毒、细菌、真菌等。这些病原生物常会引起昆虫染病而大量死亡。

2）捕食性天敌昆虫：捕食性天敌昆虫的种类很多，常见的有螳螂、猎蝽、草蛉、瓢虫、食虫虻和食蚜蝇等。这些捕食性天敌可大量捕食害虫，在害虫控制中具有重要的作用。例如，引进澳洲瓢虫防治吹绵蚧、应用七星瓢虫防治棉蚜等。

3）寄生性天敌昆虫：寄生性天敌昆虫主要有膜翅目的寄生蜂和双翅目的寄生蝇。例如，应用松毛虫赤眼蜂防治马尾松毛虫等。

4）有益动物：在自然界中有不少蜘蛛、鸟类、青蛙和线虫等都可用来防治害虫。

4. 人为因素

人类的活动对昆虫的繁殖、活动和分布影响很大，归纳起来表现在以下四个方面。

（1）改变一个地区的生态系统。人类从事园林绿化活动中的植树、栽植草坪、兴建公园、引进推广新品种等，可引起当地生态系统的改变及其中昆虫种群的兴衰。

（2）改变一个地区昆虫种类的组成。人类频繁地调引种苗，扩大了害虫的地理分布范围。如美国白蛾1979年从辽宁丹东进入我国，随后在山东、陕西、河北、天津等地出现，对这些地区的园林绿化造成了极其严重的危害。相反，有目的地引进和利用益虫，又可抑制某种害虫的发生并减轻危害，并改变一个地区昆虫的组成和数量，如引进澳洲瓢虫，成功地控制了吹绵蚧的危害。

（3）人类通过中耕除草、灌溉施肥、整枝和修剪等园林业措施，可增强植物的生长势，使之不利于害虫而有利于天敌的发生。

（4）直接杀灭害虫。采用林业的、化学的、生物的和物理的等综合防治措施，可直接消灭大量害虫，以保障园林植物的正常生长发育及观赏价值。

实训二　昆虫的生活与环境调查

一、实训目的及要求

了解同一时期，城市不同环境的园林绿地中昆虫的种类与数量。掌握发现、观察昆虫的基本方法。

二、实训材料与用具

放大镜、镊子、记录本等。

三、实训内容及方法

各种不同绿地昆虫种类与数量调查。

（1）由教师带领学生到附近的公园或公共绿地进行昆虫种类、数量、虫态、寄主的示范性调查。要求观察场所能反映绿地环境与昆虫生活的关系（植被丰富，昆虫种类较多，受人为因素破坏较小的环境）。

（2）由学生小组到不同性质、功能与环境的绿地进行昆虫种类、数量、虫态、寄主的调查。

四、作业

比较分析各小组的调查数据，得出昆虫的生活与绿地环境间的关系。

实验报告

昆虫的生活与环境调查
一、实训目的及要求 了解同一时期，城市不同环境的园林绿地中昆虫的种类与数量。掌握发现、观察昆虫的基本方法。
二、实训材料与用具 放大镜、镊子、记录本等。
三、实训内容及方法 各种不同绿地昆虫种类与数量调查。
四、作业 简述昆虫的生活与绿地环境间的关系。

昆虫调查表

__________绿地　　　　______年____月____日

序号	目	科	虫态	寄主植物	为害情况	备注

天敌调查表

__________绿地　　　　______年____月____日

序号	目	科	虫态	寄主害虫	寄生情况	备注

绿地乔木调查表

____________绿地　　　　　　　　____年____月____日

序号	植物种类	距离	冠径	高度	备注

绿地灌木地被调查表

____________绿地　　　　　　　　____年____月____日

序号	植物种类	株数/平方米	冠径	平均高度（厘米）	备注

第三节　昆虫的类群

自然界中昆虫的种类很多，人们要识别它们，首先必须逐一加以命名和描述，并按其亲缘关系的远近，归纳为一个有次序的分类系统，才便于正确地区分它们，进而阐明它们之间的系统关系。

一、昆虫分类知识和分类系统

昆虫分类在生产实践上有极其重要的意义。例如，在益虫利用和害虫防治工作中，对某些有重要经济意义的种类，由于形态习性等近似，常引起混淆，若忽视了正确的分类鉴别工作，就有可能弄错对象，不能收到预期的效果。

在检疫方面，正确鉴定害虫种类并查明其分布区后，有助于准确划分疫区和确定对外及对内植物检疫对象名单。

1. 昆虫分类的依据

昆虫的鉴定与识别主要以形态学为依据，这主要是因为形态的差异比较明显，观察也比较方便，但必要时也要结合比较解剖学、生理学、生态学、遗传学等相关学科的研

究，才能正确地鉴别相似种和揭示昆虫的系统（亲缘）关系。昆虫的分类单元包括界、门、纲、目、科、属、种，种是分类的基本单位。昆虫分类学家从进化的观点出发，将那些形态性状、地理分布、生物、生态性状等相近缘的种类集合成属，将近缘属集合成科，将近缘科集合成目，将各目集合成纲，即昆虫纲。在分类等级中，有时为了更精细、确切地区分，常添加各种中间阶元，如亚科、总科或类、群、部、组、族等。

昆虫纲的分类依据主要有以下几方面。

（1）翅的有无，形状、对数、质地。

（2）口器的类型。

（3）变态的类型。

（4）触角、足、腹部附肢的有无及形态等。

在分科和科以下的分类中，除上述特征外，翅脉是一个很重要的特征；身体上的构造、胸部、腹部和骨板、刚毛的排列方式也是常用的依据。在种类鉴定时，外生殖器的构造，常是可靠的判定特征。

2. 昆虫纲的分类系统

昆虫纲的分类系统不断发展变化，常随不同的分类学家而不同。本书采用34个目的分类系统。

二、园林植物害虫主要目的基本特征

与园林植物害虫关系密切的目有直翅目、半翅目、同翅目、缨翅目、脉翅目、鞘翅目、鳞翅目、膜翅目和双翅目。另外，除昆虫纲的这九个目外，蛛形纲蜱螨目的螨类也是常见的害虫，与园林植物密切相关。

1. 直翅目

直翅目昆虫俗称蝗虫、蚱蜢、螽斯、蟋蟀、蝼蛄等。体长2.5～90毫米。口器咀嚼式，触角呈丝状。有翅或无翅，前翅狭长，为复翅。后足为跳跃足或前足为开掘足。雌虫多具发达的产卵器，雄虫通常有听器或发音器，渐变态，多数为植食性。直翅目常见的科见表1—4。

表1—4　直翅目常见的科

类别	基本特征	图片
蝗科	俗称蝗虫或蚂蚱。体粗壮。触角短，不超过体长，呈丝状、剑状或棒状等。多数种类有两对翅。雄虫能以后足腿节摩擦前翅发音，听器位于第一腹节两侧，产卵器短粗，顶端弯曲呈锥状	

续表

类别	基本特征	图片
螽斯科	成虫体长35～40毫米，雄虫较雌虫略小，雌虫产卵器为马刀形、剑形或镰刀形。全体绿色，带暗褐色斑纹。触角呈丝状，有30节以上，超过腹端。雄虫前翅基部有发音器，后翅较发达。后足发达为跳跃足。产卵器略呈剑状。尾须较短小	
蝼蛄科	前足为开掘足，触角有30节以上，但短于身体。跗节2～3节，听器位于前足胫节，无发音器，产卵器退化	

2. 半翅目

半翅目昆虫通称椿象。体小至大型；单眼两个或无；触角3～5节；口器刺吸式，下唇延长形成分节的喙，喙通常为4节，从头部的前端伸出；前胸背板大，中胸小盾片发达；前翅为半鞘翅，后翅膜质；多数种类具有臭腺；渐变态；大多陆生，少数水生；捕食性或植食性。半翅目常见的科见表1—5。

表1—5　半翅目常见的科

类别	基本特征	图片
蝽科	绝大多数种类的触角为5节，少数种类4节。小盾片发达，多数为三角形，紧接前胸背板后方，盖在腹部背面，长度略过腹部的一半，但也有些种类的小盾片超过腹长的2/3，盖住整个腹背	

续表

类别	基本特征	图片
缘蝽科	中小型至大型，身体多狭长，由椭圆形至很细长的棍棒状不等。触角4节，小盾片相对较小，前翅膜片具8根以上纵脉。腹部背面第4～5腹节以及第5～6腹节节间有臭腺孔	
网蝽科	小型，体长多在5毫米以下，因前翅扩张而体形外观扁薄。头平伸，有时可具若干长刺。触角4节，以第3节最长，其余各节均甚短。头顶、前胸背板及前翅具网状花纹，颜色由白色、黄色至褐色不等。前胸背板遍布网状小室，两侧常呈叶状扩展	

3. 同翅目

同翅目昆虫体微小至大型。触角呈刚毛状或丝状；口器刺吸式；前翅革质或膜质，后翅膜质，静止时平置于体背上呈屋脊状，有的种类无翅；植食性，刺吸植物汁液，造成植物生理损伤，并可传播病毒或分泌蜜露，引起煤污病。同翅目常见的科见表1—6。

表1—6 同翅目常见的科

类别	基本特征	图片
蝉科	体粗壮、中大型，头部有3个单眼，呈三角形排列；触角短小，呈刚毛状；前胸短阔，中胸背板特别发达，后方呈×形隆起；翅膜质，脉纹粗；前足开掘式；雄虫腹部第1节两侧有发音器；不完全变态；卵产在植物组织内；孵化后若虫钻入土中生活，为害植物根部	
叶蝉科	体小型，刚毛状触角；前翅为复翅；后足胫节有刺2列，后足基节伸达腹板侧缘，是头喙亚目中小型善跳的大类	

续表

类别	基本特征	图片
蜡蝉科	体小型至大型；单眼着生在复眼的附近或下方；触角锥状，多感觉器；中足基节长，着生在体两侧，互相远离；后足基节短，固定不能活动，并互相接触	
木虱科	体小型，活泼，能跳；触角细长，10节；喙3节；前胸小，中胸背板大；前翅有1条3分支的脉纹，每支再分叉；渐变态；幼虫体极扁，体表覆被蜡质分泌物	
粉虱科	体小型，体长1～3毫米；翅展约3毫米；喙3节；单眼2个，着生在复眼群的上缘；1龄若虫具有活动能力，2龄起若虫足、触角退化，固定于叶背上	
蚜科	体长1～7毫米，多数约2毫米；有时覆被蜡粉；触角3～6节，少数5节，罕见4节；喙4节或5节；腹部大于头部与胸部之和；前胸与腹部各节常有缘瘤；腹管通常为管状；若虫4～5龄	
蚧总科	雌雄异型，覆盖蜡质分泌物的中、小型昆虫。雌成虫，少活动或终生固着不动，无翅，触角退化，足退化或消失。体外由各种蜡质分泌物覆盖。雄成虫柔弱，运动力很差；寿命短促。初孵化的幼虫很活泼。2龄以后固定在植物上吸收汁液时	

4. 缨翅目

缨翅目昆虫通称蓟马。体长一般为0.5～7毫米，体黄褐、苍白或黑色，有的若虫为红色；触角6～9节；口器锉吸式；翅2对，膜质，狭长形而翅脉少，翅缘密生缨毛。缨翅目常见的科见表1—7。

表1—7　缨翅目常见的科

类别	基本特征	图片
蓟马科	触角6～9节，第3、4节上有叉状或简单感觉锥，前胸通常无明显纵缝，前翅端部尖。雌虫产卵器发达，向腹面弯曲	
管蓟马科	触角8节，少数7节，具锥状感觉器。腹部第9节宽大于长，比末节短，腹部末节管状，无产卵器。翅面光滑无毛	

5. 脉翅目

脉翅目昆虫体小至大型，复眼发达，多无单眼，丝状触角，口器咀嚼式，2对翅，膜质，前、后翅略相似，翅脉多如网状，栖息时翅作屋脊状，无尾须，完全变态。幼虫纺锤形，多足型，口器特化为镰刀状，有些种类的卵具丝质长柄，黏附于物体上。成虫、幼虫均为捕食性，以蚜、蚧及螨类为食，常见种类有草蛉等（见图1—14）。

图1—14　草蛉

6. 鞘翅目

通称甲虫，是昆虫纲中最大的目。体微小至大型，体壁坚硬。复眼发达，一般无单眼。触角一般11节，形状多样。口器咀嚼式。前翅坚硬，角质成为翅鞘，后翅膜质。跗节数目变化很大。完全变态。幼虫寡足型或无足型，口器咀嚼式。蛹多为裸蛹。植食性、捕食性或腐食性。鞘翅目常见的科见表1—8。

表1—8 鞘翅目常见的科

类别	基本特征	图片
瓢甲科	体小至中型，卵圆形，腹部平坦，背面为弧形或半球形拱起。多为红色、褐色、黄色、白色、黑色等，常具鲜艳色斑。头小，后部嵌于前胸。触角一般11节，锤状。跗节为隐4节	
叶甲科	体小至中型，体圆、椭圆或圆柱形，成虫多具艳丽的金属光泽，因而又称为金花虫。触角短，一般11节，个别9节或10节，丝状或近似念珠状。复眼为圆形	
天牛科	体中至大型。体长形，略扁。触角长，多数种类常长于身体。有些种类雌虫触角多为丝状，而雄虫多为锯齿状。复眼为肾形，围绕触角基部。幼虫为乳白色或黄白色，体为圆柱形而扁；前胸背板发达，扁平；胸、腹节背面具骨化区或突起；胸足退化	
金龟总科	成虫触角为鳃叶状，前足呈半开掘式，体近椭圆形，略扁，体壁及翅鞘高度角质化，坚硬。幼虫蛴螬型，统称蛴螬，身体为乳白色，弯曲呈“C”形，肥大，柔软，多皱	

续表

类别	基本特征	图片
象甲科	体小至大型。头部向前方延长的长短不一，口器着生于头管端部。触角膝状，10～12节，末3节膨大成锤状。跗节为隐5节。幼虫体软，肥胖而弯曲，无足	
步甲科	体小至大型，体黑色或褐色，具光泽。头小于胸部，前口式，比前胸狭。触角细长丝状，着生于上颚基部与复眼之间	

7. 鳞翅目

鳞翅目包括蝶类和蛾类（见表1—9），全世界已知的鳞翅目约20万种，是昆虫纲中的第二大目。

表1—9　蝶类与蛾类的区别

名称	蝶类	蛾类
触角	锤状、球杆状	丝状、羽毛状等
翅形	大多数阔大	大多数狭小
腹部	瘦长	粗壮
停栖时翅位	四翅竖立于背	四翅平展呈屋脊状
成虫活动时间	白天	晚上

体小至大型，翅展3～265毫米。口器虹吸式，喙由下颚的外颚叶形成，不用时卷曲头下，翅一般有2对，前后翅均为膜质，翅面覆盖鳞片。幼虫为多足型，俗称毛毛虫。具有3对胸足，一般有2～5对腹足，腹足端部常具趾钩，幼虫体表常具各种外被物，蛹主要为被蛹，完全变态，大多为植食性。鳞翅目常见的科见表1—10。

表1—10　鳞翅目常见的科

类别	基本特征	图片
木蠹蛾科	体中型，触角羽状，下颚须及喙管均缺，下唇须短小。体一般具浅灰色斑纹。幼虫略扁，头及前胸盾硬化。多蛀食树木。如常见的芳香木蠹蛾，是果树和行道树的重要害虫	
螟蛾科	成虫小型至中等大小，身体细长，脆弱，腹部末端尖削。触角细长，下唇须伸出很长，如同鸟喙。足通常细长。前翅呈长三角形。幼虫体细长	
蓑蛾科	雌雄异型。雄虫有翅及复眼，触角羽状，喙退化，翅略透明。雌虫无翅，幼虫形，终生生活在幼虫所缀成的巢中。幼虫肥胖，胸足发达，吐丝缀枝叶为袋形的巢，背负行走	
刺蛾科	成虫中等大小，体短而粗壮，多毛，呈黄色、褐色或绿色，有红色或暗色的简单斑纹。喙退化，雌虫触角呈丝状，雄虫呈羽状。翅较阔，鳞毛浓密。幼虫呈蛞蝓形，具枝刺及毒毛	

续表

类别	基本特征	图片
尺蛾科	体小至中型，身体较细弱。翅宽大，质薄，鳞片细密，停息时翅平展体侧。有的雌虫无翅或翅退化。腹部细长。幼虫腹足2对，分别着生于第6和第10腹节上。幼虫爬动时弓背而行，故称为“尺蠖”	
枯叶蛾科	体中型或大型，粗壮而多毛，静止时形似枯叶。喙管均退化，触角羽状。幼虫体粗壮，具毒毛，前胸足的上方有1对或2对突起，其上毛簇特别长	
天蛾科	体大型，少数中型，行动活泼，飞翔力很强。身体粗壮，末端尖削，呈纺锤形。触角棍棒状，端部弯曲呈钩状。前翅大而狭，顶角尖而外缘倾斜。幼虫身体粗壮，表面光滑，腹部第8节背面有1个尾状突（或称尾角）	
毒蛾科	体中型而粗壮，胸、腹部及前足多毛。口器与下唇须均退化。触角羽状。无单眼。很多种类雌虫腹末有成簇的鳞毛。幼虫被毒毛，毛长短不齐，生于第1～8腹节的毛瘤上。腹部第6、7节或第7、8节背面中央各具1个翻缩腺	

续表

类别	基本特征	图片
夜蛾科	体中至大型，粗壮多毛，体色灰暗。触角呈丝状，少数种类的雄性触角羽状。胸部粗大，背面常有竖起的鳞片丛。幼虫体粗壮，光滑少毛，色较深。腹足通常为5对（其中的1对臀足发达），但也有少数种类仅为4对或3对。成虫均在夜间活动，趋光性强，多数种类对糖、酒、醋混合液有强的趋性	
凤蝶科	多为大型和色彩鲜艳的蝴蝶。翅呈三角形，后翅外缘呈波状或有一燕尾状突起。幼虫体光滑无毛，后胸隆起最高，前胸背中央有1可翻缩的分泌腺（香腺），呈“Y”形或“V”形，红色或黄色，受惊扰时翻出体外	
粉蝶科	色彩较素淡，一般为白色、黄色和橙色，并常有黑色或红色斑纹。前翅呈三角形，后翅呈卵圆形。幼虫为圆柱形，细长，胸部和腹部每一节都有皱环	

8. 膜翅目

膜翅目昆虫通称蜂、蚁。体微小至大型。触角多于10节，有丝状、膝状等。口器咀嚼式或嚼吸式。翅两对，膜质，翅脉少。腹部第1节常与后胸连接，胸腹间常形成细腰。幼虫为多足型、寡足型和无足型等。蛹为离蛹。捕食性、寄生性或植食性。膜翅目常见的科见表1—11。

表1—11 膜翅目常见的科

类别	基本特征	图片
三节叶蜂科	体长5~15毫米，体黑色或暗褐色。触角3节，第3节最长。雌虫触角第3节似棒形，雄虫触角粗细均匀，胫节有或无端前刺；前胫节有两个未变形的端距。幼虫自由取食，有腹足6～8对	
叶蜂科	小型至中型昆虫，体长3.8～20.0毫米。体阔，无腹柄。头阔，复眼大，单眼三个。触角7～10节，呈刚毛状、丝状或稍带棒状，有腹足6～8对	

9. 双翅目

双翅目昆虫通称蚊、虻、蝇。微小至大型。触角线状、具芒状、环毛状等。口器为刺吸式、刮吸式或舐吸式等。仅生一对前翅，膜质，后翅退化成平衡棒（见图1—15）。幼虫无足型，一般头小且内缩。围蛹（蝇）或被蛹（蚊）。完全变态。食性复杂，有植食性、腐食性、捕食性和寄生性等。

图1—15 食蚜蝇科

实训三　昆虫标本的采集、制作及保存

昆虫标本是进行调查研究、鉴定昆虫的依据，因此需要经常采集、制作标本并妥善保存，为防治工作做准备。

一、昆虫标本的采集

1. 常用采集用具和采集方法

（1）捕虫网。捕虫网由网框、网袋和网柄三部分组成，用于采集善于飞翔和跳跃的昆虫，如蛾、蝶、蜂和蟋蟀等。

对于飞行速度快的昆虫，用捕虫网迎头捕捉，并顺势将网袋甩到网圈上；随后抖动网袋，使昆虫集中在底部，连网放入毒瓶，待昆虫毒死后再取出分装、保存。栖息于草丛或灌木丛的昆虫，可用网边走边扫，如在网底活动开口处套一个塑料管，便可直接将昆虫聚集于管中。

（2）吸虫管。吸虫管用于采集蚜虫、红蜘蛛和蓟马等微小的昆虫。

（3）毒瓶。毒瓶专门用来毒杀成虫。一般用封盖严密的磨口广口瓶等做成（见图1—16）。最下层放氰化钾（KCN）或氰化钠（NaCN）（或用二氯乙醚、氯仿等代替），压实，上铺一层木屑，压实，每层厚5～10毫米，最上面再加一层较薄的煅石膏粉，上铺一张吸水滤纸，压平实后，用毛笔蘸水均匀地涂布，使之固定。

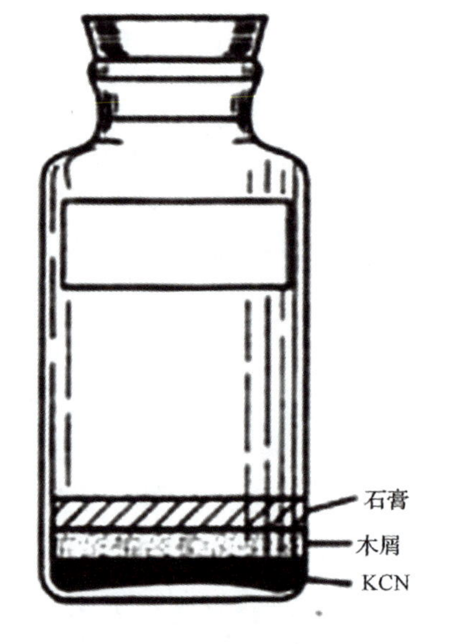

图1—16　毒瓶

毒瓶要注意清洁、防潮，瓶内吸水纸应经常更换，并塞紧瓶塞，避免对人产生毒害，以延长毒瓶使用时间。毒瓶要妥善保存，破裂后应立即掘坑深埋。

（4）三角纸包。三角纸包用于临时保存蛾蝶类等昆虫的成虫，用坚韧的白色光面纸裁成3：2的长方形纸片，如图1—17所示折叠。

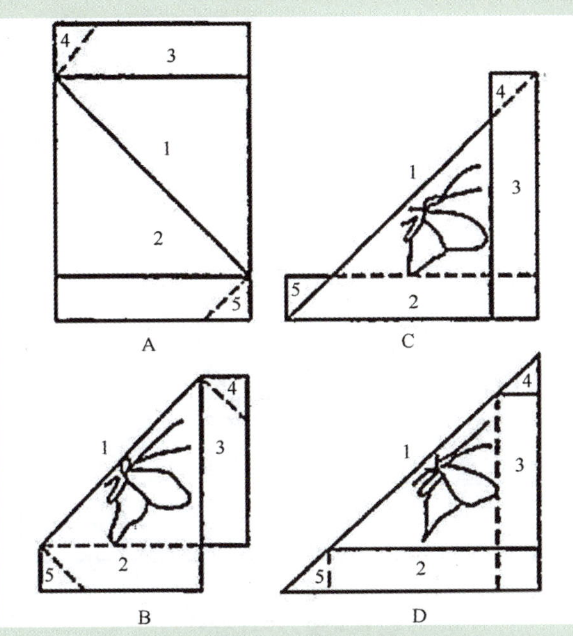

图1—17 三角纸包

（5）活虫采集盒。活虫采集盒用于采装活虫。铁皮盒上装有透气金属纱和活动的盖孔。

（6）采集箱（盒）。防压的标本和需要及时插针的标本，以及用三角纸包装的标本，需放在木制的采集箱（盒）内。

（7）指形管。一般使用的是平底指形管，用来保存幼虫或小成虫。

此外，还需要配备采集袋、诱虫灯、放大镜、修枝剪、镊子和记录本等用具。

采集时应仔细搜索、认真观察，对具有“拟态”、假死性、趋化性、趋光性的昆虫，可用震落、诱集法采集昆虫标本。

2. 采集注意事项

采集时，遇到的成虫、卵、幼虫、蛹和植物被害状，要全部采集。昆虫的足、翅、触角极易损坏，要小心保护。要及时做好采集记录，包括编号、采集日期、地点、采集人等。并将当时的环境条件、寄主和昆虫的生活习性等记录下来。

二、昆虫标本的制作

1. 干制标本的制作

（1）制作用具

昆虫针系不锈钢针，型号分00、0、1、2、3、4、5七种，号越大越粗。

三级台制作标本时将昆虫针插入孔内，使昆虫、标签在针上的位置整齐划一（见图1—18）。

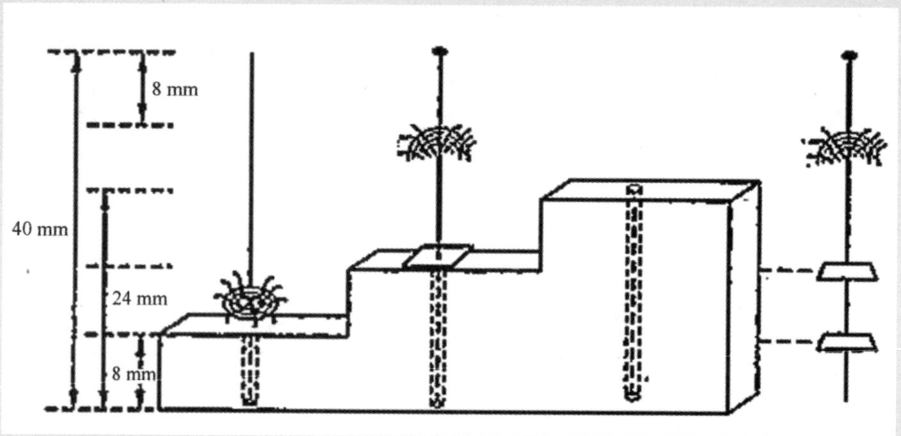

图1—18　三级台

展翅板用软木、泡沫塑料等制成，用来展开蛾、蝶等昆虫成虫的翅（见图1—19）。

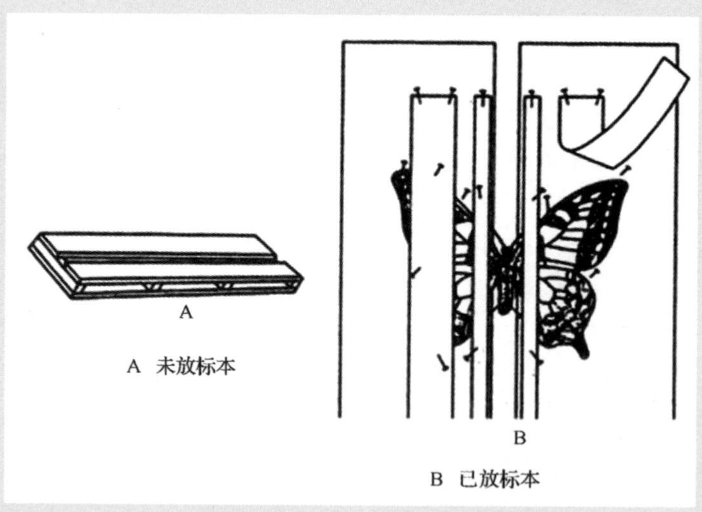

图1—19　展翅板

三角台纸用厚道林纸，剪成宽3毫米、高12毫米的小三角，或长12毫米、宽4毫米的长方形纸片，用来粘小型昆虫。

此外，还有幼虫吹胀干燥器、还软器、粘虫胶等用具。

（2）制作方法

除幼虫、蛹和小型个体昆虫外，都可制成针插标本，装盒保存。针插时，依标本的大小选用适当的昆虫针，其中3号针应用较多。昆虫针在虫体上的插针位置是有规定的（见图1—20）。一方面为了插得牢固，另一方面为了不破坏虫体的鉴定特征。

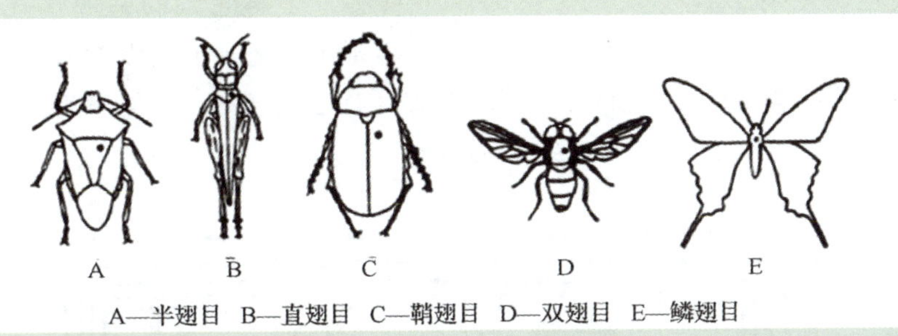

图1—20 针插标本位置

插针后用三级台调整虫体在针上的高度，其上部的留针长度是8毫米。

甲虫、蝗虫、椿象等昆虫，插针后，需进行整姿，使前足向前，中足向两侧，后足向后；触角短的伸向前方，长的伸向体背的两侧，使之保持自然姿态，整好后用昆虫针固定，待干燥后即定形。

展翅蛾、蝶等昆虫，针插后还需要展翅。将虫体插放在展翅板的槽内，虫体的背面与展翅板两侧面平，左、右同时拉动1对前翅，使1对前翅的后缘同在一条直线上，用昆虫针固定。5～7天后即干燥、定形，可以取下。

2. 浸渍标本的制作

体柔软或微小的成虫，除蛾蝶之外的成虫和螨类，以及昆虫的卵、幼虫和蛹，均可以用保存液浸泡在指形管、标本瓶等来保存。保存液应具有杀死昆虫和防止腐烂的作用，并尽可能保持昆虫原有的体形和色泽。常用的保存液有以下几种。

（1）酒精（乙醇）液。酒精（乙醇）常用的体积浓度为75%。小型或软体昆虫先用低浓度酒精浸泡，再用75%酒精保存，虫体就不会立即变硬。若在酒精中加入0.5%～1%的甘油，能使昆虫体壁保持柔软状态。半个月后，应更换一次酒精，以后保存液酌情更换1～2次，便可长期保存。

（2）福尔马林（甲醛）液。福尔马林（甲醛40%）1份，加水17～19份，保存大量标本时较经济。保存昆虫的卵时，其效果较好。

（3）醋酸（乙酸）、福尔马林、酒精混合液。由冰醋酸1份、福尔马林（40%

甲醛）6份、95%酒精15份、蒸馏水30份混合而成。此种保存液保存的昆虫标本不收缩，不变黑，无沉淀。

（4）乳酸酒精液。由90%酒精1份、70%乳酸2份配成，适用于保存蚜虫。有翅蚜可先用90%的酒精浸润，渗入杀死，在一星期内再加入定量的乳酸。保存液加入量以容器高的2/3为宜。昆虫放入量以标本不露出液面为限。加盖封口，可长期保存。

3. 生活史标本的制作

通过生活史标本能够认识害虫的各个虫态，了解它们的危害情况（见图1—21）。制作时，要先收集或饲养得到昆虫的各个虫态（卵、各龄幼虫、蛹、雌性和雄性成虫）、植物被害状、天敌等。成虫需要整姿或展翅，干后备用。各龄幼虫和蛹需保存在封口的指形管中。分别装入盒中，贴上标签即可。

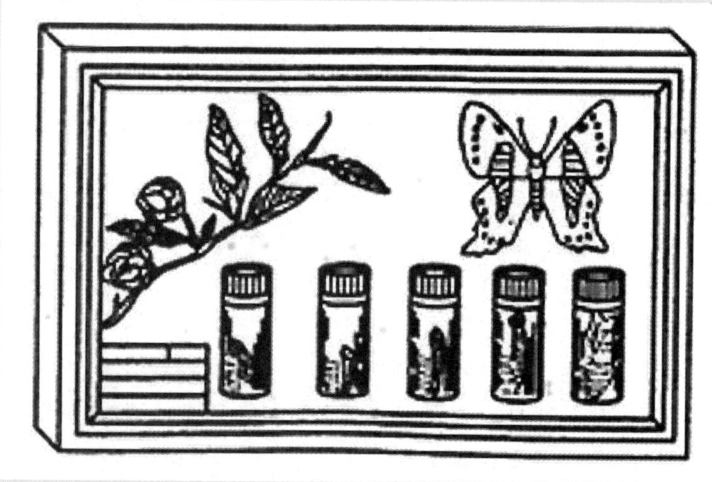

图1—21　生活史标本

4. 玻片标本的制作

微小昆虫和螨类，需制成玻片标本，在显微镜下观察其特征。为了观察昆虫身体的某些细微部分进行鉴定，蛾、蝶、甲虫等的外生殖器也常制成玻片标本。一般采用阿拉伯胶封片法。胶液的配方是：阿拉伯胶12克，冰醋酸5毫升，水合氯醛20克，50%葡萄糖水溶液5毫升，蒸馏水30毫升。

三、标本标签

暂时保存的、未经制作和未经鉴定的标本，应有临时采集标签。标签上写明采集的时间、地点、寄主和采集人。制作后的标本应带有采集标签，如属针插标本，应将采集标签插在第二级的高度。浸渍标本的临时标签，一般是在白色纸条上用铅

笔注明时间、地点、寄主和采集人，并将标签直接浸入临时保存液中。玻片标本的标签应贴在玻片上，注明时间、地点、寄主、采集人和制作人。

经过有关专家正式鉴定的标本，应在该标本之下附种名鉴定标签，插在昆虫针的下部。如属玻片标本，则将种名鉴定标签贴在玻片的另一端。

四、昆虫标本的保存

1. 临时保存

未制成标本的昆虫，可暂时保存。

三角形纸保存标本要保持干燥，避免冲击和挤压，可放在三角纸包存放箱内，注意防虫、防鼠、防霉。

在浸渍液中保存装有保存液的标本瓶、小试管、器皿等封盖要严密，如发现液体颜色有改变要换新液。

2. 长期保存

已制成的标本，可长期保存。保存工具要求规格整齐统一。

标本盒针插标本，必须插在有盖的标本盒内（见图1—22）。标本在标本盒中可按分类系统或寄主植物排列整齐。盒子的四角用大头针固定樟脑球纸包或对二氯苯防止标本被害虫蛀食。

标本柜用来存放标本盒，防止灰尘、日晒、虫蛀和菌类的侵害。放在标本柜的标本，每年都要全面检查两次，并用敌敌畏在柜内和室内喷洒或用熏蒸剂熏蒸。如标本发霉，应在柜中添加吸湿剂，并用二甲苯杀死霉菌。

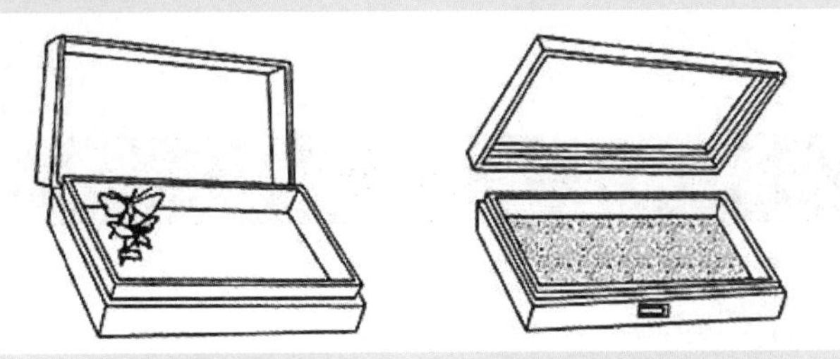

图1—22 针插标本盒

浸渍标本最好按分类系统放置，将长期保存的浸渍液表面加一层液体石蜡，防止浸渍液挥发。

玻片标本盒专供保存微小昆虫、翅脉、外生殖器等玻片标本，每个玻片应有标签，玻片盒外应有总标签。

实训：野外采集各类昆虫标本，在室内进行整理、展肢、展翅。

实训四　昆虫的类群观察（一）

一、实训目的及要求

识别直翅目、半翅目及其主要科的特征。

二、实训材料与用具

直翅目的蝗科、蝼蛄科等，半翅目的蝽科、网蝽科、缘蝽科等的分类示范标本。放大镜、体视显微镜、镊子、挑针等。

三、实训内容及方法

1. 观察分类示范标本，识别以上两个目及其重要科的害虫。

2. 根据所提供的两个目及其主要科的标本，对比观察各目、科的主要特征。

（1）直翅目。对比观察蝗虫、蝼蛄及其他科昆虫的主要特征与区别。注意触角的形状、长短，翅的质地、形状，前胸背板，前后足，产卵器等特征。

（2）半翅目。观察蝽、网蝽、缘蝽及其他科的形态特征，注意头式、触角类型、前胸背板及中胸小盾片的位置及形状；前翅的质地与分区、脉纹的特征；臭腺的有无及位置。

四、作业

1. 简述直翅目、半翅目成虫的主要特征。

2. 绘制蝽科成虫形态图，并标明各部分名称。

实验报告

昆虫的类群观察（一）
一、实训目的及要求 识别直翅目、半翅目及其主要科的特征。
二、实训材料与用具 蝗科、蝼蛄、蝽科、网蝽科、缘蝽昆虫标本。放大镜、体视显微镜、镊子、挑针。
三、实训内容及方法 1.观察分类示范标本，识别以上两个目及其重要科的害虫。 2.根据所提供的两个目及其主要科的标本，对比观察各目、科的主要特征。

续表

昆虫的类群观察（一）
四、作业 1.简述直翅目、半翅目成虫的主要特征。   2.绘制蟋科成虫形态图，并标明各部分名称。

实训五　昆虫的类群观察（二）

一、实训目的及要求

识别同翅目、缨翅目及其主要科的特征。

二、实训材料与用具

同翅目的蝉科、叶蝉科、蜡蝉科、木虱科、粉虱科、蚜科、蚧总科等，缨翅目的蓟马科的分类示范标本。放大镜、体视显微镜、镊子、挑针等。

三、实训内容及方法

1. 观察分类示范标本，识别以上两个目及其重要科的害虫。

2. 根据所提供的两个目及其主要科的标本，对比观察各目、科的主要特征。

（1）同翅目。对比观察蝉科、叶蝉科、蜡蝉科、木虱科、粉虱科、蚜科、蚧总科的主要特征与区别。注意各科的体形特点，触角的形状、长短，翅的质地、形状，发音器等特征。

（2）缨翅目。在体视显微镜下观察蓟马的口器、触角、翅的特征，特别是其翅的翅脉及翅外周的缨毛。

四、作业

1. 简述同翅目、缨翅目成虫的主要特征。
2. 绘制蝉科成虫形态图，并标明各部分名称。

实验报告

昆虫的类群观察（二）
一、实训目的及要求 识别同翅目、缨翅目及其主要科的特征。
二、实训材料与用具 蝉科、叶蝉科、蜡蝉科、木虱科、粉虱科、蚜科、蚧总科、蓟马科昆虫标本。放大镜、体视显微镜、镊子、挑针。
三、实训内容及方法 1.观察分类示范标本，识别以上两个目及其重要科的害虫。 2.根据所提供的两个目及其主要科的标本，对比观察各目、科的主要特征。
四、作业 1.简述同翅目、缨翅目成虫的主要特征。 2.绘制蝉科成虫形态图，并标明各部分名称。

实训六　昆虫的类群观察（三）

一、实训目的及要求

识别脉翅目、鞘翅目及其主要科的特征。

二、实训材料与用具

脉翅目的草岭，鞘翅目的步甲科、金龟甲科、天牛科、叶甲科、瓢甲科、象甲科及各目其他常见科的昆虫针插标本。放大镜、体视显微镜、镊子、挑针等。

三、实训内容及方法

1.观察分类示范标本，识别以上两个目及其重要科的害虫。

2.根据所提供的两个目及其主要科的标本，对比观察各目、科的主要特征。

（1）脉翅目。观察草岭的体形，比较观察草岭前后膜翅的形状及翅脉。

（2）鞘翅目。观察步甲、金龟甲、天牛、叶甲、瓢甲、象甲及其他科的成虫前后翅的质地，口器类型，触角类型和节数，足的类型和各足跗节数目。

四、作业

1.简述脉翅目、鞘翅目成虫的主要特征。

2.比较区分鞘翅目各科昆虫触角类型。

实验报告

昆虫的类群观察（三）
一、实训目的及要求 识别脉翅目、鞘翅目及其主要科的特征。
二、实训材料与用具 草蛉、步甲科、金龟甲科、天牛科、叶甲科、瓢甲科、象甲科昆虫标本。放大镜、体视显微镜、镊子、挑针等。
三、实训内容及方法 1．观察分类示范标本，识别以上两个目及其重要科的害虫。 2．根据所提供的两个目及其主要科的标本，对比观察各目、科的主要特征。
四、作业 1．简述脉翅目、鞘翅目成虫的主要特征。   2．比较区分鞘翅目各科昆虫触角类型。

实训七　昆虫的类群观察（四）

一、实训目的及要求

识别鳞翅目、膜翅目、双翅目及其主要科的特征。

二、实训材料与用具

鳞翅目的凤蝶科、木蠹蛾科、夜蛾科、螟蛾科、天蛾科、刺蛾科、尺蛾科、枯叶蛾科、毒蛾科、蓑蛾科，膜翅目的叶蜂科，双翅目的食蚜蝇科及各目其他常见昆虫的标本。放大镜、体视显微镜、镊子、挑针等。

三、实训内容及方法

1.观察鳞翅目、膜翅目、双翅目的分类示范标本，识别各目重要科的昆虫。

2.对比观察各目及重要科的形态特征。

（1）对比观察鳞翅目蛾类与蝶类的主要形态区别。观察蛾、蝶类能卷曲的喙，翅的质地、鳞片、斑纹、形状。对比观察凤蝶科、木蠹蛾科、夜蛾科、螟蛾科、天蛾科、刺蛾科、尺蛾科、枯叶蛾科、毒蛾科、蓑蛾科等成虫体形，触角形状，翅的形状及颜色。

（2）观察叶蜂成虫的触角、翅脉、胸部与腹部相连处的特征。

（3）观察食蚜蝇成虫的触角、前翅和平衡棒。

四、作业

1. 以凤蝶科和刺蛾科为代表，比较蝶和蛾的区别。

2. 比较蛾亚目各科的形态异同。

实验报告

昆虫的类群观察（四）
一、实训目的及要求 识别鳞翅目、膜翅目、双翅目及其主要科的特征。
二、实训材料与用具 凤蝶科、木蠹蛾科、夜蛾科、螟蛾科、天蛾科、刺蛾科、尺蛾科、枯叶蛾科、毒蛾科、蓑蛾科，叶蜂科，食蚜蝇科等昆虫标本。放大镜、体视显微镜、镊子、挑针等。

续表

昆虫的类群观察（四）
三、实训内容及方法 1．观察鳞翅目、膜翅目、双翅目的分类示范标本，识别各目重要科的昆虫。 2．对比观察各目及重要科的形态特征。
四、作业 1．以凤蝶科和刺蛾科为代表，比较蝶和蛾的区别。 2．比较蛾亚目各科的形态异同。

第四节　非昆虫害虫形态

本节主要介绍园林中常见的一些非昆虫类的动物，包括螨类、蛞蝓、蜗牛、鼠妇等，这类动物虽然不属于昆虫的范畴，但对园林植物也有着不可忽视的影响。

一、螨类

园林植物的害虫，除有害昆虫外，还包括一大类害螨。螨类对园林植物的为害有日益严重的趋势，对叶、嫩茎、叶鞘、花蕾、花萼、果实、块根、块茎、鳞茎造成不同的为害症状，从地上到地下都有其踪迹。

1．螨类的形态特征

螨类属蛛形纲（Arachnoidea）蜱螨目，螨类体形微小，肉眼不易看到，与昆虫纲同属节肢动物，但在身体、分段、足的对数、复眼和翅的有无等方面有显著区别，其对比见表1—12。

表1—12　螨类与昆虫的区别

	螨类	昆虫
体段	分节不明显，一般分为前体段和后体段	明显地分为头、胸、腹三段
足	4对	3对
复眼	无	有
翅	无	2对或1对或无翅

螨类均为小型或微小型的种类，体呈圆形或卵圆形，有些种类则为蠕虫形。一般分为前体段和后体段。前体段又分鄂体段和前肢体段，后体段分后肢体段和末体段。鄂体段与前肢体段相连，着生有口器，口器由于食性不同分咀嚼式和刺吸式两类。肢体段一般着生4对足。着生前2对足的即为前肢体段，着生后2对足的为后肢体段。末体段与后肢体段紧密连接，很少有明显的分界（见图1—23）。

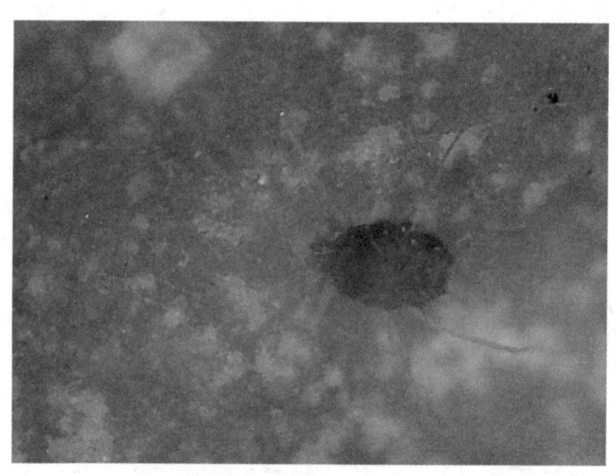

图1—23　叶螨

螨类多为两性生殖，一般为卵生，亦有孤雌生殖的。发育阶段雌雄有别：雌螨经过卵、幼螨、第一若螨、第二若螨及成螨阶段；雄螨没有第二若螨阶段。螨类繁殖很快，一年至少2～3代，多则20～30代，以卵或受精的雌虫在树皮缝隙或土壤等下面越冬。

2. 常见螨类

（1）叶螨科。体微小，长0.3～0.8毫米，体呈圆形或长圆形。通常为红色、暗红色，因此常称其为红蜘蛛。口器刺吸式。体背拱起，背刚毛24根或26根，横排分布。植食性，吸汁液。常见的有山楂红蜘蛛、柑橘红蜘蛛等。

（2）瘿螨科。体微小，不超过0.2毫米，蠕虫形。刺吸式口器。前半体背板呈盾形，后半体呈直形，分为很多环节。成螨、若螨仅有两对足。植食性（见图1—24）。

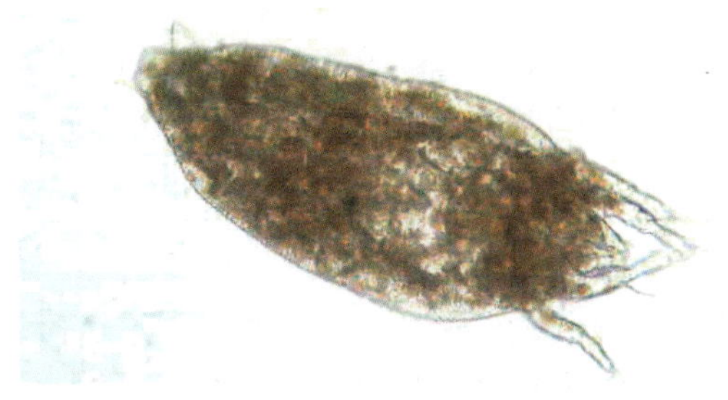

图1—24　瘿螨

二、蛞蝓

蛞蝓在分类学上属于软体动物门，腹足纲肺螺亚纲，柄眼目。蛞蝓是一种生活在陆地上的软体动物，肉体裸露，柔软而无外壳，体表经常分泌许多黏液，似鼻涕，故俗名为鼻涕虫，也有叫蜒蚰虫的。据报道，国内已有14种蛞蝓，分别分布在各省市。最常见的有双线嗜黏液蛞蝓、黄蛞蝓和野蛞蝓三种，下面以双线嗜黏液蛞蝓为例介绍蛞蝓的形态特征。

蛞蝓体分头、躯干和足三部分。头上有触角两对，触角顶端有眼。体前端呈盾状，后端稍尖，腹面较平，上部隆起呈不规则圆柱形，体背有两条灰白纵线。足在身体下方，以明显的环状沟纹将头和躯干分开（见图1—25）。足平滑，是肌肉很发达的运动器官。在蛞蝓的肌肉组织内具有非常丰富的各种腺体。腺体所分泌的黏液为透明的胶状液体，这种黏液与空气相接触后则硬化呈丝状，干后发亮，这就是平时看到的蛞蝓活动过的场所所形成的痕迹。蛞蝓都是雌雄同体，在一般情况下，都是异体受精，偶尔也有自体受精现象发生，但一般发育不良。

图1—25　蛞蝓

三、蜗牛

蜗牛属软体动物门，腹足纲，柄眼目，蜗牛科，能为害多种园林植物。据报道，在园林植物上为害的有薄球蜗牛、同型巴蜗牛、灰巴蜗牛和条华蜗牛四种蜗牛。现以最常见的灰巴蜗牛为例介绍其形态特征。灰巴蜗牛有两对触角，前触角较短，后触角较长，并在顶端长有黑色的眼。贝壳呈椭圆形，壳顶端尖，自左向右旋转，第五圈后突然扩大，生殖孔位于头部右后下侧，呼吸孔在体背中央右侧与贝壳连接处，稍后方有排泄孔（见图1—26）。卵一般10～20粒黏结在一起，成为卵块，卵壳质坚硬，卵的直径为1～1.5毫米，圆球形，乳白色有光泽，不透明，孵化前的卵色稍变深。初孵化的幼贝体长约2毫米，贝壳呈淡褐色，两个月后贝壳成为两个小螺旋，黑斑开始呈现。

图1—26 蜗牛

四、鼠妇

鼠妇俗称“西瓜虫”，属于节肢动物门甲壳纲等足目潮虫科。鼠妇体长8.5～10.5毫米，体被为灰色或褐色，体宽而扁有光泽，第一胸节与颈愈合。腹面较淡白，胸部腹面略呈灰色，腹部色较深。体分13节，第8、9两个体节明显缢缩，末节呈三角形。头部宽2.5～3.0毫米，头顶两侧有一对复眼，眼为黑色，呈圆形微突起。头顶前端着生两对触角，触角为土褐色，一对触角长，一对触角短而不明显。长的一对触角分6节，第4节最长，相当于第5、6两节之和。口器小，呈褐色（见图1—27）。

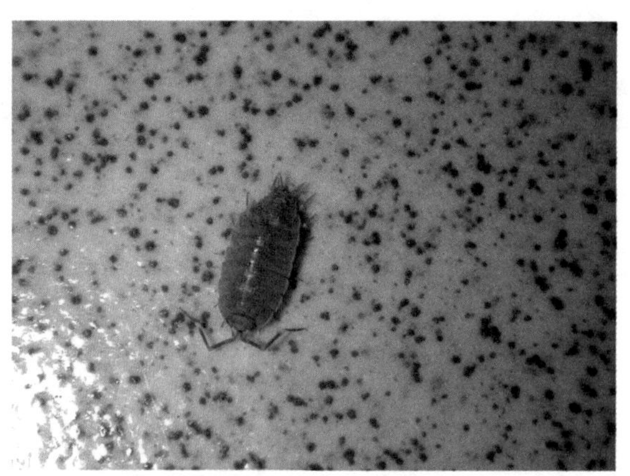

图1—27　鼠妇

实训八　非昆虫害虫形态观察

一、实训目的及要求

了解螨类、蜗牛、蛞蝓的主要形态特点。

二、实训材料与用具

螨类的玻片标本或实物，蜗牛、蛞蝓的浸渍标本或实物。显微镜等。

三、实训内容及方法

1. 观察螨类的形态，并与昆虫比较。
2. 观察蜗牛、蛞蝓的形态，特别是触角与眼。

四、作业

螨类与昆虫在体形与附器上有哪些差异？

实验报告

非昆虫害虫形态观察
一、实训目的及要求 了解螨类、蜗牛、蛞蝓的主要形态特点。
二、实训材料与用具 螨类的玻片标本或实物，蜗牛、蛞蝓的浸渍标本或实物。显微镜等。

非昆虫害虫形态观察
三、实训内容及方法 1. 观察螨类的形态，并与昆虫比较。 2. 观察蜗牛、蛞蝓的形态，特别是触角与眼。
四、作业 螨类与昆虫在体形与附器上有哪些差异？

思考与练习

一、名词解释

两性生殖、孤雌生殖、变态、龄期、世代、生活史、世代重叠、多胚生殖、寡足型、多足型、蛹期、补充营养、不完全变态、完全变态、植食性昆虫、杂食性昆虫、寡食性昆虫、多食性昆虫、趋光性、趋化性、假死性、群集性、拟态。

二、填空题

1. 昆虫头部的主要附器有____________________。

2. 昆虫的口器包括_________式和_________两大类，前者如_________、_________、_________昆虫，用_________剂来进行防治；后者如_________、_________昆虫，用________来进行防治。

3. 触角的基本构造分为_________、_________、_________三部分。触角是昆虫的_________器官，昆虫常见的触角有_________、_________、_________、_________、________、________、________、________等类型。

4. 昆虫足的基本构造是______、______、______、______、______、______。

5. 常见昆虫足的类型有________、________、________、________、游泳足、携粉足。

6. 昆虫的翅按质地可分为：膜翅、_________、_________、_________、_________、________等。

7. 昆虫一般具有两对翅，但________目的昆虫只具有1对前翅，后翅退化成________。

8. 完全变态的昆虫，其生活史包括________、________、________、________四个阶段。不完全变态的昆虫一生经历________、________、________三个时期。

9. 昆虫幼虫依其足的多寡可分为________、________、________三大类型，昆虫的蛹可分为________、________、________三类。

10. 影响昆虫的环境因子有温度________、________、________等。

三、判断题（对的在括号内打“√，错的打“X”）

1. 昆虫具有3～6对足及2对翅。（ ）
2. 昆虫的骨骼为外骨骼。（ ）
3. 昆虫可分为头、胸、腹三大体段。（ ）
4. 昆虫除了具有复眼外，还具有单眼。（ ）
5. 不完全变态的昆虫，其若虫与成虫外形及生活习性均相似。（ ）
6. 完全变态昆虫从蛹壳飞出的现象称孵化。（ ）
7. 昆虫从卵孵化起，到成虫性成熟止的个体发育过程称胚后发育。（ ）
8. 昆虫幼虫经3次蜕皮即成为三龄虫。（ ）
9. 昆虫从卵发育至成虫性成熟止的过程叫胚后发育。（ ）
10. 无足型昆虫幼虫只具有3对胸足。（ ）
11. 多足型昆虫是指具有4对以上腹足的成虫。（ ）
12. 孤雌生殖是所有昆虫的一种生殖方式。（ ）
13. 少数昆虫可不经变态直接发育成成虫。（ ）
14. 只要是有腹足的昆虫一定是多足型昆虫。（ ）
15. 昆虫的世代就是年生活史。（ ）
16. 休眠和滞育均由不良环境因素引起。（ ）
17. 寡足型昆虫幼虫除3对胸足外，只具有1对腹足。（ ）
18. 直翅目昆虫前翅为复翅。（ ）
19. 蝼蛄的前足为开掘足，后足为跳跃足。（ ）
20. 网蝽体中至大型，触角丝状，前胸及翅上有网状花纹。（ ）
21. 网蝽口器刺吸式，腹部有臭腺开口。（ ）
22. 叶蝉触角呈刚毛状，前翅为膜翅，后足胫节具两对刺。（ ）
23. 叶蝉触角呈丝状，前翅为复翅，后足胫节有两列刺。（ ）
24. 蜡蝉前翅质地近革质，端部具网状脉。（ ）
25. 蚧总科昆虫雄虫只有1对翅。（ ）

26. 脉翅目昆虫触角呈膝状，翅膜质且前后翅相似。 ( )
27. 草蛉前后翅膜质透明，因此属于膜翅目昆虫。 ( )
28. 脉翅目昆虫触角呈念珠状，翅膜质且前后翅相似。 ( )
29. 鞘翅目昆虫口器为刺吸式，前翅为鞘翅。 ( )
30. 叶甲触角呈丝状，短于体的一半，幼虫肥胖，寡足型。 ( )
31. 天牛触角呈丝状，长于体，复眼圆形。 ( )
32. 幼虫寡足型，肥胖弯曲呈“C”形的是吉丁虫。 ( )
33. 吉丁虫的幼虫无足，蛀干为害。 ( )
34. 瓢甲科昆虫有益虫也有害虫。 ( )
35. 瓢虫背面隆起，腹面扁平，触角呈丝状。 ( )
36. 瓢虫均以蚜虫为食。 ( )
37. 鳞翅目昆虫幼虫一般为多足型，少数种类足退化。 ( )
38. 尺蛾幼虫具有一对腹足和一对尾足，无胸足。 ( )
39. 美国白蛾是毒蛾科昆虫。 ( )
40. 蝶类触角为球杆状。 ( )
41. 叶蜂科昆虫的幼虫为寡足型。 ( )
42. 叶蜂属于双翅目昆虫，具有两对翅。 ( )
43. 叶蜂幼虫多足型，腹足4～6对。 ( )
44. 红蜘蛛与蚜虫均为昆虫。 ( )

四、选择题

1. 下列昆虫属完全变态的是（ ）。

A. 蝉　B. 蝼蛄　C. 粉虱　D. 天牛

2. 蝼蛄科昆虫的特征是（ ）。

A. 前翅革质，口器咀嚼式，后足跳跃足

B. 前翅鞘质，口器咀嚼式，前足开掘足

C. 触角呈丝状，口器咀嚼式，后足开掘足

D. 前翅革质，触角呈丝状，前足开掘足

3. 蝗科昆虫的正确特征是（ ）。

A. 触角呈丝状，长于体　B. 触角呈丝状，短于体

C. 触角呈剑状，长于体　D. 触角呈剑状，短于体

4. 半翅目昆虫中，前胸背板向后延伸盖住小盾片，上有网状花纹的昆虫是（ ）。

A. 蝽科　B. 网蝽科　C. 缘蝽科　D.蝼蛄科

5. 关于半翅目昆虫的特征，下列正确的是（ ）。

A. 触角呈丝状，有3～5节；前翅为半鞘翅
B. 触角呈丝状，有5～8节；前翅为半鞘翅
C. 触角呈丝状，有3～5节；前翅长度为后翅的1/2
D. 触角呈丝状，有5～8节；前翅长度为后翅的1/2

6. 半翅目昆虫中，前胸背板特别发达的是（　）。
A. 蝽科　B. 网蝽科　C. 缘蝽科　D.木虱科

7. 同翅目昆虫的前翅为（　）。
A. 膜质　B. 革质　C. 膜质或革质　D. 都不是

8. 触角呈刚毛状，前翅为复翅的昆虫是（　）。
A. 蝉　B. 叶蝉　C. 木虱　D. 网蝽科

9. 叶蝉科昆虫的触角与前翅为（　）。
A. 触角呈丝状，前翅革质　B. 触角呈刚毛状，前翅革质
C. 触角呈丝状，前翅膜质　D. 触角呈刚毛状，前翅膜质

10. 触角呈丝状，前后翅膜质，腹部第6节或第7节具有腹管，末端具有尾片的昆虫是（　）。
A. 叶蜂科　B. 叶蝉科　C. 蜡蝉科　D. 蚜科

11. 下列昆虫属于同翅目的是（　）。
A. 蚜虫　B. 天牛　C. 草蛉　D. 叶蜂

12. 蚜虫的重要特征是（　）。
A. 具有腹管与尾片　B. 后足胫节有两列刺
C. 触角呈丝状，顶端有两根毛　D. 翅膜质透明

13. 雌成虫的腹末具有卵囊的蚧壳虫是（　）。
A. 蜡蚧科　B. 硕蚧科　C. 绒蚧科　D. 盾蚧科

14. 脉翅目昆虫的触角属于（　）。
A. 丝状　B. 念珠状　C. 栉齿状　D. 羽状

15. 叶甲的幼虫身体肥胖，它的足型为（　）。
A. 无足型　B. 寡足型　C. 多足型　D. 只有3对胸足与1对尾足

16. 叶甲科昆虫的触角呈（　）。
A. 丝状，短于体的1/2　B. 丝状，长于体的1/2
C. 锯齿状，短于体的1/2　D. 锯齿状，长于体的1/2

17. 象甲科昆虫触角呈（　）。
A. 羽状　B. 锤状　C. 膝状　D. 刚毛状

18. 下列特征中属于叶甲科的是（　）。
A. 前翅鞘质，触角呈锯齿状　B. 前翅鞘质，触角呈丝状

C. 前翅革质，触角呈锤状　　D. 前翅革质，触角呈刚毛状

19. 象甲的幼虫一般（　）。

A. 具有两对胸足无腹足　　B. 具有3对胸足无腹足

C. 只有3对腹足　　D. 无足

20. 触角鳃片状，前翅为鞘翅的昆虫是（　）。

A. 天牛　B. 象甲　C. 金龟甲　D. 叩头虫

21. 天牛科的主要特征是（　）。

A. 触角鞭状长于体，复眼为圆形　　B. 触角鞭状长于体，复眼为肾形

C. 触角鞭状短于体，复眼为圆形　　D. 触角鞭状短于体，复眼为肾形

22. 金龟子科昆虫的触角呈（　）。

A. 刚毛状　B. 锤状　C. 丝状　D. 鳃片状

23. 在鞘翅目中触角锤状的昆虫是（　）。

A. 天牛　B. 金龟子　C. 叩头虫　D. 瓢虫

24. 天牛的蛹属于（　）。

A. 围蛹　B. 被蛹　C. 裸蛹　D. 没有蛹

25. 幼虫第8腹节背面具有角状突起的昆虫幼虫是（　）。

A. 天蛾　B. 毒蛾　C. 凤蝶　D. 蓑蛾

26. 幼虫具有6～8对腹足的昆虫是（　）。

A. 蓑蛾　B. 叶蜂　C. 夜蛾　D. 凤蝶

27. 下列昆虫中属双翅目的是（　）。

A. 草蛉　B. 蚂蚁　C. 蝇　D. 叶蜂

28. 下列昆虫口器为刺吸式的是（　）。

A. 瓢虫　B. 凤蝶　C. 蚜虫　D. 蝇

29. 下列昆虫中属于蝶亚目的是（　）。

A. 粉蝶　B. 金龟子　C. 瓢虫　D. 天蛾

30. 翅薄而宽，前后翅花纹相连的鳞翅目昆虫是（　）。

A. 夜蛾　B. 凤蝶　C. 尺蛾　D. 刺蛾

31. 尺蛾科昆虫幼虫具有（　）和1对尾足。

A. 1对腹足　B. 2对腹足　C. 3对腹足　D. 4对腹足

32. 腹部第6～7节有毒腺的昆虫是（　）。

A. 天蛾　B. 毒蛾　C. 尺蛾　D. 刺蛾

33. 下列昆虫属双翅目的是（　）。

A. 草蛉　B. 蚂蚁　C. 食蚜蝇　D. 叶蜂

34. 下列昆虫属膜翅目的是（　）。

A. 草蛉　B. 蝉　C. 叶蜂　D. 刺蛾

五、简答题

1. 昆虫与其他有害动物主要有哪些区别?

2. 咀嚼式口器与刺吸式口器的昆虫为害有什么不同? 口器形式与药剂防治有什么关系?

3. 什么叫作昆虫的变态? 举例说明昆虫的主要变态类型和特点。

4. 昆虫的主要习性有哪些? 与害虫防治有什么关系?

5. 气象因素对昆虫的生长发育有哪些影响?

6. 食物因素和天敌因素对昆虫的生长发育和繁殖有哪些影响? 如何应用这些因素防治害虫?

7. 人类活动对昆虫有哪些影响?

8. 直翅目、半翅目、同翅目、鞘翅目、鳞翅目、缨翅目、双翅目、膜翅目、脉翅目昆虫各有哪些主要特征?

第二章　园林植物保护措施

学习目标

◆掌握虫害、病害常见的防治措施与方法
◆了解常见化学农药剂型
◆掌握常见农药名称及性能
◆掌握安全使用农药知识
◆了解常见植保器械的使用及维护要求

第一节　病虫害防治措施

园林植物保护的基本方针是“预防为主，综合治理”。防治病虫害是一项相当复杂的工作，防治措施是多种多样的，导致病虫害发生的因素又是非常复杂的，因此要想顺利完成防病治虫的任务，除具有丰富的昆虫学与病理学理论知识外，还需具备与园林病虫害防治有关的各种科学理论技术知识，才能根据病虫害和具体条件制定出切实有效的“综合治理”方案，保证园林植物不受病虫为害。

病虫害防治的措施多种多样，但其基本措施主要有植物检疫、栽培防治法、物理机械防治法、生物防治法和化学防治法。

一、植物检疫

植物检疫也称为法规防治，是防治病虫害的基本措施之一，也是实施“综合治理”措施的有力保证。植物检疫是指一个国家或地方政府颁布法令，设立专门机构，禁止或限制危险性虫、病、杂草等人为地传入或传出，或者传入后为限制其继续扩展所采取的一系列措施。

1. 植物检疫的必要性

在自然情况下，病虫的分布虽然可以通过气流等自然动力和自身活动扩散，不断扩大其分布范围，但这种能力是有限的。再加上有高山、海洋、沙漠等天然障碍的阻隔，病虫的分布有一定的地域局限性。但是，一旦借助人为因素的传播，就可以附着在种子、苗木、接穗、插条及其他植物产品上跨越这些天然屏障，由一个地区传到另一个地区或由一个国家传播到另一个国家。当这些病菌、害虫及杂草离开了原产地，到达一个新的地区后，原来制约病虫害发生发展的一些环境因素被打破，条件适宜时，就会迅

速扩展蔓延，猖獗成灾。如1922年在加拿大首次发现美国白蛾，随着运载工具由欧洲传播到亚洲，1979年在我国辽宁省东部地区出现，随后在山东、陕西、河北、上海等地出现。又如，我国的菊花白锈病、樱花细菌性根癌病、松材线虫萎蔫病均由日本传入，使许多园林植物受到严重为害。为了防止危险性病、虫的传播，各国政府都制定了检疫法令，设立了检疫机构，进行植物病虫害及杂草的检疫。

2. 植物检疫的主要内容

（1）禁止危险性病、虫及杂草随着植物及其产品由国外输入或从国内输出。

（2）将国内局部地区已发生的危险性病、虫和杂草封锁在一定的范围内，防止其扩散蔓延，并积极采取有效措施，逐步予以清除。

（3）当危险性病、虫和杂草传入新地区时，应采取紧急措施，及时就地消灭。

随着我国对外贸易的发展，园林产品的交流也日益频繁，危险性病、虫及杂草的传播机会越来越大，检疫工作的任务越加繁重。因此，必须严格执行检疫法规，高度重视植物检疫工作。

3. 植物检疫措施

我国对植物检疫采取了以下措施。

（1）对外检疫和对内检疫。对外检疫（国际检疫）是国家在对外港口、国际机场及国际交通要道设立检疫机构，对进出口的植物及其产品进行检疫处理。防止国外新的或在国内还是局部发生的危险性病、虫及杂草的输入；同时也防止国内某些危险性的病、虫及杂草的输出。对内检疫（国内检疫）是国内各级检疫机关，会同交通运输、邮电、供销及其他有关部门根据检疫条例，对所调运的植物及其产品进行检疫和处理，以防止仅在国内局部地区发生的危险性病、虫及杂草的传播蔓延。我国对内检疫主要以产地检疫为主，道路检疫为辅。对内检疫是对外检疫的基础，对外检疫是对内检疫的保障，二者紧密配合，互相促进，以达到保护园林植物生产的目的。

（2）检疫对象的确定。病虫害及杂草的种类很多，不可能对所有的病虫、杂草进行检疫，而是根据调查研究的结果，确定检疫对象名单。确定检疫对象的依据及原则有以下几方面。

1）本国或本地区未发生的或分布不广、局部发生的病虫及杂草。

2）为害严重，防治困难的病虫及杂草。

3）可借助人为活动传播的病虫及杂草，即可以随同种实、接穗、包装物等运往各地，适应性强的病虫及杂草。

同时，必须根据寄主范围和传播方式确定应该接受检疫的种苗、接穗及其他植物产品的种类和部位。检疫对象名单并不是固定不变的，应根据实际情况的变化及时修订或补充。

（3）划定疫区和保护区。有检疫对象发生的地区划为疫区，对疫区要严加控制，禁止检疫对象传出，并采取积极的防治措施，逐步消灭检疫对象。未发生检疫对象但有可能传播进检疫对象的地区划定为保护区，对保护区要严防检疫对象传入，充分做好预防工作。

（4）其他措施。包括建立和健全植物检疫机构、建立无检疫对象的种苗繁育基地、加强植物检疫科研工作等。

4. 植物检疫对象名单

主要植物检疫性病虫包括：松突圆蚧、日本松干蚧、湿地松粉蚧、梨圆蚧、枣大球蚧、黄斑星天牛、锈色粒肩天牛、双条杉天牛、杨干象、杨干透翅蛾、柳蝙蛾、美国白蛾、苹果蠹蛾、双钩异翅长蠹、落叶蜂种子小蜂、刺槐种子小蜂、松疱锈病、松针红斑病、松针褐斑病、落叶松枯梢病、松材线虫病、杨树花叶病毒病、桉树焦枯病、毛竹枯梢病、菊花叶枯线虫病、香石竹枯萎病、香石竹斑驳病毒病、菊花白锈病等。

5. 植物检疫的步骤

（1）对内检疫

1）报检：调运和邮寄种苗及其他应受检的植物产品时，应向调出地有关检疫机构报验。

2）检验：检疫机构人员对所报验的植物及其产品进行严格的检验。

3）检疫处理：经检验如发现检疫对象，应按规定在检疫机构监督下进行处理。一般方法有禁止调运、就地销毁、消毒处理、限制使用地点等。

4）签发证书：经检验后，如不带检疫对象，则检疫机构发给国内植物检疫证书放行；如发现检疫对象，经处理合格后，仍发证放行。

（2）对外检疫。我国进出口检疫包括进口检疫、出口检疫、旅客携带物检疫、国际邮包检疫、过境检疫等几个方面。对外检疫应严格执行《中华人民共和国进出口动植物检疫条例》及其实施细则的有关规定。

二、栽培防治法

栽培防治法就是通过改进栽培技术措施，使环境条件不利于病虫害的发生，而有利于园林植物的生长发育，直接或间接地消灭或抑制病虫的发生与为害。这种方法可长期控制病虫害，因而是最基本的防治方法。栽培防治法措施可分为以下几个环节。

1. 清洁园圃

休眠阶段及时收集园圃中的病虫害残体、草坪的枯草层，并加以处理。生长季节及时摘除病、虫枝叶，清除因病虫或其他原因致死的植株。

2. 合理轮作、间作

（1）合理轮作。合理轮作可以减轻病害发生，轮作时间视具体病害而定。褐斑病实行2年以上轮作即有效，根癌病则需时间较长，一般情况下要实行3年以上轮作。轮作是

古老而有效的防病措施，轮作植物应为非寄主植物。通过轮作，使土壤中的病原物因找不到寄主而死，从而降低病原物的数量或消灭病原物。

（2）科学间作。每种病虫对树木、花草都有一定的选择性和转移性，因而在进行花卉生产及苗圃育苗时，要考虑寄主植物与害虫的食性及病菌的寄主范围，尽量避免相同寄主范围的园林植物混栽或间作。

3. 加强园林管护

（1）加强肥水管理。合理的肥水管理不仅能使植物健壮地生长，而且能增强植物的抗病虫能力。观赏植物应使用充分腐熟且无异味的有机肥，使用无机肥时要注意氮、磷、钾等营养成分的配合，防止施肥过量或出现缺素症。浇水方式、浇水量、浇水时间等都影响病虫害的发生，浇水量要适宜，浇水过多易烂根，浇水过少则易使花木因缺水而生长不良，出现各种生理性病害或加重侵染性病害的发生。

（2）改善环境条件。改善环境条件主要是指调节栽培地的温度和湿度，尤其是温室栽培植物，要经常通风换气、降低湿度，以减轻灰霉病、霜霉病等病害的发生。

（3）合理修剪。合理修剪、整枝不仅可以增强树势、花叶并茂，还可以减少病虫为害。

（4）中耕除草。中耕除草不仅可以保持地力，减少土壤水分的蒸发，促进花木健壮生长，提高抗逆能力，还可以清除许多病虫的发源地及潜伏场所。

（5）翻土培土。结合深耕施肥，可将表土或落叶层中越冬的病菌、害虫深翻入土。公园、绿地、苗圃等场所在冬季暂无花卉生长，最好深翻1次，这样便可将病菌、害虫深埋于地下，翌年不再发生为害。

4. 选育抗病虫良种

（1）培育抗病虫品种

培育抗病虫品种是预防病虫害的重要环节，不同花木品种对于病虫害的受害程度并不一致。目前已培育出菊花、香石竹、金鱼草等抗锈病的新品种，抗紫菀萎蔫病的翠菊品种以及抗菊花叶枯线虫病的菊花品种等。培育该类品种的方法很多，有常规育种、辐射育种、化学诱变、单倍体育种等。随着转基因技术的不断发展，将抗病虫基因导入园林植物体内，获得大量理想化的抗性品种已逐步变为现实。

（2）繁育健壮种苗

有许多病虫害是依靠种子、苗木及其他无性繁殖材料来传播的，因而通过一定的措施，培育无病虫的健壮种苗，可有效地控制该类病虫害的发生。

①无病虫圃地育苗。选取土壤疏松、排水良好、通风透光、无病虫为害的场所为育苗圃地。盆播育苗时应注意盆钵基质的消毒，同时，通过适时播种、合理轮作、整地施肥以及中耕除草等措施加强养护管理，使之苗齐、苗全、苗壮、无病虫为害。如菊花、香石竹等进行扦插育苗时，对基质及时消毒或更换新鲜基质，则可大大提高育苗的成活率。

②无病株采种（芽）。园林植物的许多病害是通过种苗传播的，如一串红病毒病、牵牛花白锈病是由种子传播，菊花白锈病是由脚芽传播等。只有从健康母株上采种（芽），才能得到无病种苗，避免或减轻该类病害的发生。

③组培脱毒育苗。园林植物中病毒病发生普遍而且严重，许多种苗都带有病毒，利用组培技术进行脱毒处理，对于防治病毒病十分有效。如脱毒香石竹苗、脱毒兰花苗等应用已非常成功。

三、物理机械防治法

利用物理因素或机械设备防治病虫的方法称为物理机械防治。物理机械防治的基本方法有以下几种。

1. 捕杀法

捕杀法是根据害虫的栖息部位、活动习性，利用人工或机械进行捕杀的一种方法。如利用多数金龟甲、象甲成虫的假死性特点，可将其震落杀死。

2. 诱杀法

诱杀法是利用害虫的某些趋性，将其诱集杀死的一种方法。如利用糖醋液诱杀粘虫、小地老虎成虫，利用黑光灯诱杀夜蛾、螟蛾等多种有趋光性的夜行性害虫等。

3. 汰选法

汰选法是利用健全的种苗和被害种苗在形体、大小、比重上的差异进行挑选或分离，以剔除带有病虫的种苗而达到防治的目的。如用手选较大的种苗；用器械（风车、筛子等）剔除夹杂在种子间的杂质；用清水、泥水、盐水选种等。

4. 热处理法

热处理法是利用一定的热力杀死植物内外的病虫，如唐菖蒲球茎在55℃水中浸泡30分钟，可以防治镰刀菌干腐病等。

四、生物防治法

生物防治法是利用有益生物或生物的代谢产物防治病虫害的一种方法。生物防治是植物病虫害综合防治的重要组成部分，它具有安全、不污染环境、天敌资源丰富等特点。但生物防治受气候条件的影响较大，有的发挥作用较慢，因此在实际应用时必须与其他防治方法结合起来，才能更好地控制病虫的发生。生物防治的基本方法有以下几方面。

1. 以虫治虫

以虫治虫是利用有益昆虫消灭害虫的方法。在自然界中，有益昆虫对植物害虫常常有很强的抑制作用。自然界中的有益昆虫种类较多，按其取食方式可分为捕食性和寄生性两大类。捕食性昆虫如瓢虫、草蛉、食蚜蝇、蚂蚁、猎蝽、食虫虻等。寄生性昆虫如寄生蝇、寄生蜂等。有益昆虫的利用除做好自然保护外，还可通过人工繁殖后释放的方法来增

加自然界中的数量，以提高对害虫的控制能力。

2. 以菌治虫

以菌治虫即利用害虫的致病微生物来防治害虫。昆虫和其他动物一样，受到致病微生物的侵染后就可发病。昆虫的致病微生物主要有细菌、真菌、病毒、原生动物等。目前应用较广的有苏云金杆菌、乳状芽孢杆菌、白僵菌、核多角体病毒、质多角体病毒等。如用Bt乳剂防治刺蛾等鳞翅目幼虫。

3. 有益动物利用

自然界中食虫动物很多，如食虫鸟类常见的有大山雀、大杜鹃、啄木鸟、家燕、灰喜鹊等，可啄食松毛虫、尺蠖、蝗虫等多种害虫。两栖动物中的蟾蜍、雨蛙、青蛙等，主要取食叶蝉、蝼蛄、蟋蟀等。蜘蛛、螨类中也有许多是昆虫的天敌。利用有益动物治虫，主要采取保护措施，严禁捕捉益鸟、蛙类等。

4. 以菌治病

以菌治病是用抗生素防治植物病害。抗生菌在生命活动过程中产生的特殊物质称为抗生素。某些真菌、细菌、放线菌都可产生抗生素，但以放线菌最多。目前常用的抗生素主要有多氧霉素、井冈霉素等，用多氧霉素可防治斑点落叶病、灰斑病、轮纹病、灰霉病等，井冈霉素主要用于防治纹枯病，并对立枯病菌、菌核病菌等均有效。

5. 以菌治草

以菌治草是利用有益微生物来防治杂草。如用炭疽菌“鲁保一号”防治菟丝子，效果可达85%以上。国外现在还研究利用线虫来防治杂草，已经取得了一定成果。

五、化学防治法

化学防治法就是利用化学农药来防治植物病、虫及其他有害生物的方法。化学防治法具有防治病虫效果好、作用快，特别是对暴发性的病虫能在短期内控制为害，使用方法简便，便于机械化作业，不受地区和季节的限制等优点。但是农药如果使用不当，容易对植物产生药害，污染环境，使病虫产生抗药性等，会给整个园林生态系统带来不利影响。

第二节　化学农药介绍

化学农药的种类很多，按照不同的分类方式可有多种类型。一般可按防治对象、化学成分、作用方式等进行分类。按防治对象分类，化学农药可分为杀虫剂、杀菌剂、杀线虫剂、杀螨剂、除草剂、杀鼠剂、植物生长调节剂等；按化学成分分类，化学农药可分为无机农药、有机农药、植物性农药、矿物性农药、微生物农药等；按其作用方式分类，杀虫剂又可分为胃毒剂、触杀剂、内吸剂、熏蒸剂、忌避剂、拒食剂、引诱剂、昆虫生长调节剂等。杀菌剂还可分为保护剂、治疗剂等。

一、杀虫剂

杀虫剂按照其作用方式可分为以下剂型。

1. 胃毒剂

药剂经由害虫的口器，通过消化系统进入体内，引起害虫中毒死亡。这种杀虫作用称为胃毒作用，其药剂称为胃毒剂，无机杀虫剂多数也是胃毒剂。适合于防治咀嚼式口器的昆虫。

2. 触杀剂

药剂通过接触害虫的体壁渗入体内，引起害虫中毒死亡。这种杀虫作用称为触杀作用，其药剂称为触杀剂，如辛硫磷、功夫菊酯、敌杀死、天王星等。触杀剂对各类口器的害虫都有毒杀作用，但对体壁骨化程度高和蜡层较厚的种类，如蚧壳虫、木虱、粉虱等效果不好。

3. 内吸剂

药剂易被植物组织吸收，并在植物体内运输、传导到植株的各部分，或经过植物的代谢作用而产生更毒的代谢物，这种作用称为内吸作用，其药剂称为内吸剂，如吡虫啉等。内吸剂对刺吸式口器的昆虫，如蚜虫、飞虱等防治效果好，对咀嚼式口器的昆虫也有一定效果。

4. 熏蒸剂

药剂以气体分子状态充斥其作用的空间，通过害虫的呼吸系统进入虫体，引起害虫中毒死亡，这种作用称为熏蒸作用，其药剂称为熏蒸剂，如磷化铝、溴甲烷等。熏蒸剂应在密闭条件下使用。如用磷化铝片剂防治蛀干害虫时，要用泥土封闭虫孔；用溴甲烷进行土壤消毒时，须用薄膜覆盖等。

5. 拒食剂

害虫接触药剂后不再取食或减少取食含量，使害虫饥饿而死的药剂称为拒食剂，如印楝素、拒食胺。

6. 昆虫生长调节剂

此类药剂是昆虫的内激素类药剂，昆虫接触或取食药剂后，干扰昆虫的生长发育，影响昆虫的蜕皮、变态或发生生理变化，产生畸形等。如米螨、灭幼脲、定虫隆、扑虱灵等。

7. 其他杀虫剂

其他杀虫剂包括忌避剂，如驱蚊油、樟脑；粘捕剂，如松脂合剂；绝育剂，如噻替派、六磷胺等；引诱剂，如白蚁性引诱剂。这类杀虫剂本身并无多大毒性，而是以其特殊的性能作用于昆虫，一般将这些药剂称为特异性杀虫剂。

实际上，杀虫剂的杀虫作用并不完全是单一的，多数杀虫剂往往兼具几种杀虫作用。如敌敌畏具有触杀、胃毒、熏蒸三种作用，但以触杀作用为主。在选择使用农药时，应注意选用其主要的杀虫作用。

二、农药的加工剂型

农药原料合成的液体产物为原油，固体产物为原粉，统称原药。绝大多数农药原药由于其理化性质和有效成分含量很高而不能直接使用，在实践当中，需要加工成不同的剂型。

目前常用的农药剂型有以下几种。

1. 乳油

乳油（EC）主要是由农药原药、溶剂和乳化剂组成，在有些乳油中还加入少量的助溶剂和稳定剂等。溶剂的用途主要是溶解和稀释农药原药，帮助乳化分散，增加乳油流动性等。常用的有二甲苯、苯、甲苯等。

农药乳油要求外观清晰透明、无颗粒、无絮状物，在正常条件下储藏不分层、不沉淀，并保持原有的乳化性能和药效。原油加到水中后应有较好的分散性，乳液呈淡蓝色透明或半透明溶液，并有足够的稳定性，即在一定时间内不产生沉淀，不析出油状物。稳定性好的乳液，油球直径一般在0.1～1微米之间。

目前乳油是使用的主要剂型，但由于乳油使用大量有机溶剂，施用后增加了环境负荷，所以有减少的趋势。

2. 粉剂

粉剂（D）是由农药原药和填料混合加工而成，有些粉剂还加入稳定剂。

填料种类很多，常用的有黏土、高岭土、滑石、硅藻土等。

对粉剂的质量要求，包括粉粒细度、水分含量、pH值等。粉粒细度指标，一般95%～98%通过200号筛目，粉粒平均直径为30毫米；通过300号筛目，粉粒平均直径为10～15微米；通过325号筛目（超筛目细度），粉粒平均直径为5～12微米。水分含量一般要求小于1%。pH值为6～8。

粉剂主要用于喷粉、撒粉、拌毒土等，不能加水喷雾。

3. 可湿性粉剂

可湿性粉剂（WP）是由农药原药、填料和湿润剂混合加工而成。

可湿性粉剂对填料的要求及选择与粉剂相似，但对粉粒细度的要求更高。湿润剂采用纸浆废浆液、皂角、茶枯等，用量为制剂总量的8%～10%；如果采用有机合成湿润剂（例如阴离子型或非离子型）或者混合湿润剂，其用量一般为制剂的2%～3%。

对可湿性粉剂的质量要求应有好的润湿性和较高的悬浮率。悬浮率不良的可湿性粉剂，不但药效差，而且往往易引起作物药害。悬浮率的高低与粉粒细度、湿润剂种类及用量等因素有关，粉粒越细，悬浮率越高。粉粒细度指标为98%通过200号筛目，粉粒平均直径为25微米，湿润时间小于15分钟，悬浮率一般在28%～40%范围内；粉粒细度指标为96%以上通过325号筛目，粉粒平均直径小于5微米，湿润时间小于5分钟，悬浮率一般大于50%。

可湿性粉剂经储藏，悬浮率往往下降，尤其经高温悬浮率下降很快。若在低温下储藏，悬浮率下降较缓慢。

可湿性粉剂加水稀释，用于喷雾。

4. 颗粒剂

颗粒剂（G）是由农药原药、载体和助剂混合加工而成。

载体对原药起附着和稀释作用，是形成颗粒的基础（粒基）。因此要求载体不分解农药，具有适宜的硬度、密度、吸附性和遇水解体率等性质。常用作载体的物质有白炭黑、硅藻土、陶土、紫砂岩粉、石煤渣、黏土、红砖、锯末等。常见的助剂有黏结剂（包衣剂）、吸附剂、湿润剂、染色剂等。

颗粒剂的粒度范围一般在10～80目之间。按粒度大小分为微（细）粒剂（50～150目）、粒剂（10～50目）、大粒剂（丸剂，大于10目）；按其在水中的行为分为解体型和非解体型。

颗粒剂用于撒施，具有使用方便、操作安全、应用范围广及延长药效等优点。高毒农药颗粒剂一般做土壤处理或拌种沟施。

5. 水剂

水剂（AS）主要是由农药原药和水组成，有的还加入小量防腐剂、湿润剂、染色剂等。该制剂是以水作为溶剂，农药原药在水中有较高的溶解度，有的农药原药以盐的形式存在于水中。水剂加工方便，成本低廉，但有的农药在水中不稳定，长期储存易分解失效。

6. 悬浮剂

悬浮剂（SC），又称胶悬剂，是一种可流动液体状的制剂。它是由农药原药和分散剂等助剂混合加工而成，药粒直径小于微米。悬浮剂使用时对水喷雾，如40%的多菌灵悬浮剂、20%的除虫脲悬浮剂等。

7. 超低容量喷雾剂

超低容量喷雾剂（ULV）是一种油状剂，又称为油剂。它是由农药和溶剂混合加工而成，有的还加入少量助溶剂、稳定剂等。这种制剂专供超低量喷雾机使用，或飞机超低容量喷雾，不须稀释而直接喷洒。由于该剂喷出雾粒细，浓度高，单位受药面积上附着量多，因此加工该种制剂的农药必须高效、低毒，要求溶剂挥发性低、密度较大、闪点高、对作物安全等。如25%的敌百虫油剂、25%的杀螟松油剂、50%的敌敌畏油剂等。

油剂不含乳化剂，不能兑水使用。

8. 可溶性粉剂

可溶性粉剂（SP）是由水溶性农药原药和少量水溶性填料混合粉碎而成的水溶性粉剂。有的还加入少量的表面活性剂。细度为90%通过80号筛目。使用时加水溶解即成水溶液，供喷雾使用。如80%的敌百虫可溶性粉、50%的杀虫环可溶性粉、75%的敌克松可溶性粉、64%的野燕枯可溶性粉、井冈霉素可溶性粉等。

9. 微胶囊剂

微胶囊剂（MC）是用某些高分子化合物将农药液滴包裹起来的微型囊体。微囊粒径一般为25微米左右。它是由农药原药（囊蕊）、助剂、囊皮等制成。囊皮常用人工合成或用天然的高分子化合物制成，如聚酰胺、聚酯、动植物胶（如海藻胶、明胶、阿拉伯胶）等，它是一种半透性膜，可控制农药释放速度。该制剂为可流动的悬浮体，使用时对水稀释，微胶囊悬浮于水中，供叶面喷雾或土壤施用。农药从囊壁中逐渐释放出来，达到防治效果。微胶囊剂属于缓释剂类型，具有延长药效、高毒农药低毒化、使用安全等优点。

10. 烟剂

烟剂（S）是由农药原药、燃料（如木屑粉）、助燃剂（氧化剂，如硝酸钾）、消燃剂（如陶土）等制成的粉状物。细度通过80号筛目，袋装或罐装，其上配有引火线。烟剂点燃后可以燃烧，但没有火焰，农药有效成分因受热而汽化，在空气中受冷又凝聚成固体微粒，沉积在植物上，达到防治病害或虫害目的。在空气中的烟粒也可通过昆虫呼吸系统进入虫体产生毒效。烟剂主要用于防治森林、仓库、温室等病虫害。

11. 水乳剂

水乳剂（EW）为水包油型不透明浓乳状液体农药剂型。水乳剂是由水不溶性液体农药原油、乳化剂、分散剂、稳定剂、防冻剂及水经均匀化工艺制成。不用油作溶剂或只需用少量。

水乳剂的特点有：不使用或仅使用少量的有机溶剂；以水为连续相，农药原油为分散相，可抑制农药蒸气的挥发；成本低于乳油；无燃烧、爆炸危险，储藏较为安全；避免或减少了乳油制剂所用有机溶剂对人畜的毒性和刺激性，减少了对农作物的药害危险；制剂经皮及口服吸收的急性毒性降低，使用较为安全；水乳剂原液可直接喷施，可用于飞机或地面微量喷雾。

12. 水分散性粒剂

水分散性粒剂（WDG）是入水后能迅速崩解、分散形成悬浮液的粒状农药剂型。产生于20世纪80年代初，是正在发展中的新剂型。这种剂型兼具可湿性粉剂和浓悬浮剂的悬浮性、分散性、稳定性好的优点，并克服了二者的缺点。与可湿性粉剂相比，它具有流动性好，易于从容器中倒出，无粉尘飞扬等优点；与浓悬浮剂相比，它可克服储藏期间沉积结块、低温时结冻和运费高的缺点。

第三节　常用杀虫剂介绍

我国生产的农药中，杀虫、杀螨剂的品种最多、产量最大。一些高效、低毒、低残留的品种不断应用到生产中。但也有一些高效、高毒品种仍在继续使用，这些品种将随着新品种的不断增加，逐渐被淘汰。在园林绿地中，由于人们活动频繁，应尽量选择高效、低毒、低残留、无异味的药剂，以免影响观赏，造成环境污染。

一、有机磷杀虫剂

有机磷杀虫剂是有机化合物分子结构中含有磷元素的一类杀虫剂。其特点是脂溶性强，在碱液中能迅速分解失效。正常使用浓度下对植物安全，对人畜无积累毒性，但能引起急性中毒，甚至死亡。其作用机制是抑制昆虫体内胆碱酯酶的活性，破坏其正常的神经传导功能，使昆虫过度疲劳而致死。常用的品种有以下几种。

1. 敌敌畏

敌敌畏具有触杀、熏蒸和胃毒作用，残效期1~2天，对人、畜中毒，对鳞翅目、膜翅目、同翅目、双翅目、半翅目等害虫均有良好的防治效果，击倒迅速。常见加工剂型有80%的乳油。用80%的乳油800~1 000倍液喷雾，可防治花卉上的蚜虫、蛾蝶幼虫、蚧壳虫初孵若虫及花木上的粉虱等。对梅花、樱桃、桃子、杏子、榆叶梅等观赏植物有明显的药害。

2. 辛硫磷

辛硫磷杀虫谱广，击倒力强，对人、畜低毒，以触杀和胃毒作用为主，无内吸作用，对磷翅目幼虫很有效。因对光不稳定，很快分解，所以残留期短，残留危险小，但该药施入土中，残留期很长，适合于防治地下害虫。常见剂型有3%、5%的颗粒剂，25%的微胶囊剂，50%、75%的乳油。一般使用浓度为50%的乳油1 000～1 500倍液喷雾；5%的颗粒剂2.5～3千克/亩防治地下害虫。

3. 乙酰甲胺磷（杀虫灵、高灭磷、杀虫磷）

乙酰甲胺磷具胃毒、触杀和内吸作用，对人、畜低毒，能防治咀嚼式口器、刺吸口器害虫和螨类。它是缓效型杀虫剂，后效作用强。常见剂型有30%、40%的乳油，25%、50%、70%的可湿性粉剂。一般使用浓度为30%的乳油稀释300～600倍液或40%的乳油稀释400～800倍液喷雾。

4. 速扑杀（速蚧克、杀扑磷）

速扑杀具触杀、胃毒及熏蒸作用，并能渗入植物组织内，对人、畜高毒，是一种广谱性杀虫剂，尤其对蚧壳虫有特效。常见剂型有40%的乳油。40%的速扑杀乳油具有强烈渗透性，但不具有内吸传导作用。可以透过叶面渗透到叶背杀死目标害虫，对蚧壳虫的成虫和若虫都有优异的防治效果。速扑杀的持效期可达30天。防治蚧壳虫的成虫，用40%的

速扑杀800～1 000倍液。防治若蚧，用40%的速扑杀1 000～1 500倍液，在若蚧期使用效果最好。

5. 毒死蜱（乐斯本、氯吡硫磷）

毒死蜱具触杀、胃毒及熏蒸作用，对人、畜中毒，是一种广谱性杀虫剂。对于鳞翅目幼虫、蚜虫、叶蝉及螨类效果好，毒死蜱在叶片上残留期不长，但在土壤中残留期较长，因此对地下害虫防治效果较好。常见剂型有40.7%的乳油、杀死虫蓝珠14%颗粒剂。一般使用浓度为40.7%的乳油稀释1 000～2 000倍液喷雾。

6. 二嗪磷（二嗪农、地亚农）

二嗪磷是一种高效、低毒、低残留、广谱性的嘧啶系有机磷杀虫剂，具有触杀、胃毒、熏蒸作用。它是使用最广泛的杀虫剂之一，尤其是常用于住宅草坪和庭院害虫的防治。常见剂型有25%的地亚农乳油。

7. 亚胺硫磷

亚胺硫磷属中等毒杀虫剂，是一种广谱有机磷杀虫剂，具有触杀和胃毒作用，并兼治叶螨，残效期长。剂型有20%、25%的亚胺硫磷油。一般使用浓度为25%的乳油600～1 000倍液喷雾。

二、有机氮杀虫剂

有机氮杀虫剂的化学结构中都含有氮元素，具有选择性强、速效、低毒、对植物安全、残留少等特点。多数品种遇碱易分解失效，其杀虫机制也是抑制胆碱酯酶的活性。

1. 吡虫啉（咪蚜胺、一遍净、蚜虱净、大功臣、康复多）

吡虫啉是新一代氯代尼古丁杀虫剂，具有广谱、高效、低毒、低残留，害虫不易产生抗性，对人、畜、植物和天敌安全等特点，并有触杀、胃毒和内吸多重药效。残留期长达25天左右。温度高，杀虫效果好。主要用于防治刺吸式口器害虫，对蚜虫、叶蝉、粉虱、蓟马等效果好；对鳞翅目、鞘翅目、双翅目昆虫也有效。由于其具有优良内吸性，特别适用于种子处理和作颗粒剂使用。常见剂型有10%、15%的可湿性粉剂，10%的乳油。防治绣线菊蚜、苹果瘤蚜、桃蚜、梨木虱、卷叶蛾等害虫，可用10%的吡虫啉4 000～6 000倍液喷雾。

2. 抗蚜威（辟蚜雾）

抗蚜威属中等毒杀虫剂，具触杀、熏蒸和渗透叶面作用。能防治对有机磷杀虫剂产生抗性的蚜虫。药效迅速，残效期短，对作物安全，对蚜虫天敌毒性低，是综合防治蚜虫较理想的药剂。常见剂型有50%的可湿性粉剂、10%的烟剂、5%的颗粒剂。一般使用浓度为50%的可湿性粉剂3 000～8 000倍液喷雾。

3. 灭多威（万灵）

灭多威为高毒杀虫剂，挥发性强，吸入毒性高，具触杀及胃毒作用，具有一定的杀卵效果。适于防治鳞翅目、鞘翅目、同翅目等昆虫。常见剂型有24%的水溶性液剂，40%、90%的可溶性粉剂，20%的乳油，10%的可湿性粉剂。一般使用浓度为20%的乳油稀释1 000倍液喷雾。

4. 唑蚜威

唑蚜威是高效选择性内吸杀虫剂，对人、畜中毒，对多种蚜虫有较好的防治效果，对抗性蚜也有较高的活性。常见剂型有25%的可湿性粉剂，24%、48%的乳油。每公顷使用有效成分30克即可，使用浓度为25%的可湿性粉剂稀释1 000倍液。

5. 丙硫克百威（安克力、丙硫威）

丙硫克百威为克百威的低毒化品种，是中等毒性杀虫剂，具有触杀、胃毒和内吸作用，持效期长，可防治多种害虫。常见剂型有3%、5%、10%的颗粒剂，20%的乳油。每亩用5%的颗粒剂800～1 200克或10%的乳油400～600克做土壤处理，即可防治蚜虫及多种地下害虫。

6. 丁硫克百威（好年冬、丁硫威）

丁硫克百威为中等毒杀虫、杀螨剂，是克百威的低毒化衍生物，具有触杀、胃毒及内吸作用，杀虫谱广，也能杀螨。常见剂型有5%的颗粒剂、15%的乳油。每亩用5%的颗粒剂1～4千克做土壤处理，可防治多种地下害虫及叶面害虫。

三、拟除虫菊酯类杀虫剂

拟除虫菊酯是根据天然除虫菊素的化学结构式，人工合成的一类有机化合物。杀虫谱广，高效、低毒、低残留，对昆虫具有触杀和胃毒作用，对植物安全。在碱液中易分解失效。

1. 联苯菊酯（虫螨灵、天王星）

联苯菊酯为中等毒性杀虫剂，具触杀、胃毒作用。可用于防治鳞翅目幼虫、蚜虫、叶蝉、粉虱、潜叶蛾、叶螨等。常见剂型有天王星2.5%、10%的乳油。一般使用浓度为10%的乳油稀释3 000～5 000倍液喷雾。

2. 氯菊酯（二氯苯醚菊酯、除虫精）

氯菊酯对人、畜低毒，具有触杀作用，兼有胃毒和杀卵作用，但无内吸性。杀虫谱广，对害虫击倒快残效长，杀虫毒力比一般有机磷高约10倍。可防治130多种害虫，对鳞翅目幼虫有特效。常见剂型为10%的乳油，一般使用浓度为1 000～2 000倍液喷雾。该药为负温度系数的药剂，即低温时效果好。但对钻蛀性害虫、螨类、蚧类效果差。

3. 顺式氰戊菊酯（来福灵）

顺式氰戊菊酯属中等毒性杀虫剂，是活性较高的杀虫剂，具强触杀作用，有一定的胃毒和拒食作用。效果迅速，击倒力强。可用于防治鳞翅目、半翅目、双翅目的幼虫。常见剂型为5%的乳油。对蚜虫一般使用浓度为5%的乳油稀释2 500～3 000倍液喷雾，磷翅

目昆虫使用2 000倍液喷雾。

4. 顺式氯氰菊酯（高效安绿宝、高效灭百可、奋斗呐）

顺式氯氰菊酯为中等毒性杀虫剂，它是由氯氰菊酯的高效异构体组成，因此单位面积用量更少，效果更强，具触杀、胃毒和一定的杀卵作用。该药对鳞翅目幼虫、同翅目及半翅目昆虫效果好。常见剂型有10%、5%的乳油，5%可湿性粉剂。一般使用浓度为10%的乳油稀释2 000～5 000倍液喷雾。

5. 溴氰菊酯（敌杀死、凯素灵、凯安保）

溴氰菊酯属中等毒性杀虫剂，其杀虫活性高，以触杀和胃毒作用为主，具一定的杀卵作用，对害虫有一定的驱避与拒食作用，无内吸和熏蒸作用。杀虫谱广，击倒速度快，尤其对鳞翅目幼虫及蚜虫杀伤力大，但对螨类无效。该药对植物吸附性好，耐雨水冲刷，残效期长达7～21天，对鳞翅目幼虫和同翅目害虫有特效。常见加工剂型有2.5%的乳油，25%的可湿性粉剂。一般使用浓度为2.5%的乳油稀释4 000～6 000倍液喷雾。

6. 三氟氯氰菊酯（功夫、功夫菊酯）

三氟氯氰菊酯属中毒杀虫剂，具有触杀、胃毒和驱避作用，无内吸作用。活性高，药效迅速，喷洒后有耐雨水冲刷的优点，对鳞翅目、半翅目、鞘翅目、膜翅目等害虫均有良好的防治效果，但长期使用害虫易对其产生抗药性。常见剂型有2.5%的乳油。对蚜虫一般使用浓度为2.5%的乳油稀释5 000～10 000倍液喷雾，对一般害虫使用2 000～5 000倍液喷雾。

7. 氟氯氰菊酯（百树菊酯、百树得）

氟氯氰菊酯以触杀和胃毒作用为主，对人、畜低毒，无内吸及熏蒸作用。杀虫谱广，作用迅速，持效期长，药效显著。对多种鳞翅目幼虫、蚜虫、叶蝉等有良好的防效。常见剂型有5.7%的乳油。一般使用浓度为5.7%乳油稀释2 000～5 000倍液喷雾。

8. 贝塔氟氯氰菊酯（保得）

贝塔氟氯氰菊酯属低毒杀虫剂，具触杀及胃毒作用，稍有渗透性而无内吸作用。杀虫谱广，击倒迅速，持效期长，除对咀嚼式口器害虫，如鳞翅目幼虫或鞘翅目的部分甲虫有效外，还可用于刺吸式口器害虫，其他作用与氟氯氰菊酯相同。常见剂型有2.5%的乳油。一般使用浓度为2.5%的乳油稀释2 000～5 000倍液喷雾。

9. 氟胺氰菊酯（马扑立克）

氟胺氰菊酯为中等毒性杀虫剂，具触杀及胃毒作用。为广谱杀虫、杀螨剂，可防治蚜虫、叶蝉、温室白粉虱、蓟马及鳞翅目害虫、叶螨等。常见剂型有10%、20%的乳油，10%、20%、30%的可湿性粉剂。防治蚜虫一般使用浓度为20%的乳油稀释2 000～4 000倍液喷雾，对鳞翅目昆虫使用1 000～1 500倍液喷雾。

10. 触破式微胶囊剂（绿色威雷）

绿色威雷是8%的氯氰菊酯微胶囊水悬剂，具有对天牛成虫药效高、击倒力强，并且持效期长的双重优点。能在天牛踩触时立即破裂，其释放出的高效原药能即刻黏附于天牛的足跗节，并通过节间膜进入天牛体内，进而杀死天牛成虫；药的持效期可长达52天以上。防治天牛等甲虫类，绿色威雷地面普通喷雾和超低量喷雾分别稀释300~400倍和100~150倍，防治食叶害虫可稀释2 000倍左右。

四、复配农药

将两种或两种以上的农药，依据其毒理机制、交互作用的特性，针对一定的防治对象，按照一定的配比和工艺混合使用，称为农药复配，经过复配而成的农药称为复配农药。依据防治对象，复配农药分杀虫剂复配和杀菌剂复配以及杀虫杀菌剂复配。复配农药的使用能延缓有害生物的抗药性，扩大防治对象，提高使用效果，降低使用时的毒性、药害或残留。

1. 30%辛·马·高乳油（灭铃光）

辛·马·高乳油是一种新型高效广谱杀虫、杀螨剂，辛硫磷、马拉硫磷、高效氯氰菊酯属于中等毒性，对害虫有较强的触杀、胃毒和内吸作用。渗透性强，对螨类、线虫有优良的防治效果。常见剂型为30%的辛·马·高乳油，一般使用浓度为30%的辛·马·高乳油稀释2 000~4 000倍液喷雾。

2. 灭杀毙（增效氰马）

灭杀毙由6%的氰戊菊酯和15%的马拉硫磷混配而成。对人、畜中毒，以触杀、胃毒作用为主，兼有拒食、杀卵及杀蛹作用。可防治蚜虫、叶螨及鳞翅目害虫。常见剂型有21%的乳油。一般使用浓度为21%的乳油稀释1 500~2 000倍液喷雾。

3. 速杀灵（菊乐合剂）

速杀灵由氰戊菊酯和乐果1：2混配而成。对人、畜中毒，具触杀、胃毒及一定的内吸、杀卵作用。可防治蚜虫、叶螨及鳞翅目害虫。常见剂型有30%的乳油。一般使用浓度为30%的乳油稀释1 500~2 000倍液喷雾。

五、杀螨剂

杀螨剂主要是指只能杀螨而不能杀虫，或以杀螨为主兼有杀虫作用的农药。兼有杀螨作用的杀虫剂，因其主要的生物活性是杀虫，故不能称其为杀螨剂，有时称它们为杀虫、杀螨剂。

1. 哒螨酮（速螨灵、牵牛星）

哒螨酮为中毒杀螨剂品种。无内吸性，具有触杀和胃毒作用，持效期长达30~60天，对螨的不同发育阶段均有效。常见剂型有20%的可湿性粉剂、15%的乳油。20%的可湿性粉剂稀释2 000~4 000倍液喷雾，在害螨大发生时（六七月）喷洒。除杀螨外，对飞虱、叶蝉、蚜虫、蓟马等害虫防效甚好。但该药也杀伤天敌，一年最好只用一次。

2. 尼索朗（噻螨酮）

尼索朗属低毒杀螨剂，对多种植物害螨具有强烈杀幼若螨的特性，对成螨无效，对作物、天敌安全。对叶螨防治效果好，对锈螨、瘿螨防效较差。常见剂型为5%的乳油、5%的可湿性粉剂。一般使用浓度为5%的乳油或可湿性粉剂稀释1 500～2 000倍液均匀喷雾。

3. 克螨特（丙炔螨特）

克螨特为低毒杀螨剂，具有触杀和胃毒作用，无内吸和渗透传导作用。对成螨、若螨有效，杀卵效果差。常见剂型为73%的乳油。一般使用浓度为73%的乳油稀释2 000～3 000倍液喷雾。

4. 溴螨酯（螨代治）

溴螨酯属低毒杀螨剂，是杀螨谱广，残效期长，毒性低，对天敌、蜜蜂及植物比较安全的杀螨剂。其触杀性较强，无内吸性，对成螨、若螨和卵均有一定杀伤作用。温度变化对药效影响不大。剂型为50%的乳油，一般使用浓度为1 000～2 000倍液喷雾。

5. 四螨嗪

四螨嗪为高效、低毒、持效期长的杀螨剂。对多种植食性害螨包括对其他药剂如有机锡等农药产生抗药性的叶螨，都有很好的防治效果。该药对卵（包括冬卵）有非常高的活性；对初孵化的幼螨也有较好的效果。对作物和益虫、天敌安全，常见剂型为10%的可湿性粉剂、20%的可湿性粉剂，20%的悬浮剂。一般使用浓度为20%的悬浮剂稀释1 500～2 000倍液喷雾。

6. 三唑锡（倍尔霸、三唑环锡）

三唑锡属中等毒性杀螨剂，是触杀作用强的广谱杀螨剂，可杀灭若螨、成螨和夏卵，对冬卵无效。对光稳定，残效期长，对植物安全。适用于防治多种害螨。常见剂型为25%的可湿性粉剂。一般使用浓度为25%的可湿性粉稀释1 000～2 000倍液均匀喷雾。

7. 炔螨特

炔螨特为低毒广谱性杀螨剂，具有较强的触杀和胃毒作用，可广泛用于花卉等的害螨。杀成螨、若螨、幼螨及螨卵效果均优，还可杀灭对其他杀虫剂已有抗性的害螨。对天敌安全，在高温、高湿条件下喷洒高浓度的炔螨特对某些植物的幼苗和新梢嫩叶可能会有轻微药害。制剂为73%的乳油，一般使用浓度为2 000～3 000倍液喷雾。

8. 苯丁锡（螨完锡、托尔克）

苯丁锡对高等动物低毒，对鱼类等水生生物高毒，对鸟类、蜜蜂低毒，对害螨天敌捕食螨、食虫瓢虫、草蛉等较安全。杀螨活性较高，主要起触杀作用，对幼螨和成螨、若螨杀伤力较强，对螨卵的杀伤力不大。施药后药效作用发挥较慢，3天后活性开始增强，14天可达高峰，残效期较长，可达2～5个月。常见剂型为50%的托尔克可湿性粉剂，防治红蜘蛛、黄蜘蛛、锈壁虱使用50%的托尔克可湿性粉剂稀释2 000～3 000倍液喷雾。

六、昆虫生长调节剂

昆虫生长调节剂是一类高效、低毒，具有一定选择性和特异作用，对环境相对安全的杀虫剂。它的作用机理是干扰破坏昆虫内分泌腺体的生理功能，导致虫体内激素失去平衡和酶活力的改变，使其不能正常生长发育而导致死亡。

1. 灭幼脲（灭幼脲III号）

灭幼脲毒性低，属低毒农药，对天敌杀伤小。害虫取食或接触药剂后，抑制表皮几丁质的合成，使幼虫不能正常蜕皮而死亡。主要是胃毒作用，也有一定的触杀作用，但无内吸性。该药残效期长达15～20天，且耐雨水冲刷，对鳞翅目和双翅目幼虫有特效，不杀成虫，但能使成虫不育，卵不能正常孵化。药效较慢，2～3天后才能显示杀虫作用。灭幼脲对鳞翅目害虫有特效，常见剂型有25%和50%的胶悬剂。在鳞翅目幼虫低龄期，一般使用浓度为25%的灭幼脲III号胶悬剂1 500～2 000倍液防治。

2. 氟铃脲（杀铃脲、农梦特）

氟铃脲是一种昆虫几丁质合成抑制剂，具有高效、广谱、低毒，对天敌安全等特点，能抑制昆虫表皮几丁质的生物合成，使害虫在蜕皮或变态过程中死亡，能导致成虫不育，并有较强的杀卵作用。该药剂无内吸性和渗透性，用来防治鳞翅目害虫。常见剂型为5%的乳油（氟铃脲、农梦特）、20%的悬浮剂（杀铃脲）。在鳞翅目害虫卵孵化盛期或低龄幼虫期，喷洒5%的氟铃脲或农梦特乳油1 000～2 000倍液，或20%的杀铃脲悬浮剂8 000～10 000倍液，药效可维持20天以上。

3. 氟虫脲（卡死克）

氟虫脲是一种酰基脲类昆虫生长调节剂的杀螨、杀虫剂，属高效、低毒药剂。对害虫和螨类具触杀和胃毒作用，主要抑制害虫和螨类表皮几丁质的合成，使其不能正常蜕皮和变态而死亡。该药剂不杀卵，对成螨亦无直接杀伤作用，但可使其寿命缩短，产卵量减少或卵不孵化，孵化出的幼螨亦会很快死亡。药效缓慢，施药后2～3小时害虫、害螨可停止取食，3～5天达到高峰。常见剂型为5%的乳油。山楂叶螨和苹果全爪幼螨、若螨集中发生期，一般使用浓度为5%的卡死克乳油1 000～1 500倍液喷雾，在夏季害螨各种虫态混合发生，卡死克不杀卵，也不能直接杀死成螨，往往当代效果不好，使用浓度应提高到500倍。

4. 除虫脲（敌灭灵、灭幼脲1号）

对人、畜、鱼、蜜蜂等毒性较低，属于无毒级农药。除虫脲主要起胃毒和触杀作用。害虫接触药剂后，不能在蜕皮时形成新表皮，虫体畸形而死亡。杀死害虫的速度比较慢。主要剂型有20%的悬浮剂。在鳞翅目昆虫产卵高峰期或孵化期，一般使用浓度为20%的悬浮剂400～500×10^{-6}的药液喷雾，可杀死幼虫，并有杀卵作用。在幼虫高龄期施药

效果差，应增加用药量。

5. 噻嗪酮（优乐得、扑虱灵、环烷脲）

噻嗪酮属低毒杀虫剂，触杀作用强，也有胃毒作用。作用机制为抑制昆虫几丁质合成和干扰新陈代谢，致使若虫蜕皮畸形或翅畸形而缓慢死亡。一般施药后3～7天才能看出效果，对成虫没有直接杀伤力，但可缩短其寿命，减少产卵量，并且产出的多是不育卵，幼虫即使孵化也很快死亡。对同翅目的飞虱、叶蝉、粉虱及蚧壳虫类害虫有良好防治效果，药效期长达30天以上。对天敌较安全，综合效果好。常见剂型有10%、25%、50%的可湿性粉剂，1%、1.5%的粉剂，2%的颗粒剂，10%的乳剂，40%的胶悬剂。防治蚧壳虫，可在幼、若蚧虫发生盛期，使用浓度为25%的可湿性粉剂1 500～2 000倍液喷雾，药后5天即可显出较好效果。防治柑橘锈螨可用5 000倍液，防治柑橘全爪螨用1 200～1 600倍液，防治康氏蚧、粉虱和黑刺粉虱用2 000～3 000倍液。

6. 抑食肼（虫死净）

抑食肼是新型、高效、低毒杀虫剂，以胃毒作用为主，具有加速昆虫蜕皮，抑制取食的作用。对鳞翅目害虫有特效。常见剂型为20%的可湿性粉剂，一般使用浓度为1 000～2 000倍液喷雾。

7. 虫酰肼（米螨）

虫酰肼属低毒杀虫剂，具有胃毒作用，能够诱导鳞翅目幼虫在还没进入蜕皮阶段提前产生蜕皮反应，对鳞翅目幼虫有极高的选择性和药效。喷药后6～8小时内鳞翅目幼虫停止取食，2～3天内因脱水、饥饿而死亡。常见剂型为20%虫酰肼悬浮剂、75%的虫酰肼可湿性粉剂、24%的米螨胶悬剂、20%的米螨胶悬剂。一般使用浓度为20%的米螨胶悬剂1 000～2 000倍液。

七、生物源农药

生物源农药是利用生物资源开发的农药，包括植物源农药和微生物源农药。微生物源农药通过微生物及其代谢产物制成。它可以通过微生物发酵工业大规模生产，如阿维菌素、井冈霉素等。

1. 苏云金杆菌（Bt乳剂）

Bt乳剂是一种细菌性杀虫剂，具有安全无毒、对作物无药害、不杀伤天敌等优点，它能产生内、外两种毒素，主要是胃毒作用，害虫吞食后进入消化道产生败血症而死亡。常见剂型为乳剂（含活芽孢100亿个/毫升）、可湿性粉剂（含活芽孢100亿个/克）。一般使用浓度为500～1 000倍液均匀喷雾，和低浓度菊酯类农药混用，可提高防效。

2. 苦参碱（绿宇）

苦参碱对人、畜低毒，具触杀和胃毒作用，属广谱性植物杀虫剂。其成分主要是苦参碱、氧化苦参碱等多种生物碱。本药剂属植物神经毒剂，害虫接触药剂后可使神经麻痹，蛋白质凝固堵塞气孔窒息而死。常见剂型为0.2%和0.3%的水剂，1%的溶液，1.1%的粉剂。一般使用浓度为0.2%或0.3%的水剂200～300倍液防治山楂叶螨、绣线菊蚜等。

3. 印楝素

印楝素是一种广谱性生物农药，具有高活性的昆虫拒食作用和昆虫生长调节作用。对鳞翅目、鞘翅目和双翅目等害虫有特效。对昆虫具有拒食、忌避、内吸和抑制生长发育作用，常见剂型为0.3%印楝素乳油，使用浓度为300～500倍液。

4. 烟碱（硫酸烟碱）

烟草的杀虫成分主要是烟碱（尼古丁），烟碱对人、畜毒性高，其溶液或蒸气可渗入害虫体内，使其迅速麻痹，神经中毒而死亡。主要是触杀作用，也有一定的熏蒸和胃毒作用，对将要孵化的卵有较强的杀伤力。常见剂型为40%的硫酸烟碱水剂。一般使用40%的硫酸烟碱800～1 000倍液。在药液中加入0.2%～0.3%的中性皂，可提高药效。

5. 鱼藤酮（鱼藤精）

鱼藤酮属中等毒性杀虫剂，具有触杀和胃毒作用。该药杀虫谱广，在空气中易分解，药效残留期短，一般为5～6天，夏季强烈日光下仅为2～3天，对环境安全。常见剂型为2.5%鱼藤酮乳油。一般使用浓度为2.5%的鱼藤酮乳油300～500倍液喷雾，可有效灭杀蓑蛾、刺蛾等鳞翅目昆虫及小绿叶蝉、黑刺粉虱等多种同翅目园林害虫。

6. 苦皮藤素

苦皮藤素为植物性低毒、高效杀虫剂。对鳞翅目昆虫有特效，对天敌安全。常见剂型为0.2%的苦皮藤素乳油，一般使用浓度为1 000倍液。

7. 阿维菌素（齐螨素）

阿维菌素属高效、广谱、低毒的一种农用抗生素类杀虫、杀螨剂，是一种昆虫神经毒剂，主要干扰害虫神经生理活动，使其麻痹中毒而死亡。对天敌较安全。具触杀和胃毒作用，无内吸性，但有较强的渗透作用，并能在植物体内横向传导，杀虫（螨）活性高。对胚胎未发育的初产卵无毒杀作用，但对胚胎已发育的后期卵有较强的杀卵活性。该药剂对抗药性害虫有较好的防效作用，残效期10天以上。常见剂型有1.8%、1%、0.6%的乳油。可用来防治蚜虫、叶螨、潜叶蛾、食心虫、梨木虱等多种害虫。在害（螨）虫发生初期施药喷雾，用1.8%的乳油5 000～8 000倍液防治山楂叶螨、绣线菊蚜。防治二斑叶螨用4 000～6 000倍液，防治蓟马、蚧壳虫用3 500～5 000倍液。

8. 白僵菌高孢粉

白僵菌高孢粉是高效生物杀虫剂之一，属于丝孢纲、丛梗孢目、丛梗孢科、白僵菌属，是一种广谱性的昆虫病原真菌，对700多种有害昆虫都能寄生，致病性强、适应性强，可广泛应用于园林植物害虫等。白僵菌高孢粉无毒无味，无环境污染，对害虫具有持续感染力，害虫一经感染可连续浸染传播。白僵菌对鞘翅目害虫有独特的防治效果，目前在生产中使用的主要有松毛虫、蛴螬、茶小绿叶蝉、桃小食心虫等。白僵菌防治最成功的

是苗圃、草坪、农田等的蛴螬、松毛虫、茶小绿叶蝉等。白僵菌对人、畜均无口服毒性问题，对瓢虫、草蛉和食蚜虻等益虫无害。使用条件是当日均温度达到20℃，相对湿度90%以上时，喷施白僵菌可以取得较好的效果。最好是选择阴雨连绵的天气，可以达到最佳的防治效果，一般都能达到75%以上。一般每亩喷洒白僵菌孢子一万亿个（每亩1～2千克）。

9. 除虫菊素

除虫菊素系天然植物杀虫剂，对人、畜毒性小，使用安全，对植物不产生药害，无残毒，残效期较短。对昆虫有较强的触杀、胃毒作用，能杀灭蚜虫、黑尾叶蝉、螟虫、半翅目昆虫、蚧壳虫、鳞翅目昆虫的幼虫等害虫。

10. 百草一号（苦参碱水剂）

百草一号具有杀虫广谱，对人、畜无害，无残留，不污染环境，强力杀虫等特点。剂型为0.36%的苦参碱水剂，杀灭鳞翅目昆虫的幼虫、蚜虫、红蜘蛛一般使用浓度为1 000～1 500倍液喷雾。

八、其他杀虫剂

1. 杀虫单

杀虫单为仿生性沙蚕毒系农药，对人、畜中等毒性。具有胃毒、触杀和内吸传导作用，可用于防治鳞翅目害虫。常见剂型为90%的原粉。一般使用浓度为90%的原粉800倍液喷雾。注意该品极易吸潮，应在干燥环境下密封保存。

2. 杀虫双

本品为沙蚕毒系广谱杀虫剂，该品对人、畜中等毒性。具有内吸作用，对害虫有较强的胃毒、触杀作用，兼有一定的熏蒸作用。对鳞翅目害虫有显著的杀伤力。常见剂型为18%的杀虫双水剂。一般使用浓度为800～1 000倍液喷雾。

3. 杀螟丹（巴丹、派丹）

杀螟丹属中等毒性杀虫剂，胃毒作用强，同时具有触杀和一定拒食、杀卵等作用。对害虫击倒快，残效期长，杀虫广谱，能用于防治鳞翅目、鞘翅目、半翅目、双翅目等多种害虫和线虫，对捕食性螨类影响较小。常见剂型为50%的可溶性粉剂。一般使用浓度为50%的可溶性粉剂1 000倍液均匀喷雾。

4. 甲氨基阿维菌素（甲维盐）

甲氨基阿维菌素苯甲酸盐是从发酵产品阿维菌素B1开始合成的一种新型高效半合成抗生素杀虫剂，它具有超高效、低毒(制剂近无毒)、无残留、无公害等生物农药的特点，与阿维菌素比较，首先杀虫活性提高了1～3个数量级，对鳞翅目昆虫的幼虫和其他许多害虫及螨类的活性极高，既有胃毒作用又兼触杀作用，而且在防治害虫的过程中对益虫没有伤害，有利于对害虫的综合防治。常见剂型为0.2%的甲氨基阿维菌素苯甲酸盐、3.2%

的甲氨基阿维菌素苯甲酸盐。一般使用浓度为0.2%的甲氨基阿维菌素苯甲酸盐1 000～1 500倍液喷雾。

5. 啶虫脒（莫比朗、吡虫清、乙虫脒、赛特生）

啶虫脒属低毒杀虫剂，有强烈的触杀和渗透作用，具有强内吸性和较高的杀虫活性，并有独特的作用机制，防治同翅目、半翅目、鞘翅目及部分鳞翅目害虫。能防治对有机磷、氨基甲酸酯及菊酯类农药有抗性的蚜虫。常见剂型为3%的啶虫脒乳油。防治蚜虫使用浓度为3%的啶虫脒乳油2 000～2 500倍液喷雾。

6. 氟虫氰（锐劲特）

氟虫氰属中等毒杀虫剂，对害虫以胃毒作用为主，兼有触杀和一定的内吸作用，对半翅目、鳞翅目、缨翅目、鞘翅目等害虫有很高的杀虫活性。常见剂型有5%的锐劲特悬浮剂，0.3%的锐劲特颗粒剂，0.4%的锐劲特超低量喷雾剂。一般使用浓度为5%的锐劲特悬浮剂1 500～2 000倍液喷雾。

7. 丁醚脲（杀螨隆）

丁醚脲是一种具有全新化学结构的杀虫、杀螨剂，阻碍害虫体内神经细胞中线粒体的功能，影响其呼吸作用及能量转换，使害虫僵死。对天敌安全，对蚜虫、粉虱、叶蝉、红蜘蛛、跗线螨等害虫有高防效性。常见剂型为50%的可湿性粉剂。

九、灭螺剂

1. 甲硫威（灭旱螺）

甲硫威属高毒灭螺剂，是具有触杀、胃毒作用的杀软体动物剂。用于防治蜗牛、蛞蝓，药剂进入动物体内，可产生抑制胆碱酯酶的作用。常见剂型为2%的颗粒剂。一般使用量为每亩2%的灭旱螺颗粒剂400～500克。

2. 四聚乙醛（密达、蜗牛敌、灭蜗灵）

四聚乙醛属中等毒性灭螺剂，是一种胃毒剂。对蜗牛和蛞蝓有一定的引诱作用。主要令螺体内乙酰胆碱酯酶大量释放，破坏螺体内特殊的黏液，从而导致神经麻痹而死亡。植物体不吸收该药，因此不会在植物体内积累。常见剂型为5%、6%的颗粒剂。一般使用量为6%的颗粒剂（密达）每亩500～600克。

十、杀线虫剂

1. 二氯异丙醚

二氯异丙醚属于低毒杀线虫剂，是有熏蒸作用的杀线虫剂，在土壤中挥发缓慢，对植物较安全，可在生育期使用。常见剂型为80%的乳油、30%的颗粒剂、95%的油剂。一般使用量为80%的乳油每亩90～170毫升，稀释1 000倍，在植株两侧离根部15厘米处开沟施药，沟深10～15厘米；或在树干周围穴施，穴深15～20厘米，穴距30厘米。

2. 棉隆（必速灭）

棉隆属低毒杀线虫剂，是广谱熏蒸杀线虫剂，可兼治土壤真菌、地下害虫及杂草。在土壤中分解成有毒的异硫氰酸甲酯、甲醛和硫化氢等。易于在土壤中扩散并且持效期较长。常见剂型为50%、80%的可湿性粉剂，85%的粉剂，98%～100%的微粒剂。一般使用量为每亩用40%的可湿性粉剂1.0～1.5千克，拌10～15千克细土，进行沟施或撒施，覆盖无病土，15天后播种；用50%的可湿性粉剂135克，加水45千克浇灌，持效期4～10天。

3. 威百亩（维巴姆、保丰收、硫威钠）

威百亩属低毒杀线虫剂，是具有熏蒸作用的二硫代氨基甲酸酯类杀线虫剂。在土壤中降解成异硫氰酸甲酯发挥熏蒸作用，还有杀菌及除草功能。常见剂型为30%、33%、35%、48%的水溶液。一般每亩使用35%的水溶液2.5～5.0千克，兑水300～500千克，于播前半个月开沟将药灌入，覆土压实，15天后播种。

4. 苯线磷（力满库、克线磷、苯胺磷、线威磷）

苯线磷是高毒杀线虫剂，是具有触杀和内吸作用的杀线虫剂。药剂从根部进入植物体，在植物体内上下传导并能很好地分布在土壤中。常见剂型为10%的颗粒剂。一般每亩使用10%的颗粒剂3 000～5 000克，随播种施入或在生长期施入根际附近的土壤中。

5. 硫线磷（克线丹）

硫线磷属于高毒杀线虫剂，是触杀性的杀线虫剂，无熏蒸作用，水溶性及土壤移动性较低，在沙壤土和黏土中半衰期为40～60天，是一种胆碱酯酶抑制剂，是当前较理想的杀线虫剂。常见剂型为10%的颗粒剂。一般使用量为每亩用10%的颗粒剂3 000～4 000克，可以沟施后播种，或随施随种，或进行15～25厘米宽的混土带施药。

6. 灭线磷（益收宝、灭克磷、益舒宝、丙线磷）

灭线磷属于高毒杀线虫剂，该药是具有触杀作用，但无内吸和熏蒸作用的有机磷酸酯类杀线虫剂，属于胆碱酯酶抑制剂。半衰期14～28天。常见剂型为20%的颗粒剂。花卉线虫防治，在花卉移植时，先在20%的颗粒剂的200～400倍液中浸渍15～30分钟后再种植，或者以每平方米用20%的颗粒剂5克施入土中。

第四节　安全合理使用农药

农药一般都是有毒品，其毒性大小，通常用对实验动物的致死中量、致死中浓度和无作用剂量（LD_{50}、LC_{50}、NOEL）来表示。

LD_{50}：在给定时间内，使一组实验动物的50%发生死亡的毒物剂量，称“半数致死量”。

LC_{50}：在给定时间内，使一组实验动物的50%发生死亡的毒物浓度，称“半数致死浓度”。

致死中量越小，毒性浓度越大；反之，致死中量越大，农药的毒性则越小。按我国农药毒性分级标准，农药毒性分为剧毒、高毒、中等毒、低毒四级。

农药的急性毒性分级见表2—1。

表2—1　农药的急性毒性分级

级别	经口LD_{50}（毫克/千克）	经皮LD_{50}（毫克/千克）4小时	吸入LC_{50}（毫克/立方米）2小时
剧毒	<5	<20	<20
高毒	5～50	20～200	20～200
中等毒	50～500	200～2 000	200～2 000
低毒	>500	>2 000	>2 000

一、农药中毒

在使用接触农药的过程中，农药进入人体内超过了正常人的最大耐受量，使人的正常生理功能受到影响，出现生理失调、病理改变等系列中毒现象，如呼吸障碍、心搏骤停、休克、昏迷、痉挛、激动、不安、疼痛等症状，就是农药中毒现象。

1. 农药中毒的类型

以农药中毒引起的人体所受损害程度的不同分为轻度、中度、重度中毒。以中毒快慢分为急性中毒、亚急性中毒、慢性中毒。

（1）急性中毒。农药被人一次口服、吸入或皮肤接触量较大，在24小时内就表现出中毒症状的为急性中毒。

（2）亚急性中毒。一般是人在48小时内，出现中毒症状，时间较急性中毒为长，症状表现较缓慢。

（3）慢性中毒。接触农药量小，时间长，易产生积累性慢性中毒。农药进入人体后累积到一定量才表现出中毒症状，一般不易被察觉，诊断时往往被认为是其他症状。所以慢性中毒易被人们忽略，一旦发现，为时已晚，在日常生活中食用了农药残留量超标的蔬菜、水果，饮用了农药残留量超标的水，或接触、吸入了卫生杀虫剂等大多会引起累积性的慢性中毒。

2. 农药中毒的途径

（1）经皮。农药通过皮肤吸收引起的中毒。不按安全操作规程，如不穿防护服、不戴手套施药，喷雾器在喷药前未检查漏水，药液浸湿了衣裤，迎风喷药药液吹到了操作者身上或眼内均会引起经皮中毒。

（2）吸入。农药从呼吸道吸入引起的中毒。使用具有熏蒸作用的农药和易挥发成气体的农药，在喷药过程中不戴口罩，储藏农药的地方不通风或将农药放在人住的房内，都

会因吸入了农药而引起吸入中毒。

（3）经口。通过嘴和消化道吸收引起的中毒。如食用了拌了农药的种子；长期食用农药残留量超标的瓜、果、蔬菜；在喷药时不按操作规程，不洗手就吃东西、喝水、抽烟等都能引起经口中毒。

农药中毒又可分为生产性中毒、非生产性中毒。生产性中毒是农药在生产、运输、销售、保管、使用等过程中不按安全操作规程操作发生的中毒。非生产性中毒是在生活中因接触农药（包括服毒自杀）发生的中毒。

3. 中毒症状

由于不同农药中毒作用机制不同，所以有不同的中毒症状表现，一般表现为恶心呕吐、呼吸障碍、心搏骤停、休克、昏迷、痉挛、激动、烦躁不安、疼痛、肺水肿、脑水肿等。为了尽量减轻症状和避免死亡，必须尽早、尽快、及时地采取急救措施。

二、农药的使用技术

1. 喷雾

将农药制剂加水稀释或直接利用农药液体制剂，以喷雾机具喷雾的方法。喷雾的原理是将药液加压，高压药液流经喷头雾化成雾滴的过程。适用于这种施药方法的剂型有可湿性粉剂、乳油、可溶性粉剂、胶悬剂、水剂或油剂等。

2. 包衣

包衣是近年来迅速兴起，推广面积逐渐扩大的一种技术。一般是集杀虫、杀菌为一体，在种子外包覆一层药膜，使药剂缓慢释放出来，达到治虫、抗病的作用。

3. 拌种

拌种是用拌种器将药剂与种子混拌均匀，使种子外面包上一层药粉或药膜，再播种，以防治种子带菌和土壤带菌浸染种子及防治地下害虫的施药方法。拌种法分干拌法和湿拌法两种。干拌法可直接利用药粉，湿拌法则需要确定药量后加少量水。拌种药剂量一般为种子重量的0.2%～0.5%。

4. 喷粉

喷粉是用喷粉器械所产生的风力将药粉吹出分散并沉降于植物体表的使用方法。喷粉法施药比常量喷雾法施药工效高。适合于干旱缺水的地区，但粉尘飘移，污染严重。

5. 撒颗粒

撒颗粒是用手或撒粒机施用颗粒剂的试药方法。水田以这种施药形式最多。撒颗粒剂用法简单，工效高，减少了飘移污染。

6. 熏蒸

熏蒸是使用熏蒸剂，使其发挥为气体状态，以毒气防治病虫害的施药方法。分空间熏蒸和土壤熏蒸两种，空间熏蒸主要用于仓库，土壤熏蒸主要防治地下害虫和土壤杀菌等。

7. 烟熏

烟熏是用烟剂点燃或用器械产生含有效成分的烟雾，该烟雾在空气中飘浮、扩散来防治害虫和病毒的方法。

8. 灌注

灌注是在土壤表层或耕层，配制一定浓度的药液进行灌注或注入，药剂在土壤中渗透和扩散，以防治土壤病菌、线虫和地下害虫的施药方法。

9. 毒土

毒土是将农药制剂与细土混合后，进行撒施的方法。这种方法简单、实用。

10. 浸种浸苗

浸种浸苗是为预防种子带菌、地下害虫为害及作物苗期病虫害而用药剂进行浸渍的种苗处理方法。

11. 涂抹

涂抹是将农药制剂加入固着剂和水调制成糊状物，用毛刷点涂在作物茎、叶等部位，防治病虫害的施药方法。该法施用的药剂必须是内吸剂，因此只涂一点即可经吸收输导传遍整个植株体而发挥药效。如用乐果防治棉蚜，即可用点涂法施药。

三、安全使用农药

1. 禁止使用

我国明令禁止使用的农药包括六六六，滴滴涕，毒杀芬，二溴氯丙烷，杀虫脒，二溴乙烷，除草醚，艾氏剂，狄氏剂，汞制剂，砷、铅类，敌枯双，氟乙酰胺，甘氟，毒鼠强，氟乙酸钠，毒鼠硅等。

（1）砷、铅类无机制剂。在20世纪五六十年代使用较多，易造成中毒，且防治效果差。

（2）汞制剂。作为杀菌剂，国内曾广泛使用。20世纪70年代曾造成人畜食用被汞污染的稻米而中毒，且汞制剂在土壤中滞留时间长，易累积。

（3）内吸磷。20世纪60年代曾作为拌种剂使用，易造成中毒。

（4）二溴氯丙烷、二溴乙烷。二者均能致癌。

（5）敌枯双。曾用于防治水稻白叶枯病。对是否致癌，国内研究虽有不同看法，但对生产者和使用者易造成严重的皮炎，危害接触者的安全这一看法是一致的。

（6）六六六、滴滴涕。有机氯杀虫剂，在我国曾长期大量使用，在防治农作物害虫、保护农业生产中起过重要作用。由于它性质稳定，难以分解，在环境中易积累，造成植物体内有机氯残留量大大超标，也影响了茶叶、蜂蜜等产品的出口。

（7）杀虫脒。国内外的毒性实验研究证明，对人有潜在致癌危险。

（8）氟乙酰胺。20世纪70年代初，在防治蚜虫过程中容易造成人畜中毒，防治鼠害时易造成二次中毒，且无特效解毒药。

（9）毒鼠强。剧毒，且易造成二次中毒。由于其生产成本低、流程简单，在农村中使用范围很广，导致生产性中毒事故和治安投毒事故时有发生，影响了人民生命安全和农村社会的稳定。

（10）除草醚。除草醚是应用时间长、用量较大的除草剂，在施用过程中对人的安全性存在隐患。

（11）氰戊菊酯和三氯杀螨醇。氰戊菊酯是防治茶树害虫的常用药剂。从2000年7月1日起，欧盟对茶叶中氰戊菊酯的最高残留限量改为0.1毫克/千克后，使我国出口欧洲的茶叶量大幅度减少。三氯杀螨醇产品中滴滴涕含量较高，使用后分解慢，在茶叶中滴滴涕残留的检出率高。

2. 替代禁限用农药品种

在植保药剂使用过程中，可以使用以下一些药种替代高毒、高残留农药，见表2—2。

表2—2　替代禁限用农药品种

杀虫、杀螨剂	生物制剂和天然物质	苏云金杆菌、甜菜夜蛾核多角体病毒、银纹夜蛾核型多角体病毒、小菜蛾颗粒体病菌毒、茶尺蠖核型多角体病毒、棉铃虫核型多角体病毒、苦参碱、印楝素、烟碱、鱼藤酮、苦皮藤素、阿维菌素、多杀霉素、浏阳霉素、白僵菌、除虫菊素
	合成制剂	（1）菊酯类：溴氰菊酯、氟氯氰菊酯、氯氟氰菊酯、氯氰菊酯、联苯菊酯、氰戊菊酯、甲氰菊酯、氟丙菊酯 （2）氨基甲酸酯类：硫双威、丁硫克百威、抗蚜威、异丙威、速灭威 （3）有机磷类：辛硫磷、毒死蜱、敌百虫、敌敌畏、马拉硫磷、乙酰甲胺磷、乐果、三唑磷、杀螟硫磷、倍硫磷、丙溴磷、二嗪磷、亚胺硫磷 （4）昆虫生长调节剂：灭幼脲、氟啶脲、氟铃脲、氟虫脲、除虫脲、噻嗪酮、抑食肼、虫酰肼 （5）专用杀螨剂：哒螨灵、四螨嗪、唑螨酯、三唑锡、炔螨特、噻螨酮、苯丁锡、单甲脒、双甲脒 （6）其他：杀虫单、杀虫双，杀螟丹、甲氨基阿维菌素、啶虫脒、吡虫啉、灭蝇胺、氟虫腈、溴虫腈、丁醚脲

续表

杀菌剂	无机杀菌剂	碱式硫酸铜、王铜、氢氧化铜、氧化亚铜、石硫合剂
	合成杀菌剂	代森锌、代森锰锌、福美双、乙膦铝、多菌灵、甲基硫菌灵、噻菌灵、百菌清、三唑酮、三唑醇、烯唑醇、戊唑醇、己唑醇、腈菌唑、乙霉威·硫菌灵、腐霉利、异菌脲、霜霉威、烯酰吗啉·锰锌、霜脲氰·锰锌、邻烯丙基苯酚、嘧霉胺、氟吗啉、盐酸吗啉胍、恶霉灵、噻菌铜、咪鲜胺、咪鲜胺锰盐、抑霉唑、氨基寡糖素、甲霜灵·锰锌、亚胺唑、春王铜、恶唑烷酮、锰锌、脂肪酸铜、松脂酸铜、腈嘧菌酯
	生物制剂	井冈霉素、农抗120、菇类蛋白多糖、春雷霉素、多抗霉素、宁南霉素、农用链霉素

3. 农药使用过程中注意的问题

农药的使用应遵循经济、安全、有效、简便的原则，避免盲目施药、乱施药、滥施药。具体来讲，应掌握以下几点。

（1）对症下药。应根据病虫害发生种类和数量决定是否要防治，如需防治应选择对应的农药来防治。

（2）适时用药。应根据病虫害发生时期和发育进度及作物的生长阶段，选择合适的时间用药。合适时间一般在病害暴发流行之前、害虫在未大量取食或钻蛀为害前的低龄阶段、病虫对药物最敏感的发育阶段。

（3）科学施药。一要选用新型的施药器械。这类喷雾器效率高、损耗低、效果好。目前大量使用的老式手动喷雾器“跑”“冒”“滴”“漏”现象严重，损耗高、效率低，影响防治效果，应更新换代。二是用药量不能随意加大，严格按推荐用量使用。三是用水量要足，以保证药液能均匀周到地洒到作物上。四是对准靶标位置施药，如叶面害虫主要施药位置是茎叶部位。五是施药时间一般应避免晴热高温的中午，大风和下雨天气也不能施药。

（4）其他注意事项

1）孕妇、哺乳期妇女及体弱有病者不宜施药。

2）施药者应穿长衣裤，戴好口罩及手套，尽量避免农药与皮肤及口鼻接触。

3）施药时不能吸烟、喝水和吃食物。

4）一次施药时间不宜过长，最好在4小时内。

5）接触农药后要用肥皂清洗，包括衣物。

6）药具用后清洗要避开人畜饮用水源。

7）农药包装废弃物要妥善收集处理，不能随便乱扔。

8）农药应封闭储藏于背光、阴凉、干燥处。

9）农药存放应远离食品、饮料、饲料及日用品。

10）农药应存放在儿童和牲畜接触不到的地方。

4. 合格的农药标签内容

（1）农药名称。包括有效成分的通用名、含量和剂型；进口农药要有中文商品名。

（2）“三证”号。产品质量标准证号、农药生产许可证号（生产批准文书号）、农药（或临时）登记证号。

（3）净重或净容量（千克、升）。

（4）生产厂名、地址、电话及邮政编码等。

（5）农药类别。按用途分类，如杀虫剂、杀菌剂等；相应使用“色带”进行标识，红色为杀虫剂、绿色为除草剂、黑色为杀菌剂、蓝色为灭鼠剂、黄色为植物生长调节剂。

（6）使用说明。包括登记作物、防治对象、施药时期、用药剂量、施药方法等。

（7）毒性及毒性标志。毒性分为剧毒、高毒、中毒、低毒四种标志。

（8）注意事项。安全间隔期（最后一次施药时间距作物收获时的天数）、储存要求、中毒症状、急救措施等。

（9）生产日期与批号等。

（10）象形图。主要是施药时的注意点。如戴口罩、药后洗手等。

第五节　植保机械、机具的使用与维护

用植保机械喷洒化学农药来防治病虫害，已成为我国现代防治园林植物病虫害必不可少的重要手段，也是贯彻我国“预防为主、综合治理”植保方针的重要内容。植保机械的种类很多，农药的剂型和植物种类不同，药液喷洒方式和病虫防治要求也不同，决定了植保机械的品种是多种多样的。

一、手动植保机械、机具

1. 手动植保机械、机具的种类

手动喷雾器是用人力来喷洒药液的一种机械。它具有结构简单、使用操作方便、适应性广等特点。可用于多种植物的病虫害防治；手动喷雾器是目前我国最常用的植保机械。目前，我国生产的手动喷雾器主要有背负式喷雾器、压缩式喷雾器。

（1）背负式喷雾器。背负式喷雾器是由操作者背负，用手揿动摇杆使液泵运动的液压喷雾器。它是我国目前使用最广泛，生产量最大的一种手动喷雾器。背负式喷雾器有以下常见型号与特点。

1）工农–16型背负式喷雾器（3wBB–16型）。工农–16型背负式喷雾器用玻璃钢制作药液箱的通常称为玻璃钢喷雾器。该种喷雾器坚固耐用，耐腐蚀，药液箱破损后可以修补（见图2—1）。

2）MH–16型和3Aw–16型塑料喷雾器。该两种喷雾器药液箱注塑成形，活塞泵与空气室合二为一，置于药液箱内部，在泵体上设置了可调式限压阀，在药液箱盖上设置了防溢阀，并配备多种新型喷洒部件，具有使用安全、防渗漏及应用范围广等特点（见图2—2）。

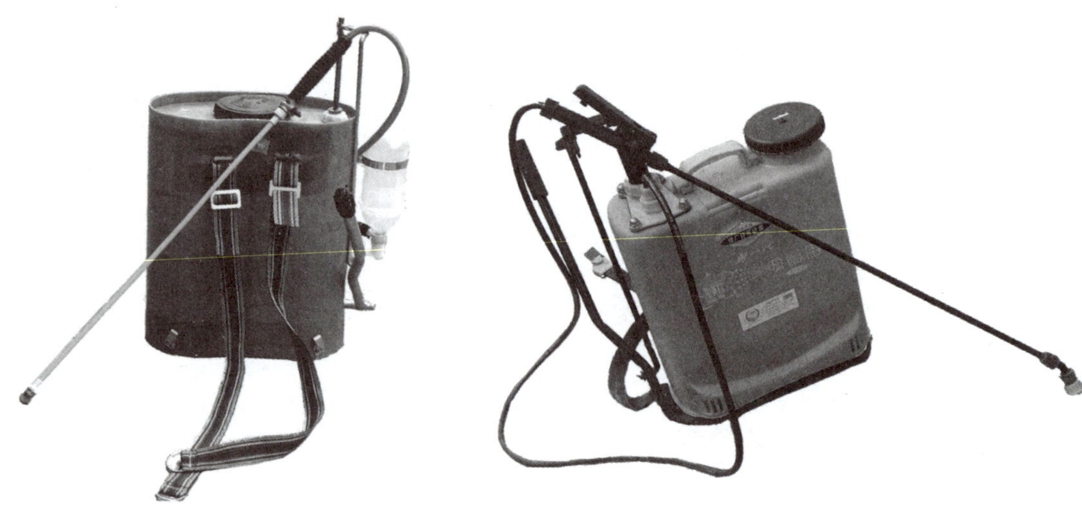

图2—1　工农–16型背负式喷雾器　　图2—2　MH–16型喷雾器

（2）压缩式喷雾器。压缩式喷雾器是靠预先压缩的气体使药液桶中的液体具有压力的液力喷雾器。压缩式喷雾器由于储气较少，工作压力较低，故工作效率比工农–16型喷雾器低。

压缩式喷雾器有以下常见型号与特点。

压缩式喷雾器的生产厂家很多，常用型号主要有552丙型、三圈–6型、黑蛙–6型、黑蛙–8型、江晖–0.8型、金苗–0.8型和二圈–1.2型。现以552丙型、三圈–6型和江晖–0.8型为例，分述如下。

1）552丙型压缩式喷雾器。桶身为薄钢板，容量大，但不耐农药腐蚀。因储气较少，工作压力较低，所以一桶药液需打气2～3次，才能喷完。它结构简单，价格较低，适用于灌木及小苗喷洒药液（见图2—3）。

图2—3　552丙型压缩式喷雾器

2）三圈-6型压缩式喷雾器。用工程塑料制成，重量轻，抗腐蚀，经久耐用，容量大，工作压力高，一桶药液充气后可一次喷完。采用揿压式开关，安装了安全卸压阀，有过压保护功能。

3）江晖-0.8型手持式喷雾器。其材质为工程塑料，耐腐蚀，构造简单，喷雾均匀，容量小，重量轻，可手持操作。通过调节喷头，可实现雾状喷洒或柱状喷射。用于小块苗圃和花卉的病虫害防治（见图2—4）。

图2—4　江晖-0.8型手持式喷雾器

2．手动植保机械、机具的使用方法

（1）背负式喷雾器的使用

背负式喷雾器的使用应严格按照产品使用说明书的要求进行，在装配前按产品说明书检查各部分零件是否缺少，各接头处的垫圈是否完好，然后将各零部件进行连接，并拧紧连接螺纹，防止漏水漏气。

1）塞杆的装配。新牛皮碗在安装前应浸泡在机油或动物油(忌用植物油)中，浸油时间不少于24小时。

安装塞杆组件时，应在螺纹M6端依次装上泵盖毡圈、毡托，再装上6毫米平垫圈、两套皮碗托和皮碗、6毫米平垫圈和6毫米弹簧垫圈，最后旋上六角铜螺母并拧紧。零件顺序不能装错，毡圈浸油，螺母拧紧要适当，皮碗应无显著变形。

2）泵筒组件的装配。在泵筒端依次装上进水阀垫圈、进水阀座及吸水管。泵筒与进水阀座要拧紧。

3）塞杆组件的装配。塞杆组件装入泵筒后，将泵盖旋上并拧紧。装配时应注意将牛皮碗的一边斜放在泵筒内，然后使之旋转，将塞杆竖直，用另一只手将皮碗边沿压入泵筒内，就可顺利装入，切忌硬行塞入。

4）喷射部件的装配。把喷头和套管分别连接在喷杆的两端，套管再与直通开关连接，然后把胶管分别连接在直通开关和出水接头上。连接时注意检查各连接处垫圈有无漏装，是否放平、拧紧。

总体检验：

①揿动摇杆，检查吸气和排气是否正常。如果手感到有压力，而且听到有喷气声音，说明泵筒完好，这时在皮碗上加几滴油即可使用；反之，说明泵筒中的皮碗已变硬收缩，应取出皮碗，放在机油或动物油中浸泡，待胀软后再装上使用。

②在药箱内加入适量清水，揿动摇杆做喷雾实验，检查各运动部件是否灵活，有无卡死、磕碰现象；检查喷雾时雾流是否均匀，有无断续喷雾现象；各零部件及连接处是否渗漏，必要时更换垫圈或拧紧连接件。

③使用前的准备：根据植物品种、生长期和病虫害种类，选择适当孔径的喷片。进行常规喷雾时，使用孔径为1.3毫米或1.6毫米的喷片；进行低量喷雾时，使用孔径为1.0毫米或0.7毫米的喷片。还可选用常量或低容量扇形雾喷嘴。选择陶瓷喷片或扇形雾喷嘴时，要用加长螺母。喷片的孔径大时，喷雾量较大，雾点较粗；反之，则喷雾量小，雾点细。若在喷片下面增加垫圈，则涡流室变深，雾化锥角变小，射程变远，雾点变粗。装喷片时，注意喷片圆锥面向内，否则影响喷洒质量。

作业前，皮碗及摇杆轴转动处应加注适当润滑油。根据操作者身材，把药液桶背带长度调节好，以背着舒适为宜。

④使用操作方法：背负作业时，应先揿动摇杆数次，使气室内的气压达到工作压力

后，再打开开关，边喷雾边揿动摇杆。如果揿动摇杆感到沉重，就不能过分用力，以免气室爆炸。

5）注意事项

①背负作业时，不可过分弯腰，以防药液从桶盖处溢出流淌到身上。

②向药液桶内加注药液时，应将开关关闭，以免药液漏出，并用滤网过滤。加药液不要超过桶壁上所示水位线位置，加注药液后，必须盖紧桶盖。

③作业中，桶盖上的通气孔应保持畅通，以免药液桶内形成真空，影响药液的排出。

④空气室中的药液超过安全水位线时，应立即停止打气，以免空气室爆炸。

⑤禁止用喷雾器喷洒腐蚀性液体，以免损坏机具。

（2）压缩式喷雾器的使用

1）552丙型压缩式喷雾器的使用

①安装时，先把零件擦干净，再把卸下的喷头和套管分别连接在喷杆的两端，然后把胶管分别连接在直通开关和出水接头上。安装时要注意检查各连接处垫圈有无漏装，是否放平，连接是否紧密。

②检查气筒是否正常，可抽动几下塞杆，如果手感到有压力，而且听到有喷气声音，说明气筒完好不漏气，这时在皮碗上加几滴油即可使用。如果情况相反，说明气筒中的皮碗已变硬收缩，取出放在机油或动物油中浸泡，待胀软后，再装上使用。安装皮碗时，将皮碗的一半斜放气筒内，边转边插入，切不可硬塞。

③检查各连接部位有无漏气、漏水现象，观察喷出雾点是否正常。方法是在药液箱内放入清水，装上喷射部件，旋紧、拉紧螺母，抽拉塞杆，打气到一定压力，进行试喷。如有故障，查出原因，加以修复后再喷洒药液。

④在放入药液及添加药液时，应添至外壳标明的水位线处。如药液装得过多，压缩空气就少，喷雾不能持久，就要增加打气次数。最后盖好加水盖（放正，紧抵箱口），旋紧、拉紧螺母，防止盖子歪斜，造成漏气。

⑤打气时，保持塞杆在气筒内竖直上下抽动，不要歪斜。下压时，要快而有力，使皮碗迅速压到底。这样，压入的空气量就多。上抽时，要缓慢，使外界的空气容易流入气筒。

⑥根据植物的种类、生长时期和病虫防治对象，选用适当孔径的喷头片。孔径小，则雾粒细，喷雾量少；孔径大，则雾粒粗，喷雾量大。为了增加喷幅，提高生产率，可采用双头喷头。

2）三圈-6型压缩式喷雾器的使用

①安装时，先把零件擦干净，将喷杆两端分别与液力喷头和截流阀插入连接，并旋紧压帽。过滤装置插入截流阀进水端后，旋紧软管组件的出水压帽，并与喷雾器连接。

②检查气筒是否漏气，可先顶住压出阀，抽动几下塞杆。如果手感到有压力，而且听到有喷气声音，说明气筒完好不漏气；如果情况相反，则需更换新活塞碗。

③在装农药之前，先用清水试喷，检查是否漏气、漏水，以及安全阀的过压保护功能。方法是给药液箱打过气后，提起与安全阀连接的钢环，如有气流溢出，说明安全阀完好，否则要清洗安全阀。若因漏气而打气不足，可更换安全阀的密封圈。

3）江晖-0.8型手持式喷雾器的使用

①旋下液箱盖，将液剂装入液箱内，一次装入的液量以不超过胶结圈为宜。液量为0.8～1升。

②旋紧液箱盖，切勿忘记放入O形密封圈。

③抽动塞杆打气，上拉应缓慢，下压应迅速，打气数十次后，按下开关按钮，即可喷雾。

④液箱内切勿装满液量，否则就无法充气喷雾。液箱内装有效容积液量时，打气至手感费力即可停止，以免超压发生事故。

⑤根据喷洒要求，调节喷雾形状。当喷头旋紧时，喷雾角最大，雾滴最细；反之，喷雾角不断减小，直至柱状喷射。

3. 手动植保机械、机具的维护保养与存放

（1）背负式喷雾器的维护保养。喷雾器每天使用结束后，应倒出桶内的残余药液，并加少许清水喷洒，然后用清水清洗各部分。洗刷干净后放在室内通风干燥处存放。若长期存放，应先用热碱水洗，再用清水洗刷。

1）喷洒除草剂后，必须将喷雾器(包括药液桶、喷杆、胶管和喷头)彻底清洗干净，以免在下次喷洒其他农药时对植物产生药害。

2）所有皮质垫圈和皮碗，储存时应浸足机油（最好是动物油，切勿用植物油），以免干缩硬化。

3）擦干桶内积水，铁制的桶身更应如此。长期存放时，应打开筒盖，拆下喷射部件，打开直通开关，流尽积水，倒挂在干燥阴凉处。

4）凡活动部件及非塑料的接头连接处，应涂黄油防锈。橡胶件切勿涂油。所有塑料件不能用火烤，以免变形、老化或损坏。

5）所有零部件、备用品及工具等应存放在同一地点，妥善保管，以免散失。

6）喷雾器在使用中如发生故障，应立即停止工作，检查原因并进行维修。

（2）压缩式喷雾器的维护保养

1）552丙型压缩式喷雾器的维护保养

①使用完毕后，打开加水盖，倒出残存药液，并用清水继续喷射几分钟，喷完油剂或乳剂后，要先用碱水洗涤机具，再用清水洗净。

②拆下喷射部件，挂起喷杆，打开直通开关，流尽积水。卸下气筒，倒出积水，擦

干装好后，放在阴凉干燥的地方。取出皮碗，放在动物油内浸透，重新装好，若较长时间不用，应用纸包好皮碗，到使用时再装。

③如存放不用的时间较长，应把药液箱内外擦干，并在各接头部分涂上黄油，以防生锈。

2）三圈–6型压缩式喷雾器的维护保养

①喷洒农药后，应喷洒清水，清洗过滤装置。

②喷射部件存放时，应松开锁定装置，使截流阀处于关闭位置。

3）江晖–0.8型手持式喷雾器的维护保养

①每次喷完药剂，应当立即喷清水，以清洗机具。

②机具长期搁置后再度使用时，应将皮碗先浸透机油，如发现皮碗干缩，可将皮碗拨开少许，浸油后再进行装配使用。

③装配皮碗时，螺母应旋紧。

④更换新皮碗时，应先将皮碗浸油24小时以上。

⑤由于气密圈等橡胶零件的耐农药性能不及液箱，因此每次喷洒农药后，应立即清洗。清洗后放在阴凉通风处晾干，再装回液箱内。如因气密圈溶胀而影响使用，可更换新气密圈。溶胀的气密圈拆下清洗后，经1～2天晾干，待溶胀消除仍可使用。

4. 手动喷雾器常见故障排除

（1）喷不出雾且滴水。其原因一是套管内滤网堵塞，二是喷头内斜孔堵塞，卸下清除堵塞物即可。

（2）喷雾时水和气同时喷出。其原因是桶内的输液管焊缝脱焊，或输液管被药液腐蚀，需进行焊补或更换新管。

（3）喷出的雾零散，不呈圆锥形。其原因是喷孔形状不正或被脏物堵塞，造成雾化不良。应拧下喷头帽调整，并清除喷孔脏物。

（4）气筒打不进气。其原因一是皮碗干缩硬化，磨损破裂；二是皮碗底部螺钉脱落，皮碗脱下。干缩的皮碗卸下放在机油或动物油中浸泡，待膨胀后再装上；破裂的皮碗要更换新品，螺钉松脱者装好皮碗后拧紧即可。

（5）气筒压盖或加水盖漏气。造成这种状况主要是密封不严，应检查橡胶垫圈是否损坏或未垫平，凸缘是否与气筒脱焊，应视情况更换垫圈、安装找平、对脱焊部位进行修补。

（6）塞杆和压盖冒水。气筒壁与气筒底脱焊，或阀壳中钢球被脏物卡住不能与阀体密合，都会引起冒水。应视情况进行焊补或清除脏物。

（7）开关漏水。开关损坏或开关帽下的石棉绳老化而产生间隙会导致漏水，应视情况更换新品或换新石棉绳，拧紧即可。

二、机动植保机械

1. 机动植保机械的种类

机动植保机械的种类包括机动喷雾机、超低量喷雾器、烟雾机、治虫灯具等几大类。由于机动植保机械使用方便，省时、省力，工作效率高，所以，近年来已被广泛应用于园林植物病虫害的防治。

（1）机动喷雾机

1）背负式机动喷雾喷粉机（见图2—5）。背负式机动喷雾喷粉机（以下简称背负机）是采用气流输粉、气压输液和气力喷雾原理，由汽油机驱动的植保机具。目前我国背负机有10多种，背负式机动喷雾喷粉机的常用型号有以下几种。

①WFB-18AC型背负机。

②蜻蜓牌3MF-26型背负机。

③3WF-2.6型背负机。

④efco AT-2080型背负机。

图2—5 背负式机动喷雾喷粉机

背负机配套动力为汽油机，其动力一般为1.18～2.94千瓦。风机一般采用离心式，按风机叶片出口角的不同，离心风机叶片可分为径向式、前弯式和后弯式。输粉结构有外流道式（药粉由药箱到喷管的输粉管在风机壳外）和内流道式（药粉由药箱到喷管的输粉管在风机内部）。外流道式结构简单，维修方便；内流道式可减少药粉的泄漏，且外部整洁美观。

2）担架式机动喷雾机。担架式机动喷雾机是指机具的主要工作部件安装在担架上，作业转移时，由作业人员抬着担架走的机动喷雾机。可以用于乔木的病虫害防治。

担架式机动喷雾机常用型号主要有3WH-36型、3WZ-40型和金蜂-40型。担架式机动喷雾机的心脏部分是液泵，所以它的型号多数以液泵的类型（或商标）和排量为特征。如3WH-36型担架式机动喷雾机表示三缸往复式活塞泵，泵的流量为36升/分；3WZ-40型担架式机动喷雾机表示三缸往复式柱塞泵，泵的流量为40升/分；金蜂-40型担架式机动喷雾机表示商标为金蜂，泵的流量为40升/分。

（2）治虫灯具

多种害虫具有趋光性，许多夜间趋光的昆虫对波长为3 650纳米左右的光波有最强的趋向性，人们根据这个道理，生产了此波长能量很强的黑光灯。近年来随着电光源技术的发展，又新出现了金属卤化物灯，它可获得诱杀害虫所需的多种光波。这种金属卤化物灯光强度大，照射范围广，有较强的紫外光谱线，对害虫有较强的诱集力。根据治虫灯具的光源和结构的不同，可分为白炽灯、黑光灯、双色灯、高压杀虫灯和卤素灯等。目前使用较多的是黑光诱虫灯和高压杀虫灯。

1）黑光诱虫灯。黑光诱虫灯按供电方式分，有交流黑光灯和直流晶体管黑光灯。交流黑光灯有诱虫效率高、耗电费用省、使用方便、维护简单等优点，但要大面积连片布设交流黑光灯，就要架设大量的电杆电线，投资大，且易发生人、畜伤亡事故，因此，它在大面积连片布灯中不利于普及使用。而直流晶体管黑光灯以畜电池或干电池作为电源，因而能够在缺乏交流电源的地方使用，无须架设电杆，可根据需要，机动灵活地布灯治虫，但结构比交流黑光灯复杂。

2）高压杀虫灯。高压杀虫灯是在黑光灯的周围装上高压杀虫电网，来捕杀害虫的黑光灯。这种灯诱捕效率高（见图2—6）。

图2—6　高压杀虫灯

3）自动控制高压杀虫灯。由于该机安置有人身安全控制、光电控制电路和雨水控制等三个自动控制部分，因而使之具有构造简单、使用方便，安全低耗、杀虫效果好等一系列特点，适用于诱杀具有趋光性的害虫。

2. 机动植保机械的使用方法

(1)机动喷雾机

1)背负式机动喷雾喷粉机的使用

① 机具作业前，应先按汽油机有关操作方法检查油路系统和电路系统，然后启动，确保汽油机工作正常。

② 喷雾作业时，全机应处于喷雾作业状态。加药液之前，用清水试喷一次，检查各处有无渗漏。加液不要过满，以免从过滤网出气口处溢进风机壳里。药液必须干净，以免喷嘴堵塞。加药液后药箱盖一定要盖紧，加药液可以不停机，但发动机要处于怠速运转状态。启动发动机，使处于怠速运转。背起机具后，调整油门开关，使汽油机稳定在额定转速左右，开启药液手把开关即可开始作业。

③ 喷药开关开启后，严禁停留在一处喷洒，以防对植物产生药害。背负机喷洒属飘移性喷洒，应采用侧向喷洒方式，即喷洒方向与前进方向垂直，以免药液侵害，造成操作者中毒。喷药时严格按预定的喷量大小和行走速度进行，前进速度应基本一致，以保证喷洒均匀。喷洒灌木丛时，可将弯管口朝下，防止雾粒向上飞扬。

④ 喷粉作业时，全机应处于喷粉状态。启动发动机，使其处于怠速运转。背起机具，调整油门开关，使汽油机稳定在额定转速左右，调整粉门操纵手柄进行喷撒。添加粉剂时，应在关好粉门后加粉。粉剂应干燥，不得含有杂草、杂物和结块，加粉后旋紧药箱盖。

⑤ 使用长薄膜管喷粉时，应先将薄膜管从绞车上放出，再加大油门，使薄膜管吹鼓起来，然后调整粉门喷撒。为防止喷管末端存粉，前进中应随时抖动喷管。

⑥ 在背负机使用过程中，必须注意防中毒、防火、防机械事故发生，尤其对防中毒应十分重视。因喷洒的药剂浓度较手动喷雾器大，雾粒细，作业不当时，机具周围将形成一片雾云，很易吸进人体内引起中毒。作业时背机时间不要过长，应以3～4人组成一组，轮流背负交替作业。背机人必须配戴口罩，口罩应经常换洗。作业时携带毛巾、肥皂，需要时洗脸、洗手、漱口、擦洗着药处。避免顶风作业，禁止喷管在作业者前方以八字形摆动方式喷洒。发现有中毒症状时，应立即停止作业，求医诊治。

2)担架式机动喷雾机的使用

① 按说明书将机具组装好，保证动力的带轮和液泵的带轮对齐，螺栓紧固，带松紧适度，带及带轮运转灵活，安装好防护罩。

② 按照说明书中规定，给液泵的曲轴箱加入润滑油至规定的油位，以后每次使用前和使用中都要检查油位是否正常。检查汽油机或柴油机的油位，若不足，则按照说明书规定的牌号予以补充。

③ 启动和调试，检查吸水滤网，滤网必须沉没于水中。将调压阀的调压轮按反时针方向调节到较低的压力位置，再把调压手柄按顺时针方向推至卸压位置。启动发动机，低

速运转10～15分钟，有水喷出且无异常声音，可逐渐提速至泵的额定转速，将调压手柄向逆时针方向推至加压位置，按顺时针方向慢慢旋转调压手柄加压，至压力指示器指示到额定工作压力为止。用清水进行试喷，观察各接头处有无泄漏现象，喷雾状况是否良好。

④ 使用操作时不能脱水运转，以免损坏胶碗，在启动和转移机具时尤其要注意。

在使用过程中，将吸水滤网放在药桶里。如启动后不吸水，应立即停机，检查原因。作业时应经常查看吸水滤网或吸药滤网是否堵塞，若有杂物，应立即清理干净。

机具转移作业地点距离不长时（时间不超过15分钟），可不停机转移，但必须降低发动机转速，怠速运转；把调压阀的调压手柄按顺时针方向扳足（卸压），关闭截止阀，将吸水滤网从水中取出。这样，有少量液体在泵体内循环，不致损坏液泵；尽快转移机具，将吸水滤网没入水中；开通截止阀，将调压手柄按逆时针方向推至加压位置，把发动机转速调至额定工作要求速度。

喷枪喷药时，不可直接对准植物喷射，以免损伤植物。喷近处时，应按下扩散片，使喷洒均匀。向上对高树喷射时，操作人员应站在树冠外，向上斜喷。喷药时要喷洒均匀，喷枪停止喷雾时，必须在液泵压力降低后（可用调压手柄卸压）关闭截止阀，以免损坏机具。

在机具的使用及农药的使用保管中，必须严格遵守各项安全操作规程。每次开机或停机前，应将调压手柄扳在卸压位置。

（2）治虫灯具

1）黑光诱虫灯的使用

① 安装黑光灯的密度，取决于黑光灯诱捕的有效范围。20瓦交流黑光灯的发光强度较大，一般是50亩地一盏灯。20瓦晶体管黑光灯，一般是25亩地一盏灯。8瓦晶体管黑光灯，一般是10亩地一盏灯。黑光灯要连片布灯，灯区面积越大，诱捕害虫的效果越好。

② 交流黑光灯在安装时，应离开电线杆80厘米以上，以免灯光被电线杆挡去太多，降低诱虫效果。灯具安装高度应视植物种类而定，一般以灯管的下端高出植物30厘米为宜。如安装得过低，使灯光受到植物遮挡，则减少害虫的诱捕数量；如安装得过高，便会扩大收集器的遮光面积，使害虫在灯下栖息的数量增多，同样也会减少诱捕的数量。最好能安装活动灯，以便随植物的生长而升高。

对于晶体管黑光灯，由于其安装灵活，最好能安装在空地，离植物10米左右，可避免灯下植物受害，灯的安装高度与交流黑光灯相同。晶体管黑光灯在使用时，是把灯放在水盆中央，用小砖块将灯垫起，灯管下端离开水面1～2寸。点灯时，蓄电池安放在水盆下面，避免受日晒雨淋。

③ 黑光灯的防治效果与亮灯时间有着十分密切的关系，掌握合理的亮灯时间可避免浪费电，亮灯需要结合具体的防治对象，亮灯季节应该符合当地主要害虫的发生时间，一般能够收到明显的效果。

④ 黑光灯与其他光源结合，可提高诱虫量。由于多光源结合，光照强度加大，照射距离增加，以及光波的共同作用，会对许多害虫有强趋性。

2）高压杀虫灯的使用

① 高压电网黑光灯是成件产品。安装方法同普通黑光灯一样，但安装高度应高些，至少要离地面2.5米。高压电网黑光灯如无安全自动控制装置，必须在灯位周围设置防护栅栏，防止人畜接近，以杜绝触电事故发生。

② 镇流器和电源开关必须装在火线上，电源线必须牢固可靠，注意用电安全。

③ 使用中灯具不能淋雨，以免漏电造成触电。

④ 使用高压杀虫灯，因其杀虫电网的电压高达4 000伏，尤其要注意用电安全，人、畜不可太靠近电网。

3）自动控制高压杀虫灯的使用

把电源线插入杆上的电源插座后，接通电源，用一张厚黑纸片挡住光敏元件，按顺时针方向慢慢调节灵敏度旋钮，直到灯内轻微地发出“啪”的一声时，即可停下，这时电网上已有高压了，黑光灯继电器也开始启动片刻后，黑光灯就亮起来了。这时用手轻碰一下人身控制栅灯，看其是否熄灭，如不熄灭，说明灵敏度调大了，应把旋扭向后退一些（在调整灵敏度时，人要尽量离灯远一些），灵敏度调好后，拿掉黑纸片，灯将自动熄灭。天黑以后，灯自动开启，便开始了杀虫的工作。当由黑光灯诱集来的害虫碰到高压电网时，便触电而死，从而达到了杀虫的防治目的。

3. 机动植保机械的维护保养

（1）机动喷雾机

1）背负式机动喷雾喷粉机的维护

① 每天工作完毕后，药箱内不得残存粉剂或药液。清理机器表面的油污和灰尘，喷粉作业时更应勤擦。用清水洗刷药箱，尤其是橡胶件。汽油机切勿用水冲刷。检查各连接处是否漏水、漏油，及时排除隐患。检查各部分螺钉是否松动、丢失，工具是否完整。如有松动、丢失，及时旋紧和补齐。喷撒粉剂时，每天清洗化油器和空气滤清器。保养后的机器应放在干燥通风处，避免日晒，切勿靠近火。长薄膜管内不得存粉，拆卸之前空机运转1～2分钟，将长薄膜管内的残粉吹净。

② 长期存放时，将机器全部拆开，仔细清洗各零部件上的油污灰尘。用碱水或肥皂水清洗药箱、风机、输液管，再用清水洗净。风机壳清洗干燥后，擦防锈黄油保护。各种塑料件因受温度影响较大，温度高时较柔软，不要长期暴晒，温度低时易发硬变脆，此时不要弯曲蛇形管。其他塑料件不得磕碰，挤压，所有橡胶件应仔细清洗，单独存放，存放中避免变形。用塑料罩或其他物品盖好，放于干燥通风处。

③ 汽油机经修理或拆卸后，需重新调整转速，油门为硬连接的汽油机，安正并紧固化油器卡箍。启动汽油机，低速运转3～5分钟，逐渐提升油门操纵杆的上限位置。若转

速过高，旋松油门拉杆上面的螺母，拧紧拉杆下面的螺母；若转速过低，则反向调整。油门为软连接的汽油机，当油门操纵杆置于调量壳上端位置，汽油机仍达不到标定转速或超过标定转速时，应按以下方法进行调整：松开锁紧螺母。向下旋调整螺钉，转速下降；向上旋调整螺钉，转速上升。调整完毕，拧紧锁紧螺母。

④ 粉门关不严，拔出粉门轴与粉门拉杆连接的开口销，使拉杆与粉门轴脱离。用手扳动粉门轴摇臂，迫使粉门与粉门体内壁贴实。粉门操纵杆置于调量壳的下限，调节拉杆长度（顺时针转动拉杆，拉杆缩短；反之，拉杆伸长），使拉杆顶端横轴插入粉门轴摇臂上的孔中，用开口销销住。

2）担架式机动喷雾机的维护

① 每天作业完后，应在使用压力下用清水继续喷射2～5分钟，清洗液泵和胶管内的残留药液，防止残留药液腐蚀机件。

②卸下吸水滤网和喷雾胶管，打开出水开关，将调压阀减压手柄按逆时针方向扳回，旋松调压手轮，使减压弹簧处于松弛状态，再用手旋转发动机或液泵，尽量排尽液泵内的存水，擦净机组外表的油污。

③ 按使用说明书要求，定期更换液泵曲轴箱内的机油。发现有因油封或（隔膜泵）膜片等损坏，而使曲轴箱进入水或药液，应及时更换损坏零件，同时将曲轴箱用柴油清洗干净，再更换全部机油。

④ 当防治季节工作完毕，机具长期存放时，应严格清除泵内积水，防止冬季冻坏机件。

⑤ 卸下三角带、喷枪、喷雾胶管、喷杆、混药器、吸水滤网等，清洗干净并晾干，有条件可悬挂起来存放。

⑥ 活塞隔膜泵长期存放时，应将泵内机油放净，用柴油清洗干净。然后取下泵的隔膜和空气室隔膜，清洗干净，放置于阴凉通风处，防止腐蚀和老化。

（2）治虫灯具

1）黑光诱虫灯的维护

定期检查灯具各部件有无损坏，电源引线有无漏电现象。灯具不用时，应将灯具拆掉，存放于仓库中。

2）高压杀虫灯的维护

① 灯在使用中如果遇到下雨，应将灯收回，擦拭干净，放在干燥处。一定要等到灯具全部干燥后，才能使用。

② 高压电网的有机玻璃要保持清洁干燥，以保证有较好的绝缘强度，从而提高高压电网的杀虫威力。

③ 灯具不用时，应将灯具拆掉，存放于仓库中。

3）自动控制高压杀虫灯的维护

① 灯在使用中如果遇到下雨，应将灯收回，如来不及收时，灯上的控制雨水部分会马上发生作用，自动关灯。但这时要切断电源，待雨停后将灯收回。擦拭干净，放在干燥处。一定要等到灯具全部干燥后，才能使用。

② 高压电网的有机玻璃要保持清洁干燥。

③ 人身控制栅上不应有任何东西与支架及高压栅连接，否则将损坏自动控制部分。

④ 自动控制的灵敏度应经常检查并调整，以保证自动控制可以有效作用。

⑤ 要经常检查有无高压输出，这可用绝缘强度较高的塑料起子（切不可用测电笔或木柄起子），去接近两根高压栅，看是否放电，同时限流灯泡也应发亮，否则就要检查限流灯泡是否损坏。

实训九　农药种类与剂型观察

一、实训目的及要求

观察常用农药的物理性状，了解农药常见剂型的特点及其简易测定方法。

二、实训材料与用具

当地常用杀虫剂、杀螨剂、杀菌剂和灭螺剂共10种以上：农药型，如粉剂、可湿性粉剂、可溶性粉剂、水剂、乳油、胶悬剂、胶囊粒剂、微粒剂。

三、实训内容及方法

1. 农药剂型的简易测定

（1）粉剂和可湿性粉剂的鉴别。取少量药粉轻轻撒在水面上，粉粒长期漂浮的为粉剂，在1分钟内吸湿下沉至水下，搅动时可产生大量泡沫的为可湿性粉剂。可湿性粉剂在水中悬浮时间越长，质量越好。

（2）乳油质量检查。将乳油2～3滴滴入盛有清水的试管中，观察有无漂浮或沉积的油层出现。溶液呈乳状，表面无浮油时表示乳油质量良好。

2. 观察农药其他剂型的特点。

四、作业

1. 如何区分粉剂与可湿性粉剂？
2. 如何鉴别可湿性粉剂与乳油的质量？

3．各种剂型的农药在外观上各有什么特点？

实验报告

农药种类与剂型观察
一、实训目的及要求 观察常用农药的物理性状，了解农药常见剂型的特点及其简易测定方法。
二、实训材料与用具 当地常用杀虫剂、杀螨剂、杀菌剂和灭螺剂共10种以上：农药型，如粉剂、可湿性粉剂、可溶性粉剂、水剂、乳油、胶悬剂，胶囊粒剂、微粒剂。
三、实训内容及方法 农药剂型的简易测定。 乳油质量检查。
四、作业 1．如何区分粉剂与可湿性粉剂？ 2．如何鉴别可湿性粉剂与乳油的质量？ 3．各种剂型的农药在外观上各有什么特点？

实训十　农药的稀释

一、实训目的及要求

学会农药的常用稀释方法，为合理用药打好基础。

二、实训材料与用具

当地常用农药品种的不同剂型、清水、天平、量筒、牛角勺、烧杯、水桶、搪瓷盆等。

三、实训内容及方法

1. 将25%异菌脲胶悬剂(或其他农药品种，下同)配成有效浓度1 000 × 10^{-6}药液1 000毫升；将25%多菌灵可湿性粉剂配成有效浓度250 × 10^{-6}的药液2 000毫升。

2. 用顺式氰戊菊酯5%乳油10毫升配成2 000倍药液；配制25%瑞毒霉可湿性粉剂500倍液2 000毫升。

3. 分别用5%、20%链霉素液剂配制200 × 10^{-6}的药液各1 000毫升。

4. 将40%二嗪磷乳油和20%三唑酮乳油各稀释1 000倍配成4 000毫升混合液。

四、作业

逐一记录各稀释方法中药剂和稀释剂的用量、稀释浓度及计算过程。

实验报告

农药的稀释
一、实训目的及要求 学会农药的常用稀释方法，为合理用药打好基础。
二、实训材料与用具 当地常用农药品种的不同剂型、清水、天平、量筒、牛角勺、烧杯、水桶、搪瓷盆等。

三、实训内容

1．将25%异菌脲胶悬剂配成有效浓度1 000×10^{-6}药液1 000毫升，将25%多菌灵可湿性粉剂配成有效浓度250×10^{-6}的药液2 000毫升。

2．用顺式氰戊菊酯5%乳油10毫升配成2 000倍药液；配制25%瑞毒霉可湿性粉剂500倍液2 000毫升。

3．分别用5%、20%链霉素液剂配制200×10^{-6}的药液各1 000毫升。

4．将40%二嗪磷乳油和20%三唑酮乳油各稀释1 000倍配成4 000毫升混合液。

四、作业

逐一记录各稀释方法中药剂和稀释剂的用量、稀释浓度及计算过程。

思考与练习

一、名词解释

综合治理、生物防治、胃毒剂、触杀剂、内吸剂、熏蒸剂、保护剂、治疗剂、原药、辅助剂、可湿性粉剂、乳油、颗粒剂、缓释剂、胶悬剂、有机磷杀虫剂、有机氮杀虫剂、拟除虫菊酯类杀虫剂、复配农药、昆虫生长调节剂、LD_{50}、农药中毒。

二、填空题

1．杀虫剂中的胃毒剂如________，通过害虫的________系统，进入体内使昆虫中毒死亡，一般用于防治________口器的害虫；内吸杀虫剂如________，通过植物的________、________、________等部位吸收，主要用于防治________口器的害虫。

2．按我国农药毒性分级标准，农药毒性分为________、________、________、________四级。

3．以中毒快慢分为________、________、________。

4. 经皮引起的中毒者，应立即脱去被污染的衣裤，迅速用________、________冲洗，或用________溶液冲洗。

5. 农药的使用应遵循________、________、________、________的原则，避免盲目施药、________、________。

6. 列举三种生物源农药：________、________、________，五种昆虫生长调节剂：________、________、________、________、________。

三、判断题

1. 化学农药一般不能与碱性化合物混用。 ( )
2. 长期单独使用某一种农药对杀死害虫有利。 ( )
3. 在进行化学防治时，气温越高，湿度越低，农药的使用浓度也应相应提高。 ( )
4. 敌敌畏是一种胃毒兼触杀剂，同时对半翅目昆虫有特效。 ( )
5. 敌敌畏具有触杀、熏蒸和胃毒作用，残效期1～2天，可用于梅花的虫害防治。 ( )
6. 敌杀死渗透作用强，可用于防治蛀干性害虫。 ( )
7. 杀虫剂对螨类无效，所以，防治螨类必须使用杀螨剂。 ( )
8. 昆虫生长调节剂能迅速杀死害虫。 ( )
9. 米螨是一种低毒的昆虫生长调节剂。 ( )
10. 吡虫啉仅限于防治蚜虫。 ( )

四、简答题

1. 对内植物检疫的步骤有哪些?
2. 生物防治法的方法有哪些?
3. 化学农药的剂型有哪些?
4. 农药的使用方法有哪些?
5. 农药使用过程中应注意的问题有哪些?
6. 农药的毒性分为哪四种? 高毒、高残留的农药有哪些危害?
7. 合格的农药标签必须包括哪些信息?
8. 简述背负式喷雾器的使用要点。
9. 如何维护保养压缩式喷雾器?
10. 背负式机动喷雾喷粉机使用注意事项有哪些?

第三章　植物害虫的防治

学习目标

◆掌握当地园林常见刺吸式口器害虫的特征、生活习性及防治措施
◆掌握当地重要食叶害虫的特征、生活习性及防治措施
◆了解当地蛀干害虫的种类，掌握重要蛀干害虫的生活习性及防治措施
◆了解当地地下害虫的种类，掌握重要地下害虫的生活习性及防治措施
◆掌握非昆虫类害虫的防治方法

第一节　刺吸式口器害虫的防治

园林植物刺吸式口器害虫的种类很多，包括同翅目的蚜虫、介壳虫、叶蝉、蜡蝉、木虱、粉虱和飞虱，半翅目的椿象，缨翅目的蓟马，蜱螨目的螨类等。

刺吸式口器害虫发生为害的特点有：

（1）以刺吸式口器吸取幼嫩组织的养分，导致枝叶枯萎。

（2）个体小、繁殖力强。发生代数多，高峰期明显。

（3）多数种类为媒介昆虫，可传播病毒病和植原体病害。

一、叶蝉类

叶蝉类属同翅目叶蝉科。体小型、狭长。触角呈刚毛状。单眼2个。后足胫节有1～2列短刺。叶蝉善跳，有横走习性。常见的有小绿叶蝉、大青叶蝉等。

小绿叶蝉又名小绿浮尘子、叶跳虫，分布普遍，为害桃花、梅花、樱花、红叶李、苹果、山楂、月季、泡桐、桑等花木。

小绿叶蝉成虫体长3～4毫米，绿色或黄绿色。头略呈三角形，复眼灰褐色，无单眼。前翅绿色，半透明，后翅无色透明。若虫草绿色，具翅芽（见图3—1）。

图3—1　小绿叶蝉

小绿叶蝉一年发生多代，世代数因地而异。以成虫在杂草丛中或树皮缝内越冬。在天津地区次年四月开始活动，在叶背刺吸汁液为害，并在新梢和叶片主脉内产卵，若虫孵化后亦在叶背为害，八月为害最严重，直至十月成虫越冬。被害叶片初期正面出现黄白色小点，为害严重时全叶苍白、失绿，提早落叶。

叶蝉类害虫的防治措施：

（1）加强庭院绿地的管理，清除树木、花卉附近的杂草，结合修剪，剪除有产卵伤疤的枝条。

（2）设置黑光灯，诱杀成虫。

（3）在成虫、若虫为害期，喷施2.5%的溴氰菊酯乳油，或20%的杀灭菊酯乳油，或20%的甲氰菊酯乳油2 000倍液，或20%的异丙威（叶蝉散）乳油1 000倍液，或50%的抗蚜威乳油3 000倍液。

（4）植物性杀虫剂可以用除虫菊素，每亩用5%的乳油25～35毫升兑水喷雾。

二、蚜虫类

蚜虫类属同翅目蚜总科。小型多态昆虫，有无翅和有翅型，有翅型前翅比后翅大。触角呈丝状，3～6节。腹部有1对管状突起，称为“腹管”，末节背板和腹板分别形成尾片和尾板。

为害园林植物的蚜虫种类很多。蚜虫的直接为害是刺吸汁液，导致植物叶片褪色、卷曲、皱缩，甚至发黄脱落，形成虫瘿等症状。同时，蚜虫排泄蜜露诱发煤污病，并能传播多种病毒，引起病毒病。

在园林植物上常见的有桃蚜、月季长管蚜、棉蚜、栾多态毛蚜、菊小长管蚜、莲缢管蚜和白兰台湾蚜等。

1. 紫薇长斑蚜

紫薇长斑蚜主要为害紫薇，以成虫和若虫群集于叶片刺吸为害，常盖满幼叶背面，使新梢扭曲、嫩叶卷缩、凹凸不平，影响花芽形成；并使花序缩短甚至无花；同时还会诱发煤污病，传播病毒病。

有翅孤雌蚜体黄色，斑纹黑色，体宽三角形，长约2.1毫米，宽约1.1毫米。腹部淡黄色，各节均有一对隆起的黑色中瘤，其中第二节的一对最大，且基部相连。体背有斑纹，触角顶端及鞭节黑色。无翅胎生雌蚜体黄绿色，体长约1.5毫米，体呈浑圆形，布有黑点，腹眼橘黄色（见图3—2）。

图3—2　紫薇长斑蚜

紫薇长斑蚜一年发生10余代，以卵在其寄主植物芽腋或树皮中越冬。翌年春天当紫薇萌发的新梢抽长时，杭州在四月中旬，开始出现无翅胎生蚜，至六月以后虫口不断上升，并随着气温的增高而不断产生有翅蚜，迁飞扩散为害。

2. 栾多态毛蚜

栾多态毛蚜主要为害栾树，以成虫和若虫群集于嫩梢和叶片刺吸为害，可使嫩梢不能正常伸长，叶片卷曲，影响树木的正常生长和园林观赏。

无翅胎生蚜体长卵圆形，长约3毫米，宽约1.6毫米，黄绿色，背面有深褐色品字形大斑，胸腹部各节有大缘斑，中斑明显较大，第8腹节融合为横带，触角、喙、足、腹管、尾毛片、尾板和生殖板黑色。有翅胎生蚜体长约3.3毫米，宽约1.3毫米，头胸黑色，1～6腹节中、侧斑融合成各节黑带，滞育型若虫白色，体小而扁（见图3—3）。

图3—3　栾多态毛蚜

栾多态毛蚜虫一年能发生数代，以卵在幼树芽苞附近、树皮裂缝等处越冬。第二年春芽苞开裂时，卵孵化为干母，为害幼叶和嫩枝，行胎生增殖，四月至六月为害期盛，六月以后气温增高，则以滞育型若虫于叶片上越夏。九十月秋凉后，滞育型若虫发育，于十月间产生雌雄性蚜，交尾后，产卵越冬。

3. 杭州新胸蚜

杭州新胸蚜分布于上海、浙江等地区，寄主为蚊母树。有翅孤雌蚜，体长卵形，长约1.6毫米，头、胸黑灰色，触角粗短5节，尾片末端圆形，前翅中脉较淡分三岔，后翅脉两根。干母，嫩黄色，初孵若虫体扁平，近透明，复眼红色，腹部比较小。干母经两次蜕皮后体形变为半球形，饱满，腹末两侧出现白色蜡丝，触角粗短。卵椭圆形，浅灰色（见图3—4）。

图3—4　杭州新胸蚜

每年十一月侨蚜迁回蚊母树产生孤雌胎生有性蚜，有性蚜交尾产卵在叶芽内，在蚊母芽萌动时，卵孵化，干母刺吸叶片，被害后叶在虫体四周隆起，逐渐将虫体包埋形成虫瘿。四月下旬至五月上旬，干母胎生有翅迁飞蚜，每干母可孤雌胎生50多只，五月中旬至六月上旬，瘿瘤破裂，有翅迁飞蚜飞出，迁往越夏寄主。

4. 桃蚜

桃蚜又名桃赤蚜、烟蚜，分布极广，遍及全世界。为害海棠、郁金香、牡丹、百日草、金鱼草、金盏花、樱花、蜀葵、梅花、夹竹桃、香石竹、大丽菊（大理花）、菊花、仙客来、一品红、白兰、瓜叶菊、桃、樱桃和柑橘等300余种花木。

无翅胎生雌蚜体黄绿色或赤褐色，卵圆形。复眼红色，额瘤显著，腹管较长，圆柱形。有翅胎生雌蚜头及中胸黑色，腹部深褐色，腹背有黑斑。复眼红色，额瘤显著，若蚜和无翅成蚜相似，身体较小，淡红色或黄绿色（见图3—5）。

图3—5　桃蚜

桃蚜一年可发生10～30代，以卵在枝梢、芽腋等裂缝和小枝等处越冬。生活史较复杂，翌年三月开始孵化为害，五六月虫口密度增大，不断产生有翅蚜迁飞至蜀葵和十字花科植物上为害，晚秋十月至十一月又产生有翅蚜迁返桃树、樱花等树木。不久产生雌、雄性蚜，交配产卵越冬。

5. 月季长管蚜

月季长管蚜分布于山东、浙江等省，为害月季、蔷薇等。体色与月季颜色相似，为害花蕾、新梢和嫩叶。植株受害后，枝梢生长缓慢，花蕾和幼叶不易伸展，花形变小。

无翅胎生雌蚜体长卵形，淡绿色或黄绿色，少数橙红色，额瘤隆起外倾，呈淡“W”字形，触角6节，色淡，腹管长圆筒形，尾片长圆锥形。有翅胎生雌蚜体长卵形，草绿色，腹部各节有中、侧缘斑，第8节有一大宽横带斑（见图3—6）。

月季长管蚜一年发生10多代，以成虫和若虫在月季、蔷薇的叶芽和叶背、落叶及草丛中越冬。营孤雌生殖。初春越冬蚜在寄主新梢花蕾上繁殖为害，四月下旬开始出现有翅蚜，五月为害最为严重，大量成蚜、若蚜群集于嫩梢、嫩叶、花梗、花蕾上刺吸汁液为害并排泄大量油状蜜露，影响月季正常生长。七八月虫量最少，九月后虫量开始增多，也可造成一定为害。平均气温20℃左右、气候又比较干燥时，利于其生长和繁殖。

图3—6　月季长管蚜

6. 棉蚜

棉蚜又名瓜蚜、腻虫。棉蚜是世界性害虫，已知寄主有300多种，可传播55种病毒。于全国各地为害扶桑、木槿、石榴、一串红、倒挂金钟、茶花、菊花、牡丹、常春藤、紫叶李、垂竹、夹竹桃、兰花、梅花、大丽菊、紫荆、仙客来、鸡冠花和玫瑰等。

无翅胎生雌蚜体长1.5～1.8毫米，夏季棕黄至黑色，触角6节，仅第5节端部有一个感觉圈，腹管圆筒形，尾片圆锥形。有翅胎生雌蚜体长1.2～1.9毫米，黄色或浅绿色，前胸背板黑色，腹部两侧有3～4对黑斑纹。腹管黑色，圆管形，尾片同无翅型。无翅若蚜复眼红色，夏季多为黄白色至黄绿色，秋季为蓝灰色至绿色（见图3—7）。

棉蚜一年发生20代，以卵在木槿、石榴等枝条上越冬。翌年春三四月孵化为干母，在越冬寄主上进行孤雌胎生，繁殖3～4代，四月至五月产生有翅胎生雌蚜，迁飞至菊花、扶桑、茉莉、瓜叶菊或棉叶等夏寄主上为害，并继续孤雌生殖，晚秋十月间产生有翅蚜从夏寄主迁至冬寄主上，产生有性无翅雌蚜和他处飞来的雄蚜交配后产卵，以卵越冬。

图3—7　棉蚜

7. 菊小长管蚜

菊小长管蚜又名菊姬长管蚜，分布于辽宁、河北、山东、河南、浙江、江苏、广东和台湾等地，是菊花的主要害虫。

无翅孤雌蚜体长约1.5毫米。体赤褐色至黑褐色，有光泽。触角、腹管、尾片均黑色。尾片圆锥形。有翅孤雌蚜体长约1.7毫米，触角第3节有突起感觉圈。若蚜体褐色，形态与无翅雌蚜相似，仅体稍小（见图3—8）。

图3—8　菊小长管蚜

菊小长管蚜每年发生代数随气候环境不同而异。在广州一年20余代，没有明显的越冬期，通常以无翅孤雌蚜在留种菊株腋芽或植株附近的杂草处越冬，翌年三月初开始活动和繁殖。在北方寒冷地区，冬季在温室或暖房中越冬。广州地区四月下旬至五月中旬和九月中旬至十月下旬为发生盛期，这时候对秋菊为害最严重，大量成虫、若虫密集于菊株的嫩梢、花蕾、叶背为害，给菊花生产造成重大损失。捕食天敌有六斑瓢虫和食蚜蝇等。

8. 蚜虫类的防治措施

（1）注意检查虫情，抓紧早期防治。盆栽花卉上零星发生时，可用毛笔蘸水刷掉，刷时要小心轻刷、刷净，避免损伤嫩梢、嫩叶，刷下的蚜虫要及时处理干净，以防蔓延。

（2）保护和利用天敌。适当栽培一定数量的开花植物有利于天敌活动。瓢虫、草蛉等天敌可大量人工饲养后适时释放。另外，蚜霉菌等亦能人工培养后稀释喷施。

（3）烟草末40克加水1千克，浸泡48小时后过滤制得原液。使用时加水1千克稀释，另加洗衣粉2～3克或肥皂液少许，搅匀后喷洒植株，有很好的效果。

（4）药剂防治。尽量少用广谱触杀剂，选用对天敌杀伤较小的、内吸和传导作用大的药物。虫口密度大时，可喷施20%的杀灭菊酯乳油2 000倍液、鱼藤精1 000～2 000倍液、10%的吡虫啉可湿性粉剂2 000倍液或50%的抗蚜威可湿性粉剂4 000倍液、0.5%的藜芦碱可溶性液剂800倍液喷雾、0.3%的苦参碱水剂100～150毫升制剂/亩（1亩=667平方米，下同）、3%的啶虫脒乳油40～50毫升制剂/亩；或地下埋施涕灭威、克百威（呋喃丹）防治卷叶为害的蚜虫；用10%的吡虫啉乳油50～100倍液涂茎，对梅花、樱花等安全。

（5）物理防治。利用黄色并涂有胶液的纸板或塑料板诱杀有翅蚜虫；或采用银白色锡纸反光，拒栖迁飞的蚜虫。

三、木虱类

木虱类属同翅目木虱科。体小型，触角较长，9～10节，末端有叉状刚毛。单眼3个，翅2对，前翅质地较厚，跗节2节，若虫椭圆形或长圆形，许多种类被蜡丝。

在园林植物上常见的有梧桐木虱、樟个木虱等。

1. 梧桐木虱

梧桐木虱分布于北京、河南、山东、陕西、江苏和浙江等地区，为害梧桐。

梧桐木虱成虫黄绿色，体长4毫米左右。头顶两侧陷入。丝状触角最后两节黑色，末端具两刺毛。足淡黄色，翅透明。3龄若虫体略呈长圆筒形，白色蜡质层较厚（见图3—9）。

图3—9 梧桐木虱

陕西一年2代，江苏、浙江3代，以卵在枝干皮内越冬。翌年四月下旬孵化，五月上、中旬孵化盛期。孵化后的若虫爬至嫩梢及叶背上刺吸为害。若虫3龄，以第3龄若虫期最长，为害也最严重。六月中下旬第一代成虫羽化，经10天左右补充营养，性成熟交尾，交尾后2～3天产卵。卵散产，多产于叶背。每雌虫产卵50粒左右，经15天左右孵化。七月下旬第二代成虫羽化，八月上中旬产卵，八月底至九月上旬孵化。九月下旬至十月第三代成虫羽化，产卵于枝干皮内并越冬。成、若虫有群集性，若虫常十余只至数十只群居于叶背、嫩梢、花序上，活动于白色蜡絮中，爬行迅速。成虫善跳，飞翔力不强，寿命长达40余天。

2. 樟个木虱

樟个木虱分布于浙江、福建、江西、湖南、台湾等地。

樟个木虱成虫体长为2毫米左右，翅展4.5毫米左右，体黄色或橙黄色。触角呈丝状，复眼大而突出，半球形，黑色。若虫椭圆形，初孵为黄绿色，老熟时为灰黑色。

樟个木虱一年发生1代，少数2代，以若虫在被害叶背处越冬。翌年四月成虫羽化，羽化后的成虫多群集在嫩梢或嫩叶上产卵。以若虫刺吸叶片汁液为害，受害后叶片出现黄绿色椭圆形小突起，随着虫龄增长，突起逐渐形成紫红色虫瘿，影响植株的正常光合作用，导致提早落叶（见图3—10）。

图3—10 樟个木虱

3. 木虱类的防治措施

（1）苗木调运时加强检查，禁止带虫材料外运。结合修剪，剪除带卵枝条。

（2）若虫发生盛期，喷施参碱1 000倍液、25%的扑虱灵可湿性粉剂或20%的氰戊菊酯（速灭杀丁）乳油2 000倍液；使用10%的高渗双甲脒乳油1 000～1 500倍液喷雾；使用25%的噻虫嗪10 000倍液或每100升水加10毫升（有效浓度25毫克/升），或每亩果园用6克（有效成分1.5克）兑水进行喷雾。

四、粉虱类

粉虱类属同翅目粉虱科。虫体小型。触角7节，第2节膨大。单眼2个。翅膜质，被有蜡粉。跗节2节，长度相等，有2个爪及1个中垫。幼虫、成虫腹末背面有管状孔。过渐变态。

在园林植物中常见的有温室粉虱、橘刺粉虱和柑橘粉虱等。

1. 温室粉虱

温室粉虱又名白粉虱，是一种分布很广的露地和温室害虫，为害桑、黄杨、月季、石榴、牡丹、芍药、倒挂金钟、茉莉、兰花、凤仙花、一串红、菊花、扶桑、绣球、旱金莲、一品红和大丽菊等多种花木。

温室粉虱成虫体长1.0～1.2毫米，体浅黄或浅绿色，被有白色蜡粉。复眼赤红色。前、后翅各有一条翅脉。若虫体扁平、椭圆形、黄绿色，体表具长短不一的蜡丝，两根尾须稍长（见图3—11）。

温室粉虱一年发生10余代，各虫态在大棚和温室中均可越冬并繁殖为害。该虫以成虫和若虫群集在叶片背面为害。成虫羽化后1～3天即可产卵，每只雌虫产卵100余粒，

卵有一短柄，在温度为24℃时卵期约7天，幼虫孵化后可在叶背短距离爬行，然后固着为害，为害8～9天进入蛹期，蛹期5～6天羽化成虫。其产卵量大、繁殖快、世代重叠严重。成虫一般不活动，但气温较高、阳光充足时可见其在植株间飞舞，稍有惊动也会群起乱飞。成虫对黄色有趋性。该虫九十月间常在黄杨、蜀葵及一些露地花草上为害。

图3—11　温室粉虱

2. 橘刺粉虱

橘刺粉虱又名黑刺粉虱，广泛分布于浙江、江苏、广东、广西、福建和台湾等地，为害月季、蔷薇、春兰、米兰、玫瑰、山茶、榕树、樟树和柑橘等花木。以若虫群集在叶片背面吸食汁液为害，被害处形成黄斑。其排泄物常诱发煤污病，影响光合作用和美观。

橘刺粉虱成虫体长1.0～1.3毫米，橙黄色，覆有白色蜡粉。前翅紫褐色，有7条不规则白色斑纹。足黄色，复眼红褐色。若虫扁平椭圆形，淡黄绿色，体周围有小突起17对，并有白色放射状蜡丝。随虫龄增大，体色渐成黑色（见图3—12）。

图3—12　橘刺粉虱

橘刺粉虱在浙江一年4代，以末龄若虫或拟蛹在叶背越冬。次年五月上中旬成虫开始羽化。第一代若虫于五月下旬开始发生，各代若虫发生盛期在六月上旬、七月下旬、九月上旬以及十月上中旬。成虫以七八月发生较多。成虫白天活动，卵产于叶背，老叶上的卵比嫩叶上多。成虫有孤雌生殖现象和趋光性。

3. 粉虱类的防治措施

（1）加强植物检疫工作，避免将虫带入塑料大棚和温室。早春做好虫情预测预报，及时开展有效的防治工作。

（2）园艺防治。清除大棚和温室周围杂草，以减少虫源。荫蔽、通风透光不良都容易引起粉虱发生，因此应适当修枝，勤除杂草，以减轻为害。

（3）物理防治。温室粉虱成虫对黄色有强烈趋性，可用黄色诱虫板诱杀。

（4）药剂防治。使用矿物油300～500毫升/亩，在若虫发生初盛期开始喷雾使用，10～15天用药一次，一般用药1～2次。三月至八月严重为害期，可采用80%的敌敌畏熏蒸成虫，1毫升/立方米原液，兑水1～2倍，每隔5～7天喷一次，连续5～7次，并注意密闭门窗8小时。也可喷施68%的灭虱宁乳悬剂800倍液、50%的二嗪磷（二嗪农）乳油1 000倍液、25%的噻虫嗪2 500～5 000倍液或每亩用10～20克（有效成分2.5～5克）进行喷雾、2.5%的鱼藤精400倍液，喷时注意药液均匀，叶背处更应周到。

五、介壳虫类

介壳虫属同翅目蚧总科。介壳虫形态奇特，雌雄异型。雌虫无翅，口器发达，喙短，1～3节，多为1节，口针很长；触角、复眼和足通常消失；体壁上常被蜡粉或蜡块，或有特殊的介壳保护。雄虫体长形，有1对薄的膜质前翅，后翅退化成平衡棒；触角呈长念珠状；口器退化；寿命短。卵为圆球形或卵圆形，产于雌虫体腹面、介壳下或体后的蜡质袋内。雌虫为渐变态，雄虫为过渐变态。孤雌生殖或两性生殖，卵生或卵胎生，一年1代或多代。

园林植物中的介壳虫种类很多，据估计有700多种。常见的有红蜡蚧、日本龟蜡蚧、吹绵蚧、日本松干蚧、草履蚧、常春藤圆盾蚧、糠片盾蚧、桑白盾蚧、褐软蚧、仙人掌盾蚧、橘棘粉蚧、考氏白盾蚧、梨圆盾蚧和月季轮盾蚧等。

1. 日本龟蜡蚧

日本龟蜡蚧又名日本蜡蚧、枣龟蜡蚧，分布于全国各地，食性杂，为害白蜡、法桐、黄杨、枣、杜梨、桂香柳、月季、蔷薇、海棠、石榴、桂花、蜡梅、牡丹、山茶、夹竹桃、白兰、含笑等植物。

日本龟蜡蚧雌成虫椭圆形，暗紫褐色。蜡壳灰白色，背部隆起，表面具龟甲状凹线，蜡壳顶偏在一边，周边有8个圆突。雄成虫体棕褐色，长椭圆形。翅透明，具两条翅脉。雌若虫蜡壳与雌成虫蜡壳相似，雄若虫蜡壳椭圆形，雪白色（见图3—13）。

图3—13 日本龟蜡蚧

天津地区一年发生1代。以受精雌成虫越冬，五月下旬开始产卵，每只雌虫产卵1 500粒左右。六月中旬若虫开始孵化，初孵若虫爬至树叶上为害，固着后开始分泌蜡质，形成星芒状蜡壳。45天后雌雄开始分化，八月下旬雄虫羽化，雌虫进入雌成虫期，交尾后雄虫死亡，受精雌成虫于九月中旬陆续由叶转移到枝条上，十一月上旬进入越冬期。

2. 吹绵蚧

吹绵蚧广泛分布于热带和温带等较温暖的地区。寄主范围很广，为害月季、海棠、海桐、牡丹、玫瑰、蔷薇、桂花、含笑、米兰、芙蓉、扶桑、石榴、山茶、玉兰、常春藤、棕榈、金橘和佛手等。若虫和成虫群集在枝叶上，刺吸汁液为害。严重时，叶片发黄，枝梢枯萎，引起落叶，影响植株生长，甚至全株枯死，并能诱发煤污病发生。

雌成虫橘红色，椭圆形，长4～7毫米，背面隆起，体外被有黄白色的蜡质粉及絮状纤维。腹部后方有白色卵囊，囊上有14～16条纵条纹。雄成虫体小而细长，橘红色（见图3—14）。

图3—14 吹绵蚧

该虫一年发生代数因地而异，广东一年3～4代、浙江一年2～3代，以雌成虫或若虫在枝干上越冬。初孵若虫多寄生在叶背主脉两侧，2龄后逐渐迁移至枝干阴面群集为害。该虫世代重叠，分泌物可诱发煤污病。重要天敌有澳洲瓢虫、大红瓢虫和红缘瓢虫等。

3. 草履蚧

草履蚧分布于黑龙江、辽宁、吉林、河北、河南、山西、江苏、浙江、湖北、湖南、广东、广西等地区。在天津地区主要为害国槐、白蜡、柳树、椿树、法桐、毛白杨、茶藨子、紫叶李等，除此以外，还为害悬铃木、大叶黄杨、海棠、碧桃、樱桃、海桐、紫薇、罗汉松、广玉兰、绣球、柑橘等花木。

草履蚧雌成虫体扁，长椭圆形，背面淡灰色，周缘淡黄色。长7.8～10毫米，腹部有横列皱纹和纵走凹沟，形似草鞋。雄成虫体紫红色，长5～6毫米，翅1对，淡黑色（见图3—15）。

图3—15　草履蚧

草履蚧一年1代，以卵和若虫在树木周围建筑物缝隙、土中、杂草中和树体上等隐蔽处越冬，一般于二月上中旬开始陆续出蛰上树为害。若虫于三月底、四月初第一次蜕皮，四月中下旬第二次蜕皮，五月上旬第三次蜕皮后发育为成虫，雌雄交尾，五月中旬为交尾盛期，雄虫交尾后死去，雌虫交尾后仍需吸食为害。五月底至六月初雌成虫下树，钻入树干周围石块、土缝、墙体等处，分泌白色绵状卵囊，产卵其中，越夏越冬。

4. 红蜡蚧

红蜡蚧又名红蜡虫，分布于长江以南各地，北方温室内也有发生。该虫食性杂，可为害100多种植物，主要为害构骨、白玉兰、栀子花、木莲、桂花、月桂、苏铁、山茶、月季、蔷薇、南天竹、米兰和石榴等花木，是常见的蚧虫。成虫和若虫聚集在枝叶上刺吸为害，雌虫多发生在枝条和叶柄上，而雄虫则多在叶柄和叶片中脉处，并能诱发煤污病。

红蜡蚧雌成虫体椭圆形，介壳近椭圆形，长3～4毫米，初玫瑰红色，后呈紫红色。

老熟时背面隆起呈半球形，顶部凹陷，有4条白色蜡带向上卷起，介壳中央有1个白色脐状点。雄成虫体长约1毫米，翅白色，半透明。初孵若虫扁平椭圆形，灰紫红色。两次蜕皮后，体背覆以白色透明蜡质（见图3—16）。

图3—16　红蜡蚧

红蜡蚧一年1代，以受精雌成虫在枝干上越冬。在浙江，越冬雌成虫于五月下旬至六月上、中旬产卵、孵化。雄若虫于八月下旬变拟蛹，九月中旬羽化交尾。此虫多集中在寄主植物光线较强的外围枝叶上为害，内层枝叶上较少发生。

5. 长白盾蚧

长白盾蚧分布于吉林、辽宁、河北、山西、陕西、甘肃、四川、宁夏、青海、台湾、浙江、广东、广西、贵州、云南等地区，为害芍药、蔷薇、月季、紫玉兰、绣球花等。若虫和成虫以刺吸式口器吸食植株汁液，使植株叶片瘦小，发生严重时可造成大量落叶，甚至整株死亡。

长白盾蚧初孵若虫淡紫色椭圆形，末龄若虫淡黄色梨形。雌成虫介壳灰白色，长纺锤形，壳点位于介壳前端，褐色卵圆形。雄介壳虫成虫与雌介壳相似，略小些（见图3—17）。

图3—17　长白盾蚧

长白盾蚧一年发生3代，以末龄雌若虫和雄虫前蛹在枝干越冬。翌年三月下旬至四月下旬，雌成虫羽化，四月中下旬雌成虫开始产卵，第1、2、3代若虫孵化盛期主要在五月中下旬、七月中下旬和九月上旬至十月上旬。

6. 紫薇毡蚧

紫薇毡蚧分布于江苏、浙江、上海、山东、山西、北京、天津、沈阳等地。主要为害紫薇、石榴。该虫常聚集于枝、叶片主脉基部和芽腋、嫩梢部位，刺吸汁液，减弱树势。又因分泌大量蜜露而诱发严重的煤污病，使叶片、小枝变黑，失去观赏价值。

雌成虫扁平，椭圆形，长约2毫米，暗紫红色，老熟时被包在白色的绒茧之中，外观如白色米粒（见图3—18）。雄虫体长约1毫米，紫红色，翅1对。幼虫紫红色，椭圆形，虫体边缘有刺突。

图3—18 紫薇毡蚧

紫薇毡蚧每年发生代数因地区而异，以受精雌虫、若虫或卵在枝干的裂缝内越冬。每年六月上旬至七月中旬和九月为孵化盛期。

7. 介壳虫类的防治措施

（1）加强植物检疫，禁止有虫苗木输出或输入。

（2）园艺防治。通过园林技术措施来改变和创造不利于蚧虫发生的环境条件，如实行轮作、合理施肥、清洁花圃，提高植株自然抗虫力；合理确定植株种植密度，合理疏枝、改善通风透光条件；冬季或早春，结合修剪，剪去部分有虫枝，集中烧毁，以减少越冬虫口基数；介壳虫少量发生时，可用软刷、毛笔轻轻清除，或用布团蘸煤油抹杀。

（3）化学防治。冬季和早春植物发芽前，可喷施1次波美3～5度的石硫合剂、3%～5%的柴油乳剂、10～15倍的松脂合剂或40～50倍的机油乳剂，消灭越冬代若虫和雌虫。在初孵若虫期进行喷药防治，常用药剂有：10%的吡虫啉可湿性粉剂1 500倍液、40%的杀扑磷乳油、40%的毒死蜱（乐斯本）乳油、10%的顺式氯氰菊酯（高效灭百可）乳油2 000倍液、10%联苯菊酯乳油3 000倍液、波美0.3～0.5度的石硫合剂或25%的杀虫净乳油400～600倍液。每隔7～10天喷1次，共喷2～3次，喷药时要求均匀周到。用10%的吡虫啉乳油5～10倍液打孔注药，或地下埋施15%的涕灭威（铁灭克）颗粒剂，还

可使用新型农药螺虫乙酯，于介壳虫卵孵初期施药，用量为4 000～5 000倍稀释液，均匀喷雾。

（4）生物防治。介壳虫天敌多种多样，种类十分丰富，如澳洲瓢虫可捕食吹绵蚧，大红瓢虫和红缘黑瓢虫可捕食草履蚧，红点唇瓢虫可捕食日本龟蜡蚧、桑白蚧和长白盾蚧等，异色瓢虫、草蛉等可捕食日本松干蚧，还有寄生于盾蚧的蚜小蜂、跳小蜂和缨小蜂等。因此，在园林绿地中种植蜜源植物，保护和利用天敌，在天敌较多时，不使用药剂或尽可能不使用广谱性杀虫剂，在天敌较少时进行人工助迁或人工饲养繁殖，发挥天敌的自然控制作用。

六、蝽类

蝽类属半翅目。小至大型。触角5节，部分种类4节。有单眼。喙4节。小盾片发达，三角形至少超过爪片长度。前翅膜片上一般有5条纵脉，多从1条基横脉上分出。跗节3节。

在园林植物中常见的有盲蝽科的绿盲蝽、黑盲蝽，网蝽科的梨冠网蝽、杜鹃冠网蝽等。

1. 梨冠网蝽

梨冠网蝽又名梨网蝽、军配虫，分布广泛，为害海棠、樱花、碧桃、梅花、苹果、梨、月季、杜鹃等花木。

梨冠网蝽成虫和若虫在叶背刺吸汁液，被害处有许多斑斑点点的褐色粪便和产卵时留下的蝇粪状黑点，整个受害叶片背面呈锈黄色，正面形成苍白色斑点。受害严重时，叶片上斑点成片，全叶失绿呈苍白色，提早脱落。

梨冠网蝽成虫体长约3.5毫米，体形扁平，黑褐色。前胸背板两侧延伸成扇形，上有网状花纹。前翅略呈长方形，布满网状花纹，静止时前翅重叠，中间形成“X”形。若虫共5龄。初孵若虫乳白色，最后变成深褐色。身体两侧有明显的锥状刺突（见图3—19）。

图3—19　梨冠网蝽

梨冠网蝽世代数因地而异，华北一年3～4代，华中和华南一年5～6代，以成虫在树皮缝、枯枝落叶、杂草丛中或土块缝隙中越冬。次年四月上中旬越冬成虫开始活动（天津地区是四月下旬开始为害），下旬开始产卵，卵产在叶背组织里，上面覆有黄褐色胶状物。初孵若虫基本不活动，有群集性，2龄后活动范围逐渐扩大。六月中旬第1代成虫大量出现。成、若虫喜群集叶背主脉附近为害。成虫期一个月以上，产卵期也长，有世代重叠现象。天津地区六月为害严重，七月至九月均有为害。十月中下旬以后成虫开始越冬。

2. 绿盲蝽

绿盲蝽分布于全国各地，以长江流域各地发生较为普遍，造成较重为害，为害木槿、石榴、海棠、菊花、桃、杞柳和山茶等。成、若虫喜群集为害嫩叶、叶芽、花蕾。叶片被害后，出现黑斑和孔洞，严重时叶片扭曲皱缩。花蕾被害处渗流出黑褐色汁液，影响开花和观赏。

绿盲蝽成虫体长约5毫米，黄绿至浅绿色，触角4节，比体短。前胸背板绿色，上有微弱的小刻点，前缘有脊棱。足绿色，腿节膨大（见图3—20）。若虫体长约3毫米左右，鲜绿色。5龄老熟若虫全体密布黑色细毛。

图3—20　绿盲蝽

绿盲蝽一年发生4～5代，以卵在寄主的枝干表皮伤口组织内越冬。翌年四月中旬为若虫盛孵期，五月上中旬羽化成虫。第2～5代分别在六月上旬、七月中旬、八月中旬和九月中旬出现，从十月中下旬开始产卵。成虫活跃善飞，有趋光性，成虫羽化后6～7天开始产卵，卵散产于嫩叶主脉、叶柄及嫩茎组织内，有伤处较多。成虫、若虫均不耐高温干燥，喜多雨潮湿环境，发生数量多，为害重。成虫白天隐蔽在枝叶处，傍晚后喜群集于花叶嫩头、幼蕾等处刺吸取食汁液，致使叶片破碎，花蕾大量脱落，影响观

赏价值。

3. 螨类的防治措施

（1）园艺防治。翻耕绿地，清除花坛、花盆及周围的杂草，减少繁殖场所，减少虫源。

（2）化学防治。可用敌敌畏毒土熏蒸1～2次，苗床长25米，宽1.33米，用80%的敌敌畏5毫升，兑水150毫升，拌细土2千克，于傍晚均匀撒施，然后盖好薄膜。此法安全简便，保苗效果好。或用3%的克百威（呋喃丹）颗粒剂埋入盆栽花木的土壤中（每盆5克左右，入土深5厘米），亦可达到防治该类害虫的目的。

（3）喷雾防治。可用1%的杀虫素（阿维菌素）乳油2 000倍液、10%的吡虫啉可湿性粉剂2 000～3 000倍液、50%的三硫磷乳油2 000倍液、25%的速灭威可湿性粉剂400倍液喷雾。

七、蓟马类

蓟马类属缨翅目。在园林植物中常见的有花蓟马、烟蓟马、黄胸蓟马和榕管蓟马等。

1. 花蓟马

全国各地均有分布，为害剑兰、柑橘、香石竹、唐菖蒲、菊花、美人蕉、木槿、玫瑰、牵牛、葱兰、石蒜、紫薇、合欢、兰花、九里香、荷花、月季、茉莉等花木。

花蓟马雌成虫体长1.3～1.5毫米，赭黄色。触角8节，较粗壮。头部短于前胸，头顶前缘仅中央略突出。各单眼内缘有橙红色月晕（见图3—21）。

图3—21　花蓟马

花蓟马在我国南方一年11～14代。以成虫越冬。五月中下旬至六月为害严重。成虫有很强的趋花性，卵多产于花瓣、花丝、嫩叶表皮内。

2. 榕管蓟马

榕管蓟马分布于福建、台湾、广东、海南及北方温室中。若虫和成虫刺吸寄主的嫩叶和幼芽的汁液，是榕树上一种普遍而为害严重的害虫。受害叶形成虫瘿，使寄主的叶片和嫩梢生长畸形。园林植物中常见的寄主有榕树、气达榕、龙船花、杜鹃花、人面子、无花果等。

榕管蓟马雌虫体长约2.6毫米，雄虫体长约2.2毫米。体黑色。触角8节，第1、2节棕黑色，第3～5节及第6节基部黄色，第6节端部和第7、8节色较暗。翅无色，前翅较宽，边缘直，翅中部不收缩（见图3—22）。

图3—22 榕管蓟马

榕管蓟马成、若虫均为害嫩叶和幼芽。贵阳一年发生8～9代，北方温室则常年发生，气温25℃、相对湿度50%～70%时适合其繁殖。每年五月为害严重，有世代重叠现象。

3. 蓟马类的防治措施

（1）清除绿地及周围杂草，及时喷水、灌水、浸水。结合修剪摘除虫瘿并立即销毁。

（2）化学防治。在大面积发生高峰前期，喷洒10%的醚菊酯（多来宝）可湿性粉剂2 000倍液、10%的吡虫啉可湿性粉剂2 000倍液、50%的马拉硫磷乳油2 000倍液、3%的啶虫脒乳油1 700倍液，防治效果良好。也可用番桃叶、乌桕叶或蓖麻叶兑水5倍煎煮，过滤后喷洒。还可使用多杀霉素，在蓟马类发生期，每亩用25克/升悬浮剂66.7～100毫升或用25克/升悬浮剂的1 000～1 500倍液均匀喷雾，重点喷洒幼嫩组织，如花、幼果、顶尖及嫩梢等。

（3）盆栽花木可用3%的克百威（呋喃丹）颗粒剂3～5克、15%的涕灭威（铁灭克）颗粒剂1～2克施入盆土中。

实训十一　刺吸式口器昆虫的防治

一、实训目的及要求

学会对园林植物上常见刺吸式口器昆虫防治措施的制定与防治的实施。

二、实训材料与用具

1. 当地常见的杀虫剂（种类不限，应包含各种作用方式和毒性的杀虫剂，如：苦参碱、阿维菌素溴氰菊酯、乙酰甲胺磷灭幼脲、氟啶脲、吡虫啉、辛硫磷、除虫菊素、丁硫克百威、抗蚜威、毒死蜱、敌百虫、敌敌畏、唑螨酯、三唑锡、炔螨特等）。

2. 手动喷雾装置（PB–16型手动喷雾器或类似的装置）。

三、实训内容及方法

1. 制定防治措施

（1）对校园周围绿地中的刺吸式口器害虫及天敌情况做一简单调查。

（2）根据调查情况制定防治措施方案，并做简单说明。

2. 制定化学防治方案

根据刺吸式口器害虫发生情况及所提供的药剂制定一个合理的方案，并对方案做简单解释。

3. 方案实施

根据方案对实验绿地进行小范围实施（包括药剂的取量、稀释、喷雾、喷雾器的清洗与收藏）。

四、作业

1. 针对刺吸式口器害虫发生情况及所提供的药剂制定防治措施方案。

2. 根据提供的药剂制定一个合理的方案，并对方案做简单解释。

3. 24小时后做结果调查。

实验报告

刺吸式口器昆虫防治
一、实训目的及要求 学会对园林植物上常见刺吸式口器昆虫防治措施的制定与防治的实施。

二、实训材料与用具 1．当地常见的杀虫剂：苦参碱、阿维菌素溴氰菊酯、乙酰甲胺磷灭幼脲、氟啶脲、吡虫啉、辛硫磷、除虫菊素、丁硫克百威、抗蚜威、毒死蜱、敌百虫、敌敌畏、唑螨酯、三唑锡、炔螨特等。 2．手动喷雾装置。
三、实训内容 1．制定防治措施。 2．制定化学防治方案。 3．方案实施。
四、作业 1．针对刺吸式口器害虫发生情况及所提供的药剂制定防治措施方案。 2．根据提供的药剂制定一个合理的方案，并对方案做简单解释。 3．24小时后做结果调查。

第二节　食叶害虫的防治

园林植物中食叶害虫的种类繁多，主要为鳞翅目的蓑蛾、刺蛾、斑蛾、尺蛾、枯叶蛾、舟蛾、灯蛾、夜蛾、毒蛾及蝶类，鞘翅目的叶甲、金龟子，膜翅目的叶蜂，直翅目的蝗虫等。

食叶害虫的为害特点是：

（1）为害健康的植株，猖獗时能将叶片吃光，削弱树势，为蛀干害虫侵入提供适宜条件。

（2）大多数食叶害虫营裸露生活，受环境因子影响大，其虫口密度变动大。

（3）多数种类繁殖能力强，产卵集中，易暴发成灾，主动迁移扩散能力强。

一、甲虫类

甲虫类属鞘翅目昆虫，在园林植物上常见的甲虫有叶甲科的榆蓝叶甲、杨叶甲、柳蓝叶甲、泡桐叶甲、葡萄十星叶甲，瓢虫科的茄二十八星瓢虫以及金龟子成虫、象甲等。

叶甲科体小至中型，成虫常具有金属光泽。触角呈丝状，一般短于体长之半，不着生在额的突起上。复眼圆形，不环绕触角。跗节5节，第4节很小。幼虫肥壮，具3对胸足，体背常有瘤状突起。

1. 柳蓝叶甲

柳蓝叶甲全国各地均有分布，其园林植物的寄主有桑和各种柳树。

柳蓝叶甲成虫体长4毫米左右，近圆形，深蓝色，具金属光泽。触角6节，褐色至深褐色。前胸背板横阔光滑。鞘翅上密生略成行列的细点刻。幼虫体长约6毫米，灰褐色，全身有黑褐色凸起状物，胸部宽，体背每节具4个黑斑（见图3—23）。

图3—23　柳蓝叶甲

柳蓝叶甲一年发生4～5代，以成虫在土壤中、落叶和杂草丛中越冬。翌年四月柳树发芽时出来活动，为害芽、叶，并把卵产在叶上，成堆排列。卵期6～7天，初孵幼虫群集为害，啃食叶肉。幼虫期约10天，老熟幼虫化蛹在叶上，九月中旬可同时见到成虫和幼虫，有假死性。

瓢虫科体呈半球形或椭圆形，腹面扁平，背面拱起，形似瓢而得名。头小，后部隐藏于前胸背板之下。触角呈锤状。多数肉食性，成虫和幼虫都捕食蚜虫、介壳虫、粉

虱、螨类等害虫，如澳洲瓢虫、七星瓢虫；少数植食性，如二十八星瓢虫。

2. 二十八星瓢虫

二十八星瓢虫分布于黑龙江、内蒙古、陕西、西藏、甘肃、四川、云南、广东、广西、海南和台湾等地。为害茄子、枸杞、金银花、五爪金龙、冬珊瑚和三色堇等。以成虫和幼虫取食叶肉为害，严重时全叶食尽。

二十八星瓢虫成虫半球形，体长6毫米左右，黄褐色。体背因为满布微细短毛，光泽度较弱。翅鞘上左右各有14枚黑斑。卵长纺锤形，淡黄至褐色。幼虫淡黄色，体背各节有6个突刺（见图3—24）。

图3—24 二十八星瓢虫

二十八星瓢虫一年发生多代，每年五月发生数量最多，为害最重。成虫白天活动，有假死性和自残性。初孵幼虫群集为害。以成虫在土块、树皮缝、杂草丛中越冬。

二、蛾蝶类

1. 斑蛾类

斑蛾类属鳞翅目斑蛾科。在园林植物上常见的有梨星毛虫、杏星毛虫、葡萄星毛虫、朱红毛斑蛾等。

斑蛾科成虫多白天活动，只能短距离缓慢飞翔。身体光滑，有单眼，喙发达，翅薄。

（1）梨星毛虫。梨星毛虫又名饺子虫、梨叶斑蛾等。分布于东北、华北、华南、华东、西北等地，为害梨、苹果、海棠和樱桃等植物。以幼虫为害叶片、花蕾等，吐丝将叶片向正面对折或将两叶黏合，幼虫匿居其中，吞食叶肉。

梨星毛虫成虫体长9～12毫米，体及翅黑色，翅半透明，翅缘颜色较深，无光泽。雌蛾触角呈锯齿状，雄蛾触角呈羽毛状。初龄幼虫淡紫色，老熟幼虫淡黄色，约20毫米，纺锤形，从中胸到腹部第8节背面两侧各有1对黑斑，每节背侧还有星状毛瘤6个，故名星毛虫（见图3—25）。

图3—25　梨星毛虫

梨星毛虫分布地区多一年发生1代，个别地区一年发生2代，以2～3龄幼虫在树干裂缝及粗老翘皮下、土块缝隙中等处结茧越冬。天津地区翌年三月中下旬越冬幼虫开始活动，先啃食嫩叶芽和花蕾，四月中下旬海棠展叶开花后，幼虫吐丝缀叶成“饺子状”，躲于其中啃食叶肉，幼虫有转叶为害习性。五月上中旬幼虫老熟，在卷叶内化蛹，五月下旬成虫羽化交尾产卵，六月下旬、七月上旬幼虫孵化，初孵幼虫群集将叶啃食成白色透明网状，七月下旬以幼虫结茧越冬。

（2）朱红毛斑蛾。朱红毛斑蛾又名火红斑蛾、榕树斑蛾，分布于广东、云南等省，为害榕树、高山榕、印度橡胶榕等各种榕属庭院树木，为害相当严重。

朱红毛斑蛾成虫触角双栉齿状，黑色，端部灰白色。体及翅红色，前翅和后翅的臀区有1个大的深蓝色斑。胸部背面及腹部两侧红色的体毛较长。胸、腹部的腹面体毛为黑色。卵扁椭圆形，呈鱼鳞状排列。初孵幼虫呈米黄色，老熟幼虫体长17～19毫米，每体节有4个白色毛突，每个毛突着生1根棕色毛。蛹纺锤形，翅芽达第5腹节，腹末有臀棘（见图3—26）。

图3—26 朱红毛斑蛾

该虫在广州一年发生2代，以老熟幼虫结茧越冬。翌年三月中下旬为化蛹盛期。四月上中旬为羽化盛期。第一代幼虫在四月下旬至六月下旬开始为害，第二代幼虫在七月中旬至十月中旬为害，九月下旬便开始陆续结茧越冬。产卵在树冠顶部的枝条叶片上。初孵幼虫啃食叶表皮，随虫龄增大，将叶片吃成孔洞或缺刻，严重时将叶片全部吃光。老熟幼虫在树干基部附近杂草、石缝或树根间隙结茧化蛹。寄生天敌有绒茧蜂和花胸姬蜂。

（3）斑蛾类的防治措施

1）结合冬季修剪，剪除虫卵；生长期人工捏杀虫苞、捕捉成虫等；以幼虫越冬的，可在幼虫越冬前在干基束草把诱杀。

2）药剂防治。幼虫期喷洒青虫菌500倍液、50%的杀螟硫磷和50%的辛硫磷乳油1 000倍液、2.5%的溴氰菊酯乳油3 000倍液。

2. 蓑蛾类

蓑蛾类属鳞翅目蓑蛾科，又名袋蛾。雌雄异型。雄蛾有翅，翅上稀被毛和鳞片，触角双栉齿状；雌蛾无翅，触角、口器和足退化。幼虫胸足发达，吐丝缀叶形成护囊，雌虫终生不离幼虫所织的护囊。常见的种类有大蓑蛾，小蓑蛾、白囊蓑蛾等。

大蓑蛾又名大袋蛾、避债蛾，俗名“吊死鬼”，属鳞翅目蓑蛾科。分布于华东、中南、西南等地，山东、河南发生严重。该虫食性杂，以幼虫取食悬铃木、泡桐、刺槐、椿、榆、紫叶李、石榴、丁香、海棠、侧柏、松、杉、柳、桑、核桃、柿、梨、桃、苹果、葡萄等多种植物叶片，易暴发成灾，对城市绿化影响很大。

大蓑蛾成虫雌雄异型。雌虫体25～30毫米，肥大，淡黄色或乳白色，无翅。雄虫中小型蛾类，体长20～23毫米，翅展35～44毫米，体褐色。触角羽毛状，前翅红褐色，有

黑色和棕色斑纹，有4～5个透明斑。卵产于雌蛾护囊内。老熟幼虫体长25～40毫米，雌幼虫黑色，头部暗褐色；雄幼虫较小，体色较淡，呈黄褐色。护囊纺锤形，雄虫幼虫的护囊长达40～60毫米，囊外附有较大的碎叶片，有时附有少数枝梗，排列不整齐（见图3—27）。

图3—27　大蓑蛾

大蓑蛾多数地区一年1代，以老熟幼虫在护囊内越冬，护囊倒悬在枝条上。天津地区翌年五月上中旬开始化蛹，五月下旬羽化。该虫成虫雌雄异型，雌虫翅足均退化，雄虫羽化时将蛹皮留于囊口，而雌虫于蛹壳内羽化，冲破蛹壳的前端，头胸部露于蛹壳外，散发性信息素引诱雄虫来交尾。雌雄交尾后雌虫将卵产于蓑囊内，六月中下旬幼虫孵化后爬出蓑囊吐丝下垂，随风飘散传播食叶为害。幼虫吐丝将咬碎的叶片缀连成蓑囊，居于蓑囊中，并吐丝将蓑囊系于叶上。幼虫取食叶片时头胸部伸出，常将叶片食成孔洞与缺刻，严重时可将树叶吃光。七月上旬至八月中旬为药剂防治幼虫的适宜时期。八月幼虫老熟，吐丝将蓑囊缠绕枝上，并封闭囊口，头部向下越冬。

蓑蛾类的防治措施：

（1）冬春人工摘除越冬虫囊，消灭越冬幼虫，平时也可结合日常管理工作，顺手摘除护囊，特别是植株低矮的树木花卉更易操作。

（2）药剂防治。虫量多时可喷90%的晶体敌百虫或50%的马拉硫磷乳油1 000倍液，或2.5%的溴氰菊酯乳油2 000倍液。根据幼虫多在傍晚活动的特性，宜在傍晚喷药。喷药时应注意喷施均匀，要求喷湿护囊，以提高防效。

（3）生物防治。用100亿活芽孢/克青虫菌500倍液喷雾，同时注意保护蓑蛾幼虫的天敌寄生蜂、寄生蝇。

3. 刺蛾类

刺蛾类属鳞翅目刺蛾科。中型蛾，体粗壮多毛。喙退化。雌蛾触角线状，雄蛾触角为栉齿状。翅宽而密被厚鳞片，多呈黄、褐或绿色。幼虫蛞蝓形，体上常具有瘤和枝刺。蛹外常有光滑坚硬的茧。在园林植物中主要有黄刺蛾、桑褐刺蛾、扁刺蛾、丽绿刺蛾、褐边绿刺蛾和两色绿刺蛾等。

（1）褐刺蛾。褐刺蛾分布于山东、河北、陕西、安徽、江苏、浙江、江西、湖南、福建、台湾、广东、广西、四川、云南等。该虫食性很杂，能取食园林植物几百种。

褐刺蛾成虫体长17～19.5毫米，身体褐色至深褐色。复眼黑色，前翅前缘离翅基2/3处向臀角和基角各引一条深色弧线，前翅臀角附近有枚近三角形棕色斑。卵扁长椭圆形，长约1.4～1.8毫米，黄绿色，半透明。老熟幼虫体长23～25毫米，黄绿色。背线蓝色，每节上有4个黑点。亚背线分黄色型和红色型两种，黄色型刺枝黄色，红色型刺枝紫红色。中、后胸与腹部1、5、8、9节刺枝特别长（见图3—28）。

图3—28　褐刺蛾

褐刺蛾以老熟幼虫越冬。在河北等省一年发生1代，六月上中旬化蛹，六月下旬至七月上旬羽化成成虫。卵产在叶背。成虫趋光性较强，白天静伏，夜间活动。幼虫发生期在七八月，幼龄期群集为害，长大即分散为害。老熟幼虫最早于八月中旬开始下树结茧越冬。一年发生2代的地区，第1代幼虫出现于六月中旬至七月中旬，第2代于八月下旬至九月中下旬。由于各地气温不同，有些地区第2代老熟幼虫结茧较早，当年还可化蛹和羽化，并产生第3代幼虫。成虫夜间活动，有趋光性，白天隐伏在枝叶间、草丛中或其他荫

蔽物下。卵多成块状产在叶背，每雌产卵300多粒。幼虫孵化后，低龄期有群集性，并只咬食叶肉，残留膜状的表皮。大龄幼虫逐渐分散为害，从叶片边缘咬食成缺刻甚至吃光全叶。老熟幼虫迁移到树干基部、树枝分叉处和地面的杂草间或土缝中作茧化蛹。

（2）绿刺蛾。绿刺蛾食性很广，能为害紫荆、乌桕、枳椇、悬铃木、桃、柳、枫杨等多种园林观赏树木。幼虫啮食叶片，影响树长生长和观赏。

绿刺蛾雌成虫体长15.5～17毫米，翅展35～38毫米。成虫头部粉绿色，复眼褐色，前翅及胸背粉绿色，翅基有放射状褐色斑，外缘有浅褐色条纹。缘毛褐色，后翅及腹部浅褐色。老熟幼虫体长24～27毫米，头红褐色，硬皮板黑色，身体翠绿色。背线黄绿色，中胸及腹部第8节各具有蓝黑色斑块1对，后胸至第7腹节，每节着生棕色刺枝1对，体侧翠绿色间有深绿色波状条纹，腹侧自后胸至腹部第9节各有刺枝1对，腹部第8、9节各生有黑色绒球状毛丛1对（见图3—29）。

图3—29　绿刺蛾

褐边绿刺蛾一年发生2代，以幼虫在地下结茧越冬。第二年四月下旬至五月上旬化蛹。第1代成虫五月下旬至六月羽化产卵，卵呈鱼鳞状排列。六七月和八九月为幼虫为害期。幼虫3龄前稍有群集性，成虫具趋光性。

（3）黄刺蛾。黄刺蛾又名洋辣子。该虫分布几乎遍及全国，是一种杂食性食叶害虫。主要为害海棠、石榴、榆叶梅、月季、红瑞木、杨、紫薇、紫荆、紫叶李、丁香、海仙花、黄刺玫、天目琼花、黄杨、柳、榆、槐、山楂、梧桐、桑、山荆子、柿、枣等。初龄幼虫只食叶肉，4龄后蚕食叶片，常将叶片吃光。

黄刺蛾成虫体橙黄色，触角丝状。前翅黄褐色，基半部黄色，端半部褐色，有2条暗褐色斜线，在翅尖汇合于一点，呈倒“V”字形，后翅灰黄色。老熟幼虫体长16～25毫米，黄绿色，体背面有1块紫褐色“哑铃”形大斑。蛹黄褐色，茧灰白色，茧壳上有黑褐色纵条纹，形似雀蛋（见图3—30）。

图3—30 黄刺蛾

黄刺蛾一年发生2代，以老熟幼虫作似雀蛋的硬茧在树上越冬，次年五月中下旬化蛹，六月上中旬成虫羽化。第1代幼虫为害期为六月下旬至七月下旬，第2代幼虫为害期为八月下旬至九月下旬，十月老熟幼虫作茧越冬。该虫成虫有趋光性，产卵在叶片背面，散产或数粒相连或成块，卵期5～6天。幼虫孵化后先将卵壳吃掉，然后群居于叶片背面，啃食叶肉呈透明斑，3龄后分散为害，4龄后取食全叶。该幼虫体背有明显紫褐色哑铃形大斑，可与其他刺蛾幼虫相区分。

（4）扁刺蛾。扁刺蛾又名黑点刺蛾，分布很广，在东北、华北、华东、中南及四川、云南、陕西等地区均有发生，食性很杂，为害悬铃木、榆、杨、柳、泡桐、大叶黄杨、樱花、牡丹和芍药等多种林木花卉，以幼虫取食叶片为害。

扁刺蛾成虫体及翅灰褐色，稍带紫色，有1条明显的暗褐色线。后翅暗灰褐色。触角褐色，雌虫丝状，雄虫呈栉齿状。前足具白斑。老熟幼虫体长21～26毫米，体绿色或黄绿色，椭圆形，各节背面横向着生4个刺突，两侧的较长，第4节背面两侧各有1个小红点。茧椭圆形，黑褐色，坚硬（见图3—31）。

图3—31　扁刺蛾

扁刺蛾一年1～3代，以老熟幼虫结茧在土中越冬。六月、八月两月为全年幼虫为害的严重时期。成虫傍晚羽化，有趋光性。卵散产于叶面，初孵幼虫剥食叶肉。5龄以后取食全叶，幼虫昼夜取食。九月底以后开始下树结茧越冬。

（5）刺蛾类的防治措施

1）消灭越冬虫茧。可结合抚育修枝、冬季清园等进行。

2）利用黑光灯诱杀成虫。

3）初孵幼虫有群集习性，人工摘除虫叶。

4）药剂防治。中、小龄幼虫可喷施Bt.制剂500倍液、2.5%的溴氰菊酯乳油2 000倍液，或50%的马拉硫磷1 000～1 500倍液，或生物杀虫剂灭蛾灵1 000倍液。

5）保护天敌。如上海青蜂、赤眼蜂、姬蜂等。

4. 舟蛾类

舟蛾属鳞翅目舟蛾科，又叫做天社蛾科。因幼虫静止时首尾上翘，形似小船而得名。成虫和夜蛾科相似。主要有杨扇舟蛾、苹掌舟蛾、国槐羽舟蛾等。

杨扇舟蛾的分布几乎遍及全国各地。以幼虫为害各种杨、柳的叶片。

杨扇舟蛾成虫体淡灰褐色，体长13～20毫米，头顶有1枚紫黑色斑。前翅灰白色，顶角处有1块赤褐色扇形大斑，斑下有1个黑色圆点。老熟幼虫体长32～38毫米，头部黑褐色，背面淡黄绿色，两侧有灰褐色纵带。第1、8腹节背中央各有1个大黑红色瘤（见图3—32）。

图3—32 杨扇舟蛾

杨扇舟蛾发生的代数因地而异，一年2～8代，天津地区一年3～4代，以蛹在土中、地面落叶枯叶卷苞、树干裂缝或基部老皮等处结茧越冬。翌年三四月间成虫羽化。成虫昼伏夜出，趋光性强。成虫产卵于叶片背面和枝条上，单层排列呈块状。初孵幼虫群集剥食叶肉；2龄后缀叶成苞，在苞内啃食叶肉；3龄后分散取食，常缀叶成苞，夜间出苞取食，严重时可将整株叶片食光；五月下旬老熟幼虫在卷叶内吐丝结薄茧化蛹。每年除第1代发生较为整齐外，其余各代世代重叠。

舟蛾类的防治措施：

（1）消灭越冬蛹。可结合松土、施肥等挖除蛹。

（2）人工摘除卵块、虫苞，特别是第1、2代，可抑制其扩大成灾。

（3）药剂防治。初龄幼虫期喷施杀螟硫磷乳油1 000倍液，或50%的辛硫磷乳油2 000倍液，或2.5%的溴氰菊酯乳油3 000倍液，或5%的顺式氰戊菊酯（来福灵）乳油4 000倍液，或Bt.制剂500～800倍液。阿维菌素的使用：喷雾用1.8%的阿维菌素乳油6 000～8 000倍液；烟雾机喷烟使用1.8%的阿维菌素乳油和零号柴油按1∶40比例混合。

（4）保护和利用天敌，如黑卵蜂、舟蛾赤眼蜂、小茧蜂等。

5. 毒蛾类

毒蛾属鳞翅目毒蛾科，中型蛾。无单眼。喙退化。触角栉齿状或羽状。休止时，多毛的前足向前伸出。有的种类雌蛾无翅。幼虫生有毛瘤或毛刷，第6、7节腹节背面中央各有一个翻缩腺，可分泌毒液。在园林植物中常见的主要有舞毒蛾、乌桕毒、蛾、杨雪毒蛾、刚竹毒蛾、侧柏毒蛾和棉古毒蛾等。

舞毒蛾又名柿毛虫、秋千毛虫等。分布广，食性杂，可为害500多种植物。分布于东北、华北、新疆、陕西、云南和四川等地。以幼虫取食叶片为害，严重时可将叶片吃光。

舞毒蛾的成虫雌雄异型，雌蛾比雄蛾体大，色浅。雌蛾前翅有4条黑褐色锯齿状横线，前、后翅外缘各有1个褐色斑。雄蛾茶褐色，前翅翅面上具有与雌蛾相同的斑纹。卵为块状，卵块上覆有很厚的黄褐色绒毛。老熟幼虫体长50～70毫米，头黄褐色，具“八”字形黑纹，体背有2列突出的毛瘤，靠近头部的5对为蓝色，后6对为红色，毛瘤上生有棕黑色短毛，此特征有别于其他毒蛾（见图3—33）。

图3—33 舞毒蛾

舞毒蛾一年1代，以完成胚胎发育的幼虫在卵内越冬。卵块在树皮上、石缝中等处，翌年四月至五月树发芽时开始孵化。初孵幼虫昼夜在树上群集于叶背，白天静伏，夜间取食。幼虫有吐丝下垂、借风传播扩散习性，故又称秋千毛虫。3龄后白天藏在树皮缝或树干基部石块杂草下，夜间上树取食。幼虫共6龄。七月中旬幼虫老熟，在树干上、树洞内或枝叶上吐丝固定虫体化蛹，不结茧，蛹期为10天左右。七月下旬成虫羽化，有趋光性。雄虫有白天飞舞的习性，故得名。气温干热有利于该虫繁殖，通常在疏林和人为破坏的绿地发生严重。

毒蛾类的防治措施：

（1）消灭越冬虫体，如刮除毒蛾卵块，搜杀越冬幼虫等。

（2）对于有上下树习性的幼虫，可用溴氰菊酯毒笔在树干上划1～2个闭合环（环宽1厘米），可毒杀幼虫，死亡率达86%～99%，残效期8～10天。也可绑毒绳等阻止幼虫上下树。

（3）灯光诱杀成虫。

（4）人工摘除卵块及群集的初孵幼虫。幼虫越冬前，可在干基束草把将其诱杀。

（5）药剂防治。幼虫期喷施5%的氟啶脲（定虫隆）乳油1 000～2 000倍液、2.5%的溴氰菊酯乳油4 000倍液、25%的灭幼脲III号悬浮剂1 500～2 500倍液等。用10%的醚菊酯（多来宝）可湿性粉剂6 000倍液或5%高效氯氰菊酯4 000倍液喷射卵块。使用甲氧虫酰肼，每亩用有效成分13.3～20克兑水50千克喷雾，在害虫发生严重时，一般每隔7～10天喷雾1次，喷雾次数视虫害发生情况而定。

6. 夜蛾类

夜蛾类属鳞翅目夜蛾科。中至大型，体翅多暗色，常具斑纹。喙发达。幼虫体粗壮，光滑少毛，颜色较深。腹足3～5对，第1、2对腹足常退化或消失。在园林植物上普遍发生的有斜纹夜蛾、银纹夜蛾、臭椿皮蛾、黏虫和变色夜蛾等。

（1）银纹夜蛾。银纹夜蛾又名黑点银纹夜蛾、豆银纹夜蛾。分布广，遍及全国各地，为害菊花、大理花、一串红、海棠、香石竹和美人蕉等多种花卉。

银纹夜蛾成虫体长15～17毫米，体灰褐色，胸部有两束毛耸立着。前翅深褐色，其上有2条银色波状横线，后翅暗褐色，有金属光泽。老熟幼虫体长25～32毫米，青绿色。腹部第5、6节及10节上各有1对腹足，爬行时体背拱曲。背面有6条白色的细小纵线（见图3—34）。

图3—34　银纹夜蛾

银纹夜蛾一年发生2～8代，发生代数因地而异。东北、河北、山东一年2～5代，上海、杭州、合肥4代，闽北地区6～8代，以老熟幼虫或蛹越冬。天津地区一年3代，以蛹在土中越冬。翌年五六月成虫羽化，成虫昼伏夜出，有趋光性，产卵于叶背，卵单产。六月幼虫孵化，初孵幼虫群集，多在叶背啃食叶肉，3龄后分散，啃食叶片成缺刻、孔洞，严重时可将叶片吃光。幼虫早晚取食，白天躲藏在分枝、叶片背面，有假死性。老熟幼虫在叶背作茧化蛹，七月第1代成虫羽化。八月上旬2代幼虫孵化为害，八月底老熟幼虫化蛹，九月初2代成虫羽化，九月中旬3代幼虫为害，十月初幼虫入土化蛹越冬。

（2）斜纹夜蛾。全国各地均有分布，尤以长江流域和黄河流域各省为害严重。食性杂，以幼虫取食叶片、花蕾及花瓣为害。

斜纹夜蛾成虫体长14～20毫米。胸、腹部深褐色，胸部背面有白色毛丛。前翅黄褐色，多斑纹，外横线间从前缘伸向后缘有3条白色斜线，故名斜纹夜蛾。后翅白色。卵半球形，卵壳上有网状花纹，卵为块状。老熟幼虫体长38～51毫米，头部淡褐色至黑褐色，胸腹部颜色多变，一般为黑褐色至暗绿色，背线及亚背线灰黄色，在亚背线上，每节有1对黑褐色半月形的斑纹（见图3—35）。

图3—35　斜纹夜蛾

斜纹夜蛾发生代数因地而异，在华中、华东一带，一年可发生5～7代，以蛹在土中越冬。翌年三月羽化，成虫对糖、酒、醋等发酵物有很强的趋性。卵产于叶背。初孵幼虫有群集习性，白天栖居阴暗处，傍晚出来取食。幼虫老熟后即入土化蛹。此虫世代重叠明显，每年七月至十月为盛发期。

（3）夜蛾类的防治措施

1）清除园内杂草或于清晨在草丛中捕杀幼虫。人工摘除卵块、初孵幼虫或蛹。

2）灯光诱杀成虫或利用其趋化性，用糖醋液诱杀［糖：酒：水：醋（2：1：2：2）+少量敌百虫］。

3）药剂防治。幼虫期使用Bt.制剂500～800倍液、1%的苦皮藤素乳油800～1 000倍液、50%的辛硫磷乳油1 000倍液、2.5%的溴氰菊酯乳油或10%的氯氰菊酯乳油或2.5%的三氟氯氰菊酯（功夫）乳油2 000～3 000倍液、5%的氟啶脲（定虫隆）乳油1 000～2 000倍液、20%的灭幼脲III号悬浮剂500～1 000倍液等喷雾。

4）银纹夜蛾（苜蓿）核型多角体病毒的使用。可针对性防治鳞翅目夜蛾科的甜菜夜蛾、斜纹夜蛾、烟青虫、甘蓝夜蛾、棉铃虫以及小菜蛾、菜青虫等害虫。施药适期为害虫卵孵化盛期或低龄幼虫期，选择阴天或晴天傍晚夜蛾活动盛期用药，每亩用10亿PIB/毫升悬浮剂100～150毫升连喷1～2次，每次间隔5～7天，可有效控制害虫发生。

7. 尺蛾类

尺蛾类属鳞翅目尺蛾科。体细长。翅大而薄，前后翅颜色相似并常有波纹相连，休止时四翅平展。幼虫称为尺蠖，只有2对腹足，着生于第6腹节和第10腹节。在园林植物上主要有国槐尺蛾、木橑尺蛾、沙枣尺蛾、油桐尺蛾和丝棉木金星尺蛾等。

（1）木橑尺蛾。木橑尺蛾分布于河北、河南、山东、山西、四川和台湾等地。食性杂，为害杨、柳、榆、槐、黄连木、核桃及菊科、蔷薇科、锦葵科、蝶形花科等多种植物，以幼虫食叶为害。

木橑尺蛾成虫体长20～31毫米。雌蛾触角为丝状，雄蛾为羽毛状。翅底白色，翅面上有许多灰色和橙色斑点，在前翅基部有1个近圆形的橙色大斑，前后翅的外横线上各有一串橙色和深褐色圆斑。老熟幼虫体长65～85毫米，体色变化较大，黄绿色、黄褐色及黑褐色。头顶两侧具峰状突起，头与前胸在腹面连接处有一个黑斑。蛹黑褐色（见图3—36）。

图3—36　木橑尺蛾

在河北、河南、山西一带一年1代，以蛹在土中越冬。七月中下旬为盛期。成虫有趋光性，白天静伏于树干、树叶等处，产卵于寄主植物的皮缝或石块上，呈块状。幼虫盛发期在七月下旬至八月上旬。幼虫期30～45天。老熟幼虫于八月中旬开始化蛹，盛期为九月。

观察与识别：取尺蛾科昆虫标本，观察其幼虫及成虫形态特征。

（2）大叶黄杨金星尺蛾。大叶黄杨金星尺蛾分布于华北、华东、西北、中南等地，主要为害大叶黄杨。

大叶黄杨金星尺蛾成虫体黄色有黑斑。翅底银白色，淡灰色斑纹，前翅外缘有一行连续的淡灰纹，有一红褐色大斑，翅基有一深黄褐色花斑。幼虫体黑色具橙黄色纵线，由于其部分腹足退化，所以在静息和爬行时弯曲（见图3—37）。

图3—37 大叶黄杨金星尺蛾

华北每年发生3代，杭州每年3～4代，世代重叠严重，以蛹在寄主附近的土壤中越冬。杭州第二年三月下旬，成虫开始羽化，四月中旬达羽化盛期。四月底第1代幼虫为害，五月至七月为幼虫为害猖獗期。幼虫群集取食叶片及嫩梢皮层，常造成大叶黄杨梢、叶枯萎。3龄后分散取食，虫口密度大时造成大叶黄杨枯死。为害到十一月越冬。

（3）尺蛾类的防治措施

1）结合肥水管理，人工挖除虫蛹。利用黑光灯诱杀成虫。

2）药剂防治。幼虫期喷施杀虫剂，如50%的辛硫磷乳油或20%的菊马乳油1 000～1 500倍液、2.5%的三氟氯氰菊酯（功夫）乳油2 000～3 000倍液、2.5%的溴氰菊酯乳油或10%的氯氰菊酯乳油或5%氟啶脲（定虫隆）乳油1 500～2 000倍液。

3）可用苏云金杆菌，每亩可湿性粉剂300～500克兑水40～60千克喷雾。还可使用苦皮藤素，1%的苦皮藤素乳油稀释800～1 000倍液喷雾。

8. 天蛾类

天蛾类属鳞翅目天蛾科。大型蛾类，体粗壮呈梭形。触角末端弯曲成钩状。喙发达。前翅狭，外缘倾斜，后翅小。幼虫肥大，圆筒形，第8腹节背中央有一尾角。我国天蛾科昆虫种类约130种，园林植物中常见的有霜天蛾、鬼脸天蛾、咖啡透翅天蛾和蓝目天蛾等。

（1）咖啡透翅天蛾。咖啡透翅天蛾广泛分布于浙江、安徽、江西、湖南、湖北、四川、福建、广西、云南、台湾等地。寄主为栀子及茜草科植物、咖啡等。

咖啡透翅天蛾的成虫体长22～31毫米，翅展45～57毫米，纺锤形。触角墨绿色，基部细瘦，向端部加粗，末端弯成细钩状。胸部背面黄绿色，腹面白色。腹部背面前端草绿色，中部紫红色，后部杏黄色。翅基草绿色，翅透明，翅脉黑棕色，顶角黑色。末龄幼虫体长52～65毫米，浅绿色。头部椭圆形。前胸背板具颗粒状突起，各节具沟纹8条。亚气门线白色，其上生黑纹。气门上线、气门下线黑色，围住气门，气门线浅绿色。第8腹节具1尾角（见图3—38）。

咖啡透翅天蛾一年发生2～5代，以蛹在土中越冬。江西一年发生5代，翌年五月中旬第1代开始为害，至十月下旬第5代老熟幼虫入土后化蛹。该虫多把卵产在寄主嫩叶两面或嫩茎上，幼虫孵化后取食寄主叶片，受害重的只残留主脉和叶柄，有时把花蕾、嫩枝食光，造成光杆或枯死。

图3—38　咖啡透翅天蛾

（2）霜天蛾。霜天蛾又名泡桐灰天蛾，分布于全国各地，为害白蜡、泡桐、梧桐、悬铃木、丁香、女贞、凌霄、冬青、柳、金银木、地锦、苦楝、樟和楸等园林花木。以幼虫食叶为害。

霜天蛾成虫体长45～50毫米，体、翅灰白色。胸部背面有由灰黑色鳞片组成的圆圈。前翅上有黑灰色斑纹，顶角有1个半圆形黑色斑纹，中下方有2条黑色纵纹，后翅灰白色。腹部背中央及两侧各有1条黑色纵纹。老熟幼虫体长75～96毫米，有两种体色：一种是绿色，腹部1～8节两侧有1条白斜纹，斜纹上缘紫色，尾角绿色；另一种也是绿色，上有褐色斑块，尾角褐色，上生短刺（见图3—39）。

图3—39　霜天蛾

霜天蛾一年2～3代，天津一年2代，以蛹在土中越冬。翌年五月下旬始见成虫羽化，成虫有趋光性。卵散产于叶背，卵期10天左右。六月中旬幼虫孵化后先啃食叶肉，随后蚕食叶片成缺刻或孔洞，严重时将叶片吃光只留叶柄。七月下旬至八月上旬1代成虫羽化，八月中下旬幼虫为害，至十月幼虫老熟入土化蛹越冬。

（3）天蛾类防治措施

1）结合耕翻土壤，人工挖蛹。根据树下虫粪寻找幼虫进行捕杀。

2）利用新型高压灯诱杀成虫。

3）虫口密度大，为害严重时，喷洒Bt.制剂600倍液、2.5%的溴氰菊酯乳油2 000～3 000倍液或50%的杀螟硫磷乳油1 000倍液、50%的辛硫磷乳油2 000倍液。

9. 枯叶蛾类

枯叶蛾类属鳞翅目枯叶蛾科。中至大型，体粗壮多毛。触角双栉齿状。喙退化。幼虫多长毛，中后胸具毒毛带，腹足趾钩为双序纵带。在园林植物中发生普遍的有黄褐天幕毛虫、松毛虫和栗黄枯叶蛾等。

松毛虫主要为害马尾松，也为害黑松、湿地松、火炬松。在浙江一年可发生2～3代，幼虫食害松针，严重时能将松针全部吃光。以幼虫在松树针叶丛中或树皮缝隙中越冬。至第二年春季继续食叶为害，到四月中旬开始老熟结茧化蛹。成虫有趋光性，成虫和幼虫的扩散迁移能力均很强。

松毛虫成虫体长20～30毫米，翅展36～56毫米，体灰白、褐或灰褐色，前翅有3～4条不显著的波状横纹，近外缘有9个黑斑，翅中央有1个白点。卵近圆形，长约1.5毫米，粉红色。幼虫有黑白与红黄二型，胸部背面有2丛深蓝色毒毛色，腹部各节背蓝黑色片状毛，体侧有白色长毛（见图3—40）。

枯叶蛾类的防治措施：

（1）可结合修剪、肥水管理等消灭越冬虫源。

（2）物理机械防治

1）人工摘除卵块或孵化后尚群集的初龄幼虫及蛹茧。

2）灯光诱杀成虫。

图3—40　松毛虫

3）于幼虫越冬前，干基绑草绳诱杀。

（3）化学防治。发生严重时，可使用2.5%的溴氰菊酯乳油3 000～5 000倍液、25%的灭幼脲III号悬浮剂1 000倍液喷雾防治。

（4）生物防治

1）利用松毛虫卵寄生蜂。

2）在幼虫期使用白僵菌、青虫菌、松毛虫杆菌等微生物制剂。

10. 螟蛾类

螟蛾类属鳞翅目螟蛾科。小至中型，体瘦长。触角丝状。前翅狭长。幼虫体无次生毛，趾钩多为双序缺环。在园林植物上常见的有竹织叶野螟、棉卷叶野螟、樟瘤螟和黄杨绢野螟等。

（1）黄杨绢野螟。黄杨绢野螟分布于陕西、江苏、浙江、上海、湖南、湖北、四川、广东等地。幼虫为害黄杨。

黄杨绢野螟成虫头部暗褐色，触角褐色，胸部白褐色有棕色鳞片，腹部白褐色末端深褐，翅白色半透明。幼虫身体绿色，头深绿色，吐丝缀叶（见图3—41）。

图3—41 黄杨绢野螟

黄杨绢野螟的幼虫取食黄杨叶片吐丝做巢缀叶，发生严重时可将叶片全部食光。西安地区此害虫一年发生3代，以幼虫在植株上吐丝结茧越冬，越冬幼虫于四月上旬开始为害，第2代以后开始世代重叠，十月中下旬结茧越冬。幼虫一般为6龄，低龄幼虫食叶肉，稍大后取食整叶，幼虫老熟后，吐丝缀合周围叶片作茧化蛹。

（2）樟瘤螟。樟瘤螟分布于江苏、浙江、上海、福建、江西、湖南等地。主要寄主为香樟，也为害山苍子、山胡椒等。

樟瘤螟成虫体长12～15毫米，翅展25～30毫米。体灰褐色，雄蛾有蓝绿色金属光泽。老熟幼虫体长20～25毫米，灰黑至棕黑色，胴部背线浅色，亚背线较宽（见图3—42）。

樟瘤螟一年发生2代，局部地区3代。以老熟幼虫在浅土层中越冬。翌年四月中下旬开始化蛹，五月中下旬开始羽化。成虫产卵于叶背边缘或两叶缀合的间隙内。第1代幼虫为害期为五月底至七月中旬，第2代幼虫不整齐，严重为害期为八月至九月，为害至十一月开始越冬。初龄幼虫群集为害，将多张叶片缀合在一起，隐藏其中食叶为害，随幼虫虫龄增加，将新梢枝叶或临近的枝叶用丝缀合，形成“虫巢”。

图3—42　樟瘤螟

（3）螟蛾类的防治措施

1）消灭越冬虫源，如秋季清理枯枝落叶及杂草，并集中烧毁。

2）在幼虫为害期，可人工摘除虫苞。

3）发生面积大时，可于初龄幼虫期喷洒50%的辛硫磷乳油1 000倍液、敌敌畏1份+灭幼脲III号1份稀释1 000倍液、10%的氯氰菊酯乳油2 000～3 000倍液。也可每亩用10克呋喃虫酰肼有效成分（10%的悬浮剂100毫升），于害虫2龄前兑水50千克喷雾。

4）开展生物防治。卵期释放赤眼蜂，幼虫期施用白僵菌等。

11. 灯蛾类

灯蛾类属鳞翅目灯蛾科，与夜蛾科很相似。成虫触角线状或梳状。后翅第1、第2两条翅脉有长距离的愈合。卵圆球形，表面有网状纹。幼虫体上有突起，生有浓密的毛丛，毛长短比较一致，背面无分泌腺。在园林植物中常见的有红缘灯蛾、美国白蛾和人纹污白灯蛾等。

美国白蛾又名秋幕毛虫。国外分布于美国、加拿大、墨西哥、匈牙利、南斯拉夫、捷克斯洛伐克、罗马尼亚、奥地利、俄罗斯、波兰、保加利亚、法国、意大利、日本、朝鲜和韩国，国内分布于辽宁、天津、河北、山东、上海和陕西。为害桑、白蜡、榆树、山楂、苹果、梨、樱桃、杏、李、桃、泡桐、葡萄、杨、柳、臭椿、香椿、槐等200多种植物。以幼虫在寄主植物上吐丝作网幕，幼虫取食叶片为害，是一种杂食性害虫。

美国白蛾成虫体、翅白色，雌蛾体长9～15毫米，雄蛾9～14毫米。雌成虫触角锯齿状，雄成虫触角双栉齿状。雌蛾前翅纯白色，雄蛾多数前翅散生有几个或多个黑褐色斑点。卵球形，初期为浅绿色，孵化前为褐色。幼虫体色变化很大，老熟幼虫体长28～35毫米，根据头部色泽分红头型和黑头型两类。蛹长纺锤形，暗红褐色。茧褐色或暗红色，由稀疏的丝混杂幼虫体毛组成（见图3—43）。

天津地区一年发生3代，以蛹越冬。翌年四月中旬羽化为成虫，卵产于叶背，块状，一个卵块500～600粒。幼虫孵化后几小时即可吐丝拉网，3～4龄时网幕直径达1米以上，有的高达3米。幼虫共7龄，四月下旬至六月下旬为第1代幼虫期，七月中下旬至八月下旬为第2代幼虫期，八月下旬至十月下旬为第3代幼虫期。此虫以幼虫取食园林植物叶片为害，严重时常造成树木叶片被吃光。

图3—43　美国白蛾

灯蛾类的防治措施：

（1）冬季深耕园地消灭虫蛹。

（2）利用黑光灯诱杀成虫，可取得较好的防治效果。

（3）发生严重时，可喷施2.5%的溴氰菊酯乳油1 500～2 000倍液、20%的氰戊菊酯乳油4 000倍液。使用阿维菌素：喷雾用1.8%的阿维菌素乳油6 000～8 000倍液；烟雾机喷烟可使用1.8%的阿维菌素乳油和零号柴油按1∶40比例混合。

12. 蝶类

蝶类属鳞翅目球角亚目。在园林植物中常见的有粉蝶科的合欢黄粉蝶、菜粉蝶，凤蝶科的柑橘凤蝶、玉带凤蝶，蛱蝶科的茶褐樟蛱蝶等。蝶类是一类能给人们带来美的享

受的昆虫，因此，在可能的条件下，我们要保护和利用这些昆虫。

（1）菜粉蝶。菜粉蝶分布于全国各地。为害十字花科植物。

菜粉蝶成虫体长12～20毫米，翅展45～55毫米。体灰黑色，翅白色，顶角灰黑色。雌蝶前翅有2个显著的黑色圆斑，雄蝶仅有1个显著的黑斑。幼虫体青绿色，背线淡黄色，腹面绿白色，体表密布细小黑色毛瘤，沿气门线有黄斑。共5龄（见图3—44）。

图3—44　菜粉蝶

各地发生代数不同，华北每年发生4～5代，华东5～8代。以蛹在墙壁屋檐下或篱笆、树干、杂草残株等处越冬。翌春四月初开始陆续羽化。卵散产，多产于叶背，卵期4～8天。幼虫期11～22天。幼虫共6龄，2龄前只能啃食叶肉，留下一层透明的表皮，3龄后可蚕食整个叶片，轻则虫孔累累，重则仅剩叶脉。

（2）柑橘凤蝶。柑橘凤蝶又名花椒凤蝶、黄凤蝶等。分布几乎遍及全国，为害花椒、女贞、黄檗、柑橘、金橘、吴茱萸等。以幼虫取食幼芽及叶片为害，是园林中常见的蝶类。

柑橘凤蝶成虫体长22～32毫米，体黄色，背面中央有黑色纵带。翅面上有黄黑相间的斑纹，有8个黄色新月形斑。后翅外缘波状，后角有1个尾状突起。老熟幼虫体长40～51毫米，绿色，后胸有眼状纹及弯曲成马蹄形的细线纹。腹部第1节后缘有1条黑带，第4～6腹节两侧具黑色斜带。头部有臭丫腺，为黄色。蛹长29～32毫米，纺锤形，头部分两叉，胸部稍突起（见图3—45）。

图3—45　柑橘凤蝶

各地发生代数不一，东北一年2代，天津地区一年3代，长江流域及其以南地区一年3～4代，台湾一年5代。以蛹悬于枝条上越冬。天津地区翌年四月中下旬成虫羽化，成虫白天活动，卵产于寄主的嫩芽幼叶上。五月出现第1代幼虫。初孵幼虫先啃食叶肉，长大蚕食叶片造成缺刻或仅留叶柄。幼龄幼虫体色黑白相间，状似鸟粪。大龄幼虫体色草绿，受惊后头部伸出两条黄色须状物并放出臭味。老熟幼虫吐丝将身体腰部悬于空中，尾部着于干上化蛹。该虫第2代幼虫于六月中旬至七月中旬为害，第3代幼虫于八月上旬至九月为害，十月幼虫老熟化蛹越冬。

（3）蝶类的防治措施

1）人工摘除越冬蛹，并注意保护天敌。

2）结合花木修剪管理，人工采卵，杀死幼虫或蛹体。

3）严重发生时喷施20%的除虫菊酯乳油2 000倍液、2.5%的溴氰菊酯乳油3 000倍液、20%的杀灭菊酯2 000倍液。

三、叶蜂类

叶蜂类属膜翅目广腰亚目叶蜂总科。触角丝状或棒状，7～15节，多数为9节。翅上具1～2个径室。前足胫节有2个端距。小盾片后方具有1后小盾片。产卵器锯状。幼虫具6～8对腹足。在园林植物上较常见的有三节叶蜂科的蔷薇三节叶蜂，叶蜂科的樟叶蜂等。

1．蔷薇三节叶蜂

蔷薇三节叶蜂又名月季叶蜂、田舍三节叶蜂。分布于华北、华东、华南等地，为害蔷薇、月季、十姐妹、黄刺玫和玫瑰等花卉。以幼虫食叶为害，严重时可把叶片食光。在为害期主要通过检查寄主叶片被咬成的缺刻情况或黄绿色的、群居为害的幼虫来识别。

蔷薇三节叶蜂成虫体长7.5～8.6毫米。前翅黑色，半透明。头、胸、足为黑色，腹部橙黄色。老熟幼虫体长约23毫米，头淡黄色，各节有3条横向黑点线，腹足6对（见图3—46）。

蔷薇三节叶蜂一年发生1～9代，以老熟幼虫在土中作茧越冬。翌年三月上中旬化蛹、羽化、交尾和产卵，成虫用产卵管将月季、蔷薇等寄主植物的新梢纵向切开一口，产卵于其中，使茎部纵裂，并变黑倒折。幼虫孵化后，就爬出来为害叶片。初龄幼虫有群集习性，先啃食叶肉，后吞食叶片。天敌有蜘蛛、捕食性椿象等。

图3—46　蔷薇三节叶蜂

2. 樟叶蜂

樟叶蜂分布于广东、广西、浙江、福建、湖南、四川、台湾、江西等地，以幼虫取食叶片为害，是樟树的主要害虫，尚未发现取食其他植物。

樟叶蜂成虫体长5～9毫米，翅展13～18毫米。头黑褐色，触角丝状，黑褐色。胸部背面黄褐色，有光泽。中胸腹面及腹部均黑色有光泽。翅膜质半透明，翅脉和翅痣褐色。老熟幼虫体长15～18毫米，浅绿至黄绿色，全体多皱纹。腹足7对，位于腹部第2～7节及第10节。蛹浅黄色，复眼黑色（见图3—47）。

图3—47 樟叶蜂

樟叶蜂每年1～7代，以3代为主。以老熟幼虫于土中茧内越冬。樟叶蜂各代均有一些虫滞育，故在同一地区一年内完成的世代也不同。卵单个散产于嫩叶组织内。幼虫取食嫩叶，对樟树幼苗造成严重为害。幼虫共4龄，初时取食叶背表皮及叶肉，留下上表皮，稍大后即可将叶啃成穿孔及缺刻，并可转移至另一叶。2～4龄幼虫取食全叶，将叶吃成穿孔、缺刻或仅留主脉。成虫多于上午羽化，飞翔力强，羽化后即可交尾产卵。

3. 桂花叶蜂

桂花叶蜂分布在福建、台湾、广西、上海、浙江等地。只为害桂花。

桂花叶蜂成虫全体黑色，有光泽，体长6～8毫米。触角丝状。胸部背面有瘤状突起。翅膜质透明。足黑色。幼虫初龄时黄绿色，老龄时黄色，半透明，体长18～20毫米，胸足3对，腹足7对，幼虫在土内泥茧中化蛹（见图3—48）。

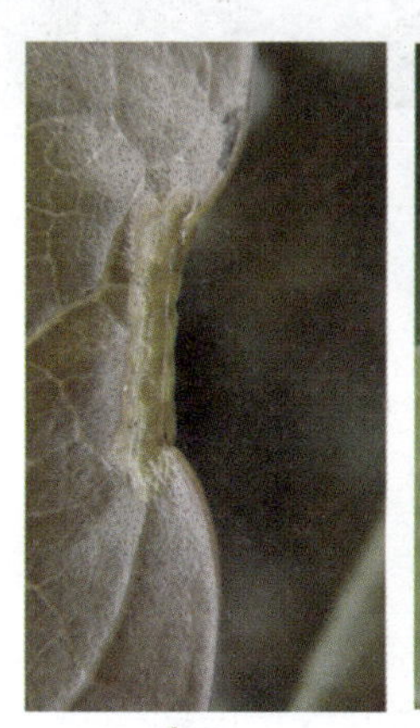

卵

幼虫

成虫

图3—48 桂花叶蜂

桂花叶蜂一年发生1代，以蛹在泥茧内越冬，翌年三月下旬羽化出土。成虫白天活动，夜间伏于叶背不动。四月上旬是成虫大量交尾产卵的时期，卵产于嫩叶边缘的表皮下，成单行排列。每只雌蜂产卵50粒左右，卵期7天左右。四月上中旬，幼虫大量孵化，幼虫孵化后，成群活动排成一横排为害桂花嫩叶。幼虫经过20多天的取食，逐渐长大，老熟后便陆续入土作泥茧潜伏化蛹，直至越冬。

4. 杜鹃叶蜂

该虫能为害多种杜鹃花。以幼虫蚕食叶片为害，虫口密度大时可把大部分叶片都吃完，影响植株生长、开花和观赏。

杜鹃叶蜂成虫体长7～10毫米，宽约3毫米。体蓝黑色，有光泽。触角黑色3节，上长有深褐色毛，复眼大，暗茶色。胸背呈钝棱形瘤状突起，上有浅倒箭头状纹，下方有一横波纹。翅淡褐色，上密布褐色短毛。足蓝黑色，胸腹面具细密白短毛。幼虫长17～19毫米，宽3～4毫米，体色嫩绿，体上有瘤突，并长有毛（见图3—49）。

图3—49 杜鹃叶蜂

杜鹃叶蜂一年发生3代，以老熟幼虫在浅土层或落叶中结茧越冬。第二年四月间化蛹，四月中旬出现成虫，四月下旬达羽化、交尾、产卵盛期，五月、八月和九月、十月为各代幼虫为害期，十月下旬后陆续老熟结茧化蛹。成虫羽化后即交尾、产卵，卵散产于叶背表皮下。

5. 叶蜂类的防治措施

（1）冬春季结合土壤翻耕消灭越冬茧。

（2）寻找产卵枝梢、叶片，人工摘除卵梢、卵叶或孵化后尚群集的幼虫。

（3）幼虫为害期喷洒Bt.制剂500倍液、2.5%的溴氰菊酯乳油3 000倍液、20%的杀灭菊酯2 000倍液、25%的灭幼脲III号悬浮剂3 000倍液。

实训十二 食叶害虫的防治

一、实训目的及要求

学会对园林植物上常见食叶害虫防治措施的制定与防治的实施。

二、实训材料与用具

1. 当地常见的杀虫剂（种类不限，应包含各种作用方式和毒性的杀虫剂，如：苦参碱、阿维菌素溴氰菊酯、乙酰甲胺磷灭幼脲、氟啶脲、吡虫啉、辛硫磷、除虫菊素、丁硫克百威、抗蚜威、毒死蜱、敌百虫、敌敌畏、唑螨酯、三唑锡、炔螨特等）。

2. 手动喷雾装置（PB-16型手动喷雾器或类似的装置）。

三、实训内容及方法

1. 制定防治措施

（1）对校园周围绿地中的食叶害虫及天敌情况做一简单调查。

（2）根据调查情况制定防治措施方案，并做简单说明。

2. 制定化学防治方案

根据食叶害虫发生情况及所提供的药剂制定一个合理的方案，并对方案做简单解释。

3. 方案实施

根据方案对实验绿地进行小范围实施（包括药剂的取量、稀释、喷雾、喷雾器的清洗与收藏）。

四、作业

1. 针对食叶害虫发生情况及所提供的药剂制定防治措施方案。

2. 根据提供的药剂制定一个合理的方案，并对方案做简单解释。

3. 48小时后做结果调查。

实验报告

食叶害虫的防治
一、实训目的及要求 学会对园林植物上常见食叶昆虫防治措施的制定与防治的实施。
二、实训材料与用具 1．当地常见的杀虫剂：苦参碱、阿维菌素溴氰菊酯、乙酰甲胺磷灭幼脲、氟啶脲、吡虫啉、辛硫磷、除虫菊素、丁硫克百威、抗蚜威、毒死蜱、敌百虫、敌敌畏、唑螨酯、三唑锡、炔螨特等。 2．手动喷雾装置。
三、实训内容 1．制定防治措施。 2．制定化学防治方案。 3．方案实施。
四、作业 1．针对食叶害虫发生情况及所提供的药剂制定防治措施方案。 2．根据提供的药剂制定一个合理的方案，并对方案做简单解释。 3．48小时后做结果调查。

第三节　蛀干害虫的防治

园林植物蛀干害虫主要包括鞘翅目的天牛、小蠹虫、吉丁虫和象甲，鳞翅目的木蠹蛾、透翅蛾和螟蛾，膜翅目的树蜂和茎蜂等。多数蛀干害虫为“次期性害虫”，为害长势衰弱或濒临死亡的树木，以幼虫钻蛀树干为害。被称为“心腹之患”。蛀干害虫的特点有：

（1）生活隐蔽。除成虫期营裸露生活外，其他各虫态均在韧皮部、木质部营隐蔽生活。害虫为害初期不易被发现，一旦出现明显被害征兆，则已失去防治有利时机。

（2）虫口稳定。蛀干害虫大多数生活在植物组织内部，受环境条件影响小，天敌少，虫口密度相对稳定。

（3）为害严重。蛀干害虫蛀食韧皮部、木质部等，影响疏导系统传递养分、水分，导致树势衰弱或死亡，一旦受侵害后，植株很难恢复生机。

蛀干害虫的发生与园林植物的抚育管理有着密切的关系。适地适树，加强抚育管理，合理修剪，适时灌水与施肥，促使植物健康生长，是预防次期性害虫大发生的根本途径。

一、天牛类

天牛属鞘翅目天牛科。体长圆筒形。触角长，常超过体长，至少超过体长的一半，着生于额的突起上。复眼环绕触角基部，呈肾形。幼虫体肥胖，胸足很小，也有无足类群。主要以幼虫钻蛀树干、树根或树枝进行为害。

主要种类有星天牛、光肩星天牛、菊小筒天牛、锈色粒肩天牛、合欢双条天牛和松褐天牛等。

天牛为害的特点有：

（1）食性多样性。

（2）成虫补充营养期间，啃食嫩枝树皮和叶片，造成轻微为害。

（3）以幼虫为害为主，蛀食枝干，在树皮下为害，影响养分水分输导，削弱树势，使其生长不良，导致死亡。

1. 星天牛

星天牛广泛分布于辽宁、吉林、河北、陕西、山西、山东、河南、安徽、江苏、浙江、上海、湖北、广西、甘肃等地，北方多于南方。为害杨、柳、榆、槭、刺槐、苦楝、桑等，是目前我国杨柳等树林最主要的害虫之一，能造成毁灭性为害。

星天牛成虫体黑色，有光泽，体长20～35毫米，宽7～12毫米，雌大雄小。头部比前胸略小，头部自后至前有一条纵沟，以头顶部最为明显。触角鞭状，基部膨大，第3节最长，之后各节渐短。自第3节开始各节基部呈灰蓝色。雌成虫触角约为体长的1.3倍，末端灰白色。雄成虫触角约为体长的2.5倍，末端黑色。前胸两侧各有一刺状突起，鞘翅肩部有瘤状突起，翅面有白色毛斑（见图3—50）。

图3—50 星天牛

星天牛卵乳白色，长椭圆形，长5.5～7毫米，两端略弯曲，将孵化时变成黄色。星天牛幼虫长筒形，初孵为乳白色，取食后呈淡红色，头部呈褐色。老熟幼虫体长约50毫米，带黄色，前胸背板黄白，后半部有“凸”字形黄褐色硬化斑纹。中胸至腹部第7节背腹面各有步泡突1个。

星天牛蛹全体乳白色至黄白色。体长30～37毫米，宽约11毫米，触角前端卷曲呈环形，置于前、中足及翅上。

江苏、浙江、上海等地一年发生1代，河北、天津等地一年1代或两年1代，以不同龄期的幼虫在树干蛀道内越冬。翌年三月中下旬幼虫开始活动并取食为害，于四月下旬开始化蛹，五月下旬开始羽化成虫，六月中旬至七月中旬为羽化盛期，成虫飞翔能力弱，且不敏感，易捕捉。趋光性弱。啃食叶片或嫩皮补充营养，七月中旬至八月中旬为产卵盛期，成虫把树干咬成椭圆形刻槽，把产卵管插入韧皮部与木质部之间产卵，每槽一粒。卵于七月上旬开始孵化，孵化的幼虫首先为害皮层和形成层并逐渐蛀入木质部进行为害。

星天牛最喜寄生在杨、柳和糖槭树上。星天牛的天敌有花绒坚甲和斑啄木鸟，天敌对其发生有较好的抑制作用。

2. 双条合欢天牛

双条合欢天牛又名青条天牛，分布于东北、河北、山东、浙江、江苏、四川、广东、广西和台湾等地，为害合欢、榅树、木棉、圆柏、孔雀豆、台湾相思、桃树和羊蹄甲等植物。以幼虫钻蛀寄主植物枝条及枝干为害，导致树势衰弱，重者枝干枯死。

双条合欢天牛成虫体长11～33毫米。体呈红棕色至黄棕色，前胸背板周围和中央以及鞘翅中央和外缘具有金属蓝或绿色条纹。雄虫前胸宽大，触角粗长。雌虫前胸较小，触角细短。双条合欢天牛幼虫体长约52毫米，乳白色带灰黄，体圆筒形，前7个腹节背方及侧方各具成对疣突（见图3—51）。

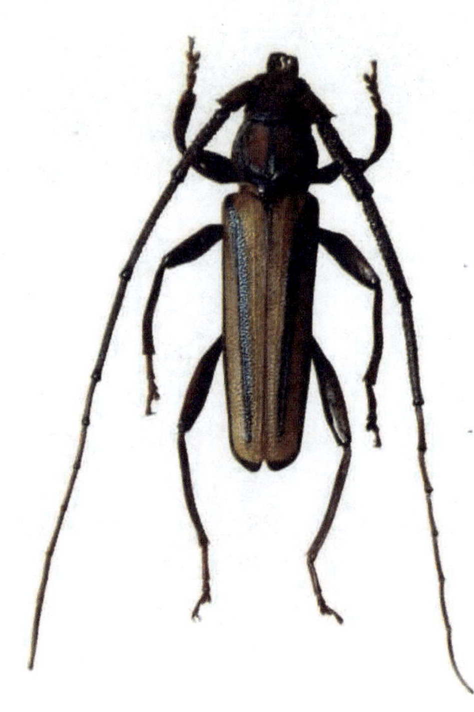

图3—51　双条合欢天牛

双条合欢天牛在杭州一年发生2～3代。成虫多在夜间活动，有趋光性，产卵于寄主树皮裂缝间。孵化后的幼虫蛀入树干成隧道，通道穿孔向上，也有向下及侧方者，于树皮下深约13.3厘米处筑蛹室化蛹，在蛹室上方的树皮下穿一圆形的羽化孔。

3. 桃红颈天牛

桃红颈天牛国内分布遍及各省，是桃树、梅花、樱花、苹果、杏等的主要害虫。

桃红颈天牛成虫体长28～37毫米，体黑有光泽，前胸背面棕红色，触角蓝紫色，基部两侧各有一叶状突起。老熟幼虫长42～52毫米，体白色，前胸较宽广（见图3—52）。

图3—52　桃红颈天牛

华北地区2～3年发生1代，以幼虫在树干蛀道内越冬。翌年春天越冬幼虫恢复活动。五月至六月老熟幼虫在木质部作茧化蛹，六七月成虫羽化。卵多产在主干，卵期8天左右。幼虫孵化后，蛀入韧皮部，停育过冬，翌春继续向下蛀食皮层，至七八月蛀入木质部蛀食。到第三年五月至六月老熟化蛹，蛹期10天左右羽化为成虫。

4. 松褐天牛

松褐天牛又名松墨天牛、松天牛。分布于江苏、浙江、河北、河南、山东、陕西、湖南、江西、广东、广西、福建、四川、贵州、云南、西藏和台湾等地。主要为害马尾松，也为害黑松、雪松、落叶松、油松、华山松、云南松、思茅松、冷杉、云杉、桧、栎、鸡眼藤和苹果等生长衰弱的树木或新伐倒木。此虫还是松材线虫的重要传播媒介。

松褐天牛成虫体长15～28毫米，橙黄色至赤褐色。触角栗色。雄虫触角超过体长1倍多，雌虫触角约超出1/3。前胸宽大于长，多皱纹，侧刺突较大。前胸背板有2条相当阔的橙黄色纵纹，与3条黑色纵纹相间。每鞘翅具5条纵纹，由方形或长方形的黑色及灰白色绒毛斑点相间组成。腹面及足杂灰白色绒毛。卵乳白色，略呈镰刀形。幼虫乳白色，扁圆筒形，老熟幼虫可达43毫米。头部黑褐色，前胸背板褐色，中央有波状横纹（见图3—53）。

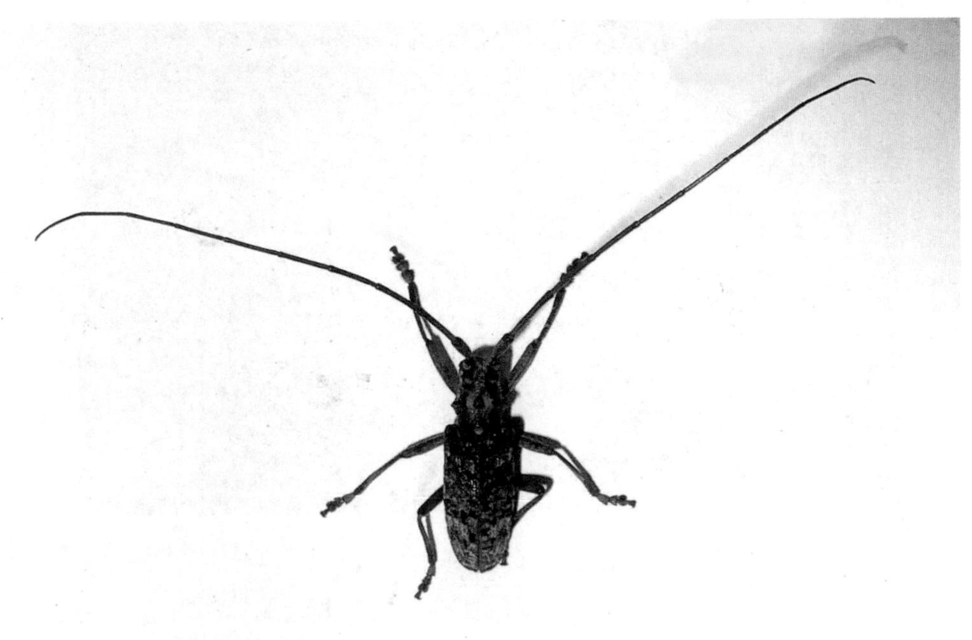

图3—53 松褐天牛

松褐天牛在广州一年发生2代，以老熟幼虫在蛀道中越冬。次年三月下旬，越冬幼虫开始在虫道末端蛹室中化蛹。四月中旬成虫开始羽化，多在傍晚和夜间进行。成虫羽化活动分三个阶段，即移动分散期、补充营养期和产卵期。成虫喜欢在生长衰弱的松树上产卵，尤其是感染线虫的松树上，以树皮厚度1～2毫米最适宜，产卵刻槽呈眼状。成虫是传播线虫的媒介，从木质部中羽化出木时，1只成虫最多可携带线虫约289 000条。

5. 菊小筒天牛

菊小筒天牛又名菊天牛、菊虎。分布广泛，尤以华北、江苏、上海一带为重，主要为害菊花。成虫产卵前将菊花茎梢咬成一圈小孔，使植株失水垂萎。被害菊花不能开花甚至全株枯死。也为害野菊、除虫菊。

菊小筒天牛成虫体长6～11毫米，圆筒形，黑色。前胸背板中央有1个红色卵圆形斑，腹部及足橘红色，鞘翅上被有稀疏的灰色绒毛。老熟幼虫体长9～10毫米，前胸背板前半部有1个淡褐色斑，背板后1/3处有颗粒状的“蝙蝠形”斑（见图3—54）。

图3—54　菊小筒天牛

菊小筒天牛江苏一年2～3代，以蛹或成虫在根内越冬，翌年五月至七月间羽化为成虫。成虫产卵前环绕茎梢咬破皮层大半圈，似刀切，然后产卵于茎内。幼虫孵化后即沿茎干向下蛀食，至九月后以蛹在根部越冬。

6. 天牛类的防治措施

（1）农业防治

1）适地适树，采取以预防为主的综合治理措施。对天牛发生严重的绿化地，应针对天牛取食树种种类，选择抗性树种，避免其严重为害。

2）加强管理，增强树势。除古树名木外，伐除受害严重的虫源树。合理修剪，及时清除园内枯立木、风折木等。

3）种植诱集植物。杨树林带种植糖槭、榆叶槭等吸引光肩星天牛产卵，并及时对诱集植物防治。桑天牛取食桑皮补充营养，可种植桑树招其取食，并及时防治。

（2）人工物理防治

1）捕杀成虫。

2）树干涂白或者绑草绳。距离地面2米以下的树干涂白，可防止星天牛和桃红颈天牛产卵。在桃红颈天牛成虫产卵期（卵产在树皮裂缝中），树干绑草绳诱集产卵，幼虫孵化前处理草绳。

3）防治卵和初孵幼虫。夏至前后，检查天牛产卵部位和初孵幼虫为害症状，发现后用利刀、快凿、锤子消除虫卵。

4）钩杀幼虫。星天牛和桃红颈天牛为害后从蛀孔排出虫粪，检查树体，凡有虫屑、虫粪处，可用钢丝钩杀幼虫。

5）诱杀成虫。糖醋液杀死桃红颈天牛成虫。

（3）化学防治

1）涂白。

2）喷干。

3）注药毒杀幼虫。用注射器向蛀道打药。或者用毒扦插入蛀道封闭杀虫，也可用氨水。

4）投药。磷化铝片。

5）喷药防治。在成虫羽化盛期向树冠喷药杀死星天牛，在成虫产卵期和幼虫孵化期在枝干上喷涂杀死桃红颈天牛和褐天牛的幼虫。

（4）生物防治。人工筑巢，吸引鸟类取食，驯养啄木鸟。使用Bt.制剂、白僵菌等。

二、吉丁虫类

吉丁虫属鞘翅目吉丁虫科。成虫体形似叩头虫。但前、中胸结合很紧不能活动，不能弹跳，有金属光泽。幼虫体扁，头小，几乎全部缩入胸部。前胸膨大，多呈鼓槌状，背、腹面均骨化无足，蛀食枝干树皮。

1. 吉丁虫的为害特点

吉丁虫也是一类重要的蛀干害虫，其为害的特点是：

（1）作为森林害虫多发生于北方地区。

（2）成虫喜光、温，因此树木稀疏处、林缘发生重，郁闭度大处发生轻。

（3）幼虫在皮层、韧皮部和边材蛀食，形成不同形式的蛀道，扁平、整齐，内部充满虫粪。有的能够深入木质部为害。受害树木枯枝、折枝、生长衰弱甚至全株枯死。

（4）成虫取食叶片边缘，但食量不大。成虫具有假死性。

为害园林树木的吉丁虫种类很多，有金缘吉丁虫、十斑吉丁虫、合欢吉丁虫等，在天津地区较常见的还有白蜡窄吉丁虫。

金缘吉丁虫又称串皮虫、板头虫、梨吉丁等。主要为害梨、苹果、桃、杏、山楂、枣等果树，其中梨树受害重，全国各梨产区均有发生。以幼虫在形成层和木质部之间纵横蛀食、破坏输导组织，造成树势衰弱，树干逐渐枯死，以致全树死亡。一般管理粗放、树势衰弱、伤口多的树受害重，树势健壮受害轻。

成虫体长13～17毫米，宽约5毫米，全体绿色有黄色光泽，密布刻点，体扁平。前胸至翅鞘前缘有1条金黄色纵条纹并有金红色银边，头中央有1条黑蓝色纵纹（见图3—55）。

图3—55　金缘吉丁虫

金缘吉丁虫卵椭圆形，长约2毫米，黄褐色。幼虫体长30～36毫米，扁平，淡黄白色，前胸扁平宽大。蛹体长15～20毫米，褐色。

金缘吉丁虫1～2年发生1代，天津地区一年1代，以不同龄期的幼虫在受害枝干蛀道内越冬。低龄幼虫于寄主萌芽期开始活动为害，老熟时于木质部内蛀一船底形蛹室，并从头端向外将木质部咬一羽化孔，蛹室后端以粪屑封闭，于内化蛹。四月中下旬开始化蛹，蛹期30天，五月至六月陆续羽化为成虫，直至八月。成虫出孔后食害树叶，有假死性，高温活跃，白天活动。五月中下旬为产卵盛期，喜在衰弱树上产卵。卵多产在皮缝和伤口处，散产。六月上旬为孵化盛期，3龄后蛀入皮层、形成层处为害。 初孵幼虫先在皮层蛀食，几天后被害处周围色变深，逐渐蛀入皮下为害形成层，长期于木质部与韧皮部之间蛀食，既取食木质部的表层又取食韧皮部的内层，两者被食的深度近等。蛀道初期多呈片状，稍大便蛀成长形弯曲的隧道，有的行螺旋形蛀食。蛀道边缘整齐，蛀道内充满很细而硬的粪屑。粪屑初为黄白色，后变咖啡色。被害细枝常有汁液渗出，被害处外表常变褐至黑褐色，后期被害处常纵裂，甚至树皮与木质部分离。幼虫为害部位较广，从地下部根茎至具粗皮的枝均可为害，蛀食方向不规则。蛀道常呈环状，环蛀枝干一周后，枝干即枯死。八月幼虫蛀入木质部，秋后在蛀道内越冬。

2. 吉丁虫类的防治措施

（1）农业防治

1）栽培管理，注意水肥，增强树势。

2）清除死树死枝是全年防治的关键。

（2）生物防治

1）寄生蜂、寄生蝇寄生杀死率可达30%；

2）啄木鸟可食30%。

（3）化学防治

1）在幼虫为害时期，树干涂药。

2）喷药防治成虫。成虫抗药性很弱，在成虫羽化出穴初期和盛期，结合防治其他害虫，喷药毒杀。

（4）人工物理防治。喷药困难的地方，可利用成虫假死性，振落成虫集中消灭。

三、木蠹蛾类

木蠹蛾类属鳞翅目的木蠹蛾总科。中至大型，体粗壮。翅一般为灰色，具黑斑纹，触角羽毛状，或雄虫触角基部为羽毛状。幼虫可与透翅蛾的幼虫区分，体粗大，常为红褐色或黄白色。木蠹蛾都以幼虫蛀害树干和枝梢。

园林植物中常见的种类有芳香木蠹蛾东方亚种、黄胸木蠹蛾、咖啡木蠹蛾和榆木蠹蛾等。

1. 木蠹蛾类的为害特点

幼虫蛀入枝干和根际的木质部，蛀成不规则坑道，使树势减弱，严重时能造成枝干遇风折断，甚至整株死亡。

咖啡木蠹蛾，又名咖啡豹蠹蛾，分布于河南、浙江、江苏、湖南、四川、江西、福建、广东和台湾等地，为害水杉、乌桕、刺槐、咖啡、番石榴、核桃、薄壳山核桃、枫杨、悬铃木、黄檀、柑橘、苹果、梨、荔枝和龙眼等。幼虫蛀食枝条，造成枝条枯死。

咖啡木蠹蛾成虫体长18～20毫米，体灰白色，具青蓝色斑点。雌虫触角丝状，雄虫触角基半部羽毛状，端半部丝状。胸部具白色绒毛，中胸背板两侧有3对由青蓝色鳞片组成的圆斑。翅灰白色，翅脉间密布大小不等的青蓝色短斜斑点，外线有8个近圆形的青蓝色斑。腹部被白色短毛，第3～7节背面及侧面有5个青蓝色斑，第8腹节背面近全为青蓝色鳞片覆盖。老熟幼虫体长30毫米左右，暗紫红色。头橘红色，前胸背板黑色，后缘有锯齿状小刺1列（见图3—56）。

图3—56　咖啡木蠹蛾

江西一年发生2代，河南一年发生1代。以幼虫在被害枝条的蛀道中越冬。翌年三月中旬开始取食，四月中下旬至六月中下旬化蛹，五月中旬成虫羽化，七月上旬结茧。五月底、六月上旬林间可见初孵化幼虫。老熟幼虫在化蛹前，除吐丝缀合木屑将虫道堵塞外，还蛀成一斜向的羽化孔道，在筑成蛹室之后蜕皮化蛹。羽化前，蛹体常向羽化孔口蠕动，顶破蛹室丝网及羽化孔盖后，露一半于羽化孔外。成虫白天静伏不动，黄昏后开始活动。初孵幼虫群集2～3天后扩散为害，被害枝条很快枯死。

2. 木蠹蛾类的防治措施

（1）伐除虫源树并及时烧毁，结合秋季整形修剪，锯掉有虫枝并烧毁。

（2）利用成虫的趋光性，用灯光诱杀。

（3）树干涂白，用树干涂白涂剂防止成虫产卵为害。

（4）喷雾防治。对尚未蛀入树干内的初孵幼虫，可用50%的对硫磷乳油1 000～1 500倍液、40%的乐果乳油1 500倍液、50%的久效磷乳油1 000～1 500倍液、2.5%的溴氰菊酯或20%的杀灭菊酯3 000～5 000倍液、40%的氧化乐果乳油1 500倍液喷雾毒杀，效果均好。

（5）磷化铝熏杀。将磷化铝片剂（每片3.3克）1/20片或1/30片（即每虫孔0.11克或0.165克），填入树干或根部木蠹蛾虫孔内，外敷黏泥，熏杀根、干内幼虫（同时可杀天牛幼虫），杀虫率均能达到90%以上。

（6）对于做绿化的树木，在早春季节可以使用呋喃丹根部埋施，持效期达半年。

（7）注意保护和利用啄木鸟等天敌。

四、象甲类

象甲类属鞘翅目象甲科，又称象鼻虫。象甲科为昆虫种类最多的一科，成虫头延伸成“象鼻”状或“喙”状。触角膝状弯曲。咀嚼式口器，生在头喙的顶端。幼虫肥胖弯曲，两端尖细，无足。成虫、幼虫均为害植物。

1. 象甲类的为害特点

象甲类成虫畏光，具假死性，白天群栖在叶鞘内侧或腐烂的叶鞘组织孔隙中每格1～2粒。幼虫孵化后先在外层叶鞘取食，渐向植株上部中心钻蛀，造成纵横不定的隧道。老熟后在外层叶鞘内咬碎纤维，并吐胶质将其缀成一个结实的茧，然后居于茧内化蛹。

红棕象甲，又名锈色棕象，属鞘翅目象甲科，是一种外来高危性检疫害虫。在东南亚地区严重为害棕榈科植物，如椰子、油棕、枣椰、糖棕、甘蔗、龙舌兰等。

红棕象甲成虫体色红褐，体壁坚硬，体长30～34毫米。头部延长成管状，咀嚼式口器，口器着生于头管先端。触角膝状，端部数节膨大，着生于头管前部侧端。卵长圆形，头端暗红色。幼虫体肥胖弯曲，无足。老熟幼虫体长50～60毫米，蛹为离蛹（见图3—57）。

图3—57　红棕象甲

每年四月至十月为红棕象甲虫害盛期。幼虫期14～28天，幼虫孵出后即从伤口或生长点侵入，幼虫钻进树干内部，取食柔软组织。受害茎干顶端渐次变细、叶色变黄、树冠缩小、长势衰弱，受害严重时可导致植株死亡。成虫具有迁飞性、群居性、假死性，常在晨间或傍晚出来活动。

2. 象甲类的防治措施

（1）加强植物检疫。在棕榈科植物调运前，仔细清查茎干是否被红棕象甲蛀食，防止引入有虫植株。

（2）人工防治。对于晨间或傍晚出来活动的成虫，可利用其假死性，敲击茎干将其振落捕杀。针对成虫喜欢在植株孔穴或伤口产卵的习性，可用沥青涂封或用泥浆涂抹，防止成虫产卵。

（3）清除被害植株。发现严重被害的植株，应立即挖除，避免成虫羽化后外出扩散繁殖。

（4）虫害盛期药物防治，定期喷药，杀死虫卵。对于在茎干中为害的成虫，先用长铁钩将堵在受害植株虫孔的粪便或树屑钩出，用乐果或氯氰菊酯500倍液进行整株淋灌，让药液浸透到茎干内杀死害虫（灌药时如有成虫或幼虫从虫孔爬出，立即捕捉集中烧毁），每7天进行1次。然后在其叶鞘和心芽处放置5～8个用乐果200倍液浸泡的海绵药袋，每15天重新浸泡后再放。也可在棕榈科植物的生长点放置15克呋喃丹小包，防止害虫从生长点入侵。

（5）根部埋药。平时可结合根部施肥埋入呋喃丹，使植株吸收足量的呋喃丹以达到预防作用。

第四节　地下害虫的防治

地下害虫又称根部害虫，在苗圃和一年生、两年生的园林植物中较为常见，常常为害幼苗、幼树根部或近地面部分，种类很多。园林植物中常见的有鳞翅目的地老虎，鞘翅目的蛴螬（金龟子幼虫），直翅目的蟋蟀、蝼蛄，等翅目的白蚁等。

地下害虫的为害特点：

（1）分布广、食性杂、为害重。常造成缺苗断垄，地上部分叶片枯黄，甚至植株死亡。

（2）发生时间长，为害较隐蔽。

（3）防治困难。

一、金龟甲类

金龟甲类幼虫统称蛴螬。蛴螬体型均较肥粗，圆筒形而弯成“C”形，虫体柔软，白色或淡黄色，头橙黄或黄褐色，具3对胸足，密生棕褐色细毛。蛴螬又名白地蚕，种类很多（见图3—58）。园林植物中常见的种类有铜绿金龟子、朝鲜金龟子、苹毛金龟子、小青花金龟子和豆蓝金龟子等。

图3—58　蛴螬

1. 金龟甲类的为害特点

金龟甲类害虫分布广、食性杂、为害重。为害花卉幼苗的根茎部（受害部位伤口比较整齐），包括苗根、须根、幼嫩支根、新老球根以及茎基部的根茎等，造成缺苗、断垄，影响苗木生长发育，降低苗木质量。

2. 金龟甲类的防治措施

（1）成虫防治

1）金龟子成虫一般都有假死性，可利用人工振落捕杀大量成虫。

2）夜出性金龟子成虫大多有趋光性，可设置黑光灯进行诱杀。

3）成虫发生期可喷洒40.7%的毒死蜱（乐斯本）乳油1 000～2 000倍液。

（2）蛴螬防治

1）加强苗圃管理，圃地勿用未腐熟的有机肥，或将杀虫剂与堆肥混合施用。冬季翻耕，将越冬虫体翻至土表冻死。

2）可用5%的辛硫磷颗粒剂30%～37.5%千克/公顷处理土壤。

3）苗木出土后，发现蛴螬为害根部，可用50%的辛硫磷乳油1 000～1 500倍液灌注苗木根际。灌注效果与药量多少关系很大，如药液被表土吸收而达不到蛴螬活动处，效果就差。

4）灌水淹杀蛴螬。

二、蝼蛄类

蝼蛄类属直翅目蝼蛄科，俗称土狗、地狗、拉拉蛄等。触角较体短，前足为典型的开掘足。前翅短，后翅宽并纵卷。听器在前足胫节上。产卵器不外露。常见的有东方蝼蛄、华北蝼蛄两种（见图3—59）。

图3—59　蝼蛄

1. 蝼蛄类的为害特点

东方蝼蛄分布几乎遍及全国，但以南方为多。华北蝼蛄分布于北方。蝼蛄食性很杂，主要以成虫、若虫为害植物幼苗的根部和靠近地面的幼茎。同时，成虫、若虫常在表土层活动，钻蛀坑道，造成播种苗根土分离，干枯死亡。清晨在苗圃床面上可见大量不规则隧道，虚土隆起。近几年来，为害草坪也较为严重。

2. 蝼蛄类的防治措施

（1）施用厩肥、堆肥等有机肥时要充分腐熟，可减少蝼蛄产卵。

（2）灯光诱杀成虫。特别在闷热天气、雨前的夜晚更有效。可在晚上7：00—10：00点灯诱杀。

（3）鲜马粪或鲜草诱杀。在苗床的步道上每隔20米挖一小土坑，将马粪或鲜草放入坑内，次日清晨捕杀或施药毒杀。

（4）毒饵诱杀。用50%的辛硫磷乳油0.5千克拌入50千克煮至半熟或炒香的饵料（麦麸、米糠等）中作毒饵，傍晚均匀撒于苗床上，但要注意防止畜、禽误食。

（5）灌药毒杀。在受害植株根际或苗床浇灌50%的辛硫磷乳油1 000倍液。

三、地老虎类

地老虎类属鳞翅目夜蛾科。夜蛾科成虫中至大型，体翅多暗色，常具斑纹。喙发达。幼虫体粗壮，光滑少毛，颜色较深。

1. 地老虎类的为害特点

地老虎，又名切根虫，切断幼苗根部及地上部幼茎、木质部茎干皮层，而使整株死亡等。种类很多，主要的有小地老虎、大地老虎、黄地老虎三种，其中以小地老虎分布最广，为害最重（见图3—60）。

2. 地老虎类的防治措施

（1）及时清除苗床及圃地杂草，减少虫源。

（2）诱杀成虫。

图3—60　地老虎

1）在春季成虫羽化盛期，用糖醋液诱杀成虫。糖醋液配制比为糖6份、醋3份、白酒1份、水10份加适量敌敌畏，盛于盆中，于近黄昏时放于苗圃地中。

2）用黑光灯诱杀成虫。

3）在播种前或幼苗出土前，用幼嫩多汁的新鲜杂草70份与25%的甲萘威（西维因）可湿性粉剂1份配制成毒饵，于傍晚撒于地面，诱杀3龄以上幼虫。

4）人工捕杀。清晨巡视苗圃，发现断苗时，刨土捕杀幼虫。

5）药杀幼虫。幼虫为害期喷洒40.7%的毒死蜱（乐斯本）乳油1 000～2 000倍液、75%的辛硫磷乳油1 000倍液，也可用50%的辛硫磷乳油1 000倍液喷浇苗间及根际附近的土壤。

四、金针虫类

金针虫是叩头甲类幼虫的统称，又名铁丝虫、黄夹子虫，属鞘翅目叩头甲科。金针虫身体细长，圆柱形，略扁，皮肤光滑坚韧，头和末节特别坚硬，颜色多数是黄色或黄褐色。种类多，常在苗圃中咬食苗木的嫩茎、嫩根或种子，幼苗受害后逐渐枯死。为害园林植物最常见的有沟金针虫和细胸金针虫两种（见图3—61）。

图3—61　金针虫

1. 金针虫类的为害特点

金针虫类生活在土壤中，取食植物的根、块茎和播种在地里的种子。金针虫在土壤中的活动比蛴螬灵活得多，一年中也随气温的变化，在土壤中作垂直迁移，所以为害主要在春秋两季。

2. 金针虫类的防治措施

（1）食物诱杀。利用金针虫喜食甘薯、土豆、萝卜等习性，在发生较多的地方，每隔一段挖一小坑，将上述食物切成细丝放入坑中，上面覆盖草屑，可以大量诱集，然后每日或隔日检查捕杀。

（2）翻耕土地。结合翻耕，捡出成虫或幼虫。

（3）化学防治。用50%的辛硫磷乳油1 000倍液喷浇苗间及根际附近的土壤。

（4）毒饵诱杀。用豆饼碎渣、麦麸等16份，拌90%的晶体敌百虫1份，制成毒饵，具体用量为15～25千克/公顷。

五、白蚁类

白蚁属等翅目昆虫，分土栖、木栖和土木栖三大类。主要分布于长江以南及西南各省。在南方，为害苗圃苗木的白蚁主要是黑翅土白蚁等。

1. 白蚁类的为害特点

以黑翅土白蚁为例说明其为害特点（见图3—62）。黑翅土白蚁广布于华南、华中和华东地区，营巢于土中，取食苗木的根、茎，并在树木上修筑泥被，啃食树皮，亦能从伤口侵入木质部为害。苗木被害后生长不良或整株枯死。

黑翅土白蚁为“社会性”多型态昆虫，每个蚁巢内有蚁王、蚁后、工蚁、兵蚁和生殖蚁等，其中生殖蚁由有翅型发育而成。

图3—62　白蚁

黑翅土白蚁栖于生有杂草的地下，有翅成虫于三月初出现于蚁巢内，四月至六月间

在靠近蚁巢附近的地面出现成群的分群孔。经过分飞和脱翅的成虫，雌雄配对钻入地下建新巢，成为新巢的蚁王和蚁后。

2. 白蚁类的防治措施

（1）加强栽培管理措施，促进苗木生长。

（2）苗木生长期受害，可用75%的辛硫磷乳油800～1 000倍液淋根保苗。

（3）挖巢灭蚁。根据泥被、蚁路、分群孔等特征寻找蚁巢。另外，可在六月至八月寻找鸡枞菌，凡是地面上有鸡枞菌的地方，地下常有蚁巢，可以据此判断蚁巢位置，挖巢灭蚁。

（4）在白蚁分飞期，用灯光诱杀。

（5）食饵诱杀。在白蚁发生时，于被害处附近挖1个深30厘米、长40厘米、宽20厘米的诱集坑，然后把桉树皮、甘蔗渣、松木片、芒基骨等捆成小束，埋入坑内作诱饵，上洒以稀薄的红糖水或米汤，上面再覆一层草。过一段时间检查，如发现有白蚁被诱来，可向坑内喷灭蚁灵，使蚁带药回巢，大量杀死白蚁。

（6）药剂防治。将80%的氟硅菊酯乳油稀释10 000倍液喷雾，或将5%的氟硅菊酯乳油稀释50～100倍液进行土壤或木材背面处理，可有效地驱除白蚁。

第五节　非昆虫害虫的防治

一、螨类

螨类属于蛛形纲蜱螨目。在园林植物上常见的有朱砂叶螨、山楂叶螨、二点叶螨、柑橘全爪叶螨、史氏始叶螨、柏小爪螨、卵形短须螨和侧多食跗线螨等。

1. 朱砂叶螨

朱砂叶螨又名棉红蜘蛛，分布广泛，是世界性的害螨，也是许多花卉的主要害螨，为害香石竹、菊花、凤仙花、茉莉、月季、桂花、一串红、鸡冠花、蜀葵、木槿、木芙蓉、桃、万寿菊、天竺葵、鸢尾和山梅花等花木。被害叶片初呈黄白色小斑点，后逐渐扩展到全叶，造成叶片卷曲，枯黄脱落。

朱砂叶螨成螨一般呈红色、锈红色。螨体两侧常有长条形纵行块状斑纹，斑纹从头胸部开始一直延伸到腹部后端，有时分隔成前后两块。若螨略呈椭圆形，体色较深，体侧透露出较明显的块状斑纹，足4对（见图3—63）。

朱砂叶螨的世代数因地而异，一年发生12～20代（天津地区10代左右）。主要以受精雌成螨在土块缝隙、树皮裂缝及枯叶等处越冬。越冬时一般几个或几百个群集在一起。次春温度回升时开始繁殖为害，在高温的七八月发生重，十月中下旬开始越冬。高温干燥利于其发生。降雨，特别是暴雨，可冲刷螨体，降低虫口数量。

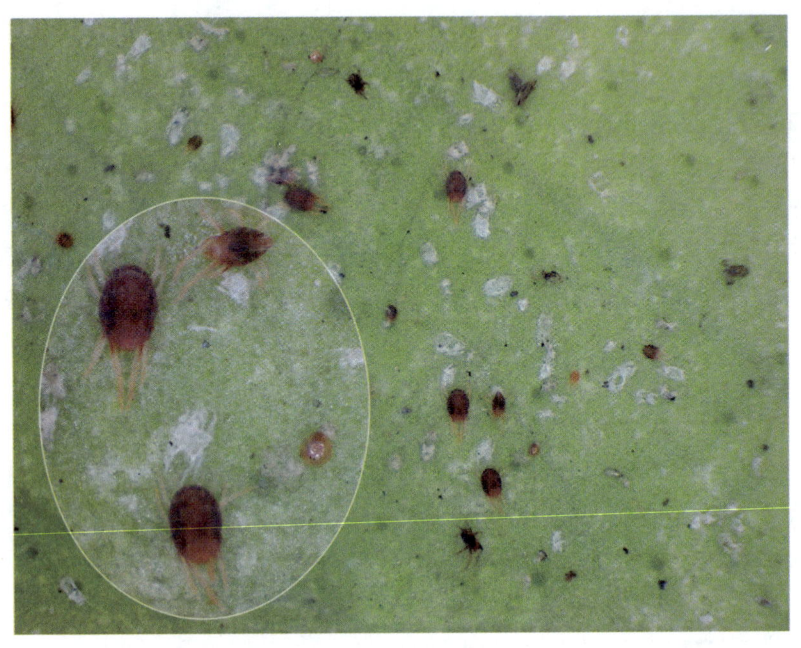

图3—63　朱砂叶螨

2. 山楂叶螨

山楂叶螨分布于辽宁、内蒙古、河北、北京、山西、陕西、宁夏、甘肃、河南、山东、江苏和江西等地，为害樱花、海棠、桃、榆叶梅和锦葵等花木。群集在叶片背面主脉两侧吐丝结网，并多在网下栖息、产卵和为害。受害叶片常先从叶背近叶柄的主脉两侧出现黄白色至灰白色小斑点，继而叶片变成苍灰色，严重时则出现大型枯斑，叶片迅速枯焦并早期脱落，极易成灾。

山楂叶螨雌成螨卵圆形，体长0.5毫米，有冬、夏型之分：冬型体色鲜红，有绢丝光泽，体背两侧无黑色斑块；夏型暗红色，体躯背面两侧第2对足后方各有1枚黑色不整形斑块。雄成螨长0.4毫米，浅黄绿色或橙黄色。若螨近圆球形，前期为淡绿色，后变为翠绿色，足4对（见图3—64）。

山楂叶螨的世代数因地区气候条件和其他因素的影响而有差异。辽宁一年5～6代，河北一年3～7代，天津地区一年8代左右，山西一年6～7代，山东一年7～9代，河南一年12～13代。以雌成螨在枝干树皮裂缝、粗皮下或干基土壤缝隙等处越冬。次年三月至四月，越冬雌成螨为害芽等幼嫩组织。五月中下旬是产卵盛期，五月底为第1代幼螨和若螨的出现盛期，六月至七月为害最重。

图3—64 山楂叶螨

3. 柏小爪螨

柏小爪螨分布于北京、辽宁、山东、山西、陕西、甘肃、青海、江苏、上海、浙江、江西、广东、广西、四川、台湾等地。主要为害侧柏、桧柏、龙柏、鹿角桧、日本花柏、马尾松、云杉、李、酸枣等。被害针叶黄白色，严重时树显黄色，鳞叶之间有丝网，也有全株枯死现象发生。

柏小爪螨成螨，雌螨体长约0.36毫米，体宽约0.26毫米，椭圆形，褐绿色，足及颚体橘黄色。雄螨体长约0.3毫米，体宽0.15～0.2毫米。幼螨体长约0.1毫米，近圆形，全体浅红色，足3对。若螨体长约0.13毫米，体近圆形，浅褐色，足4对（见图3—65）。

柏小爪螨以卵在树干皮层缝间或少部分在枝条和柏树针叶基部越冬。四月中旬越冬卵孵化，每一雌螨可产卵8粒，完成1世代18～24天，至十一月中旬产卵越冬。

图3—65　柏小爪螨

4. 酢浆草岩螨

酢浆草岩螨分布于江苏、浙江、上海、福建、台湾、江西、广东、广西、四川、重庆、天津、陕西等地区。为害红花酢浆草、六月雪、黄兰、白玉兰等花木。

酢浆草岩螨成螨，雌螨体椭圆形，长约0.63毫米，宽约0.53毫米，深红色，背毛26根。雄螨体菱形，长约0.40毫米，宽约0.22毫米，背面呈菱形，体橘黄色，体背两侧黑斑明显。卵圆球形，光滑。幼螨体背面呈圆形，体呈红色，背面隐约有黑斑，足3对，淡黄色。若螨背面呈椭圆形，体上均呈黑斑，足4对，橘黄色（见图3—66）。

图3—66　酢浆草岩螨

酢浆草岩螨属寡食性种类，一年可发生多代，在叶片正背面均可为害，不结网，温度适宜时，易猖獗为害。以幼螨、若螨、成螨口针刺破植物组织，然后吮吸汁液，使叶片呈现出许多黄白色小点，严重时，小点密集成黄色斑块，可造成全叶发黄枯萎。

5. 茶黄螨

茶黄螨在我国许多地区有发生，温室内发生严重。其寄主有非洲菊、仙客来、茉莉、山茶、月季、菊花、大丽花和秋海棠等花卉。

茶黄螨成螨有4对足，雌成螨长约0.2毫米，椭圆形，琥珀色，有光泽；雄成螨体较小，体末端较尖。幼螨身体椭圆形，有足3对，腹末尖，半透明，淡绿色。若螨长椭圆形，与成螨相似，淡黄色。卵椭圆形，透明，白色（见图3—67）。

图3—67　茶黄螨

茶黄螨在自然条件下，一年发生多代。以雌成螨在寄主的卷叶、芽心、芽鳞和叶柄的缝隙中越冬。在温室条件下，全年都可繁殖为害，造成损失。成螨耐高湿而不耐高温，湿度大时发生严重。成螨、幼螨和若螨均集中在寄主的幼芽、嫩叶、花和幼果等处，刺吸汁液，有明显的趋嫩性。植株受害后，叶片呈灰褐色或黄褐色，具油渍状光泽，叶片皱缩不平，叶缘向下卷曲，叶片变脆。受害的嫩茎和嫩枝变为黄褐色，扭曲畸形，严重者顶部干枯。受害的花蕾不能开放，严重者会脱落。

6. 桂花瘿螨

桂花瘿螨分布于江苏、上海、杭州等地，为害桂花树。

桂花瘿螨雌螨体蠕虫形、长圆锥形，乳白色，体前端略宽，后端渐细，似胡萝卜状，2对足，长145～160微米，宽60微米，厚40微米。卵黄绿色，圆形产于叶表（见图3—68）。

图3—68 桂花瘿螨

桂花瘿螨一年发生2代，以螨体在瘿瘤内越冬，翌年桂花新芽长出约4厘米，可见新叶上有瘿螨的卵，新芽尚未完全展开，在新叶上便有新的瘿瘤产生，瘿瘤突起在叶面。第2代发生在夏末秋初桂花发秋梢展叶时。

桂花瘿螨防治方法：

（1）加强检疫。此瘿螨发生地区不大，仅在苏州、杭州、上海一带发生，其他地区少见。

（2）药剂防治，发现有此螨为害，可选用15%的哒嗪酮乳油3 000～4 000倍液，或1%的灭虫灵乳油3 000～5 000倍液，连续喷2～3次。

7. 螨类的防治措施

（1）园艺技术防治。加强栽培管理，搞好圃地卫生，及时清除园地杂草和残枝虫叶，减少虫源。改善园地生态环境，增强植被，为天敌创造栖息生活繁殖场所。保持圃地和温室通风凉爽，避免干旱及温度过高。夏季园地要适时浇水喷雾，尽量避免干旱或高温使害螨生存繁殖。初发生为害期，可喷清水冲洗。

在越冬期，叶螨越冬的虫口基数直接关系到翌年的虫口密度，因而必须做好有关防治工作，以杜绝虫源。对木本植物，刮除粗皮、翘皮，结合修剪，剪除病、虫枝条。也可用树干束草，诱集越冬雌螨，来春收集烧毁。

（2）化学防治。棉红蜘蛛在较多叶片为害时，应及早喷药。防治早期为害，是控制后期猖獗的关键。如73%的炔螨特乳油3 000～4 000倍液、20%的哒螨酮乳油4 000倍

液、5%的噻螨酮乳油2 000倍液等，对棉红蜘蛛均有良好的防效。

（3）生物防治。叶螨天敌种类很多，注意保护瓢虫、草蛉、小花蝽和植绥螨等天敌。

二、其他有害生物

1. 蜗牛

蜗牛性喜潮湿，温室环境条件有利于它的生长和生活。蜗牛嗜食花卉和观叶植物的花、叶、芽以及嫩茎等。温室内受害的主要花卉及观叶植物有铁线蕨、瓜叶菊、仙客来、海棠、紫罗兰、扶桑、扶郎花以及其他菊科及芸香科植物等。使受害植株的叶片造成缺刻和孔洞，还在叶片上排泄黑色粪便，污染叶片。有时还因蜗牛的足腺分泌一种黏液物体，所以在它活动过的茎、叶、花等处会遗留有带状的银灰色痕迹，影响花卉和观叶植物的观赏价值（见图3—69）。

现以灰巴蜗牛为例介绍其生活习性。灰巴蜗牛一年1代，寿命可达1年以上，成贝和幼贝白天在花盆底或砖块下栖息，晚间从盆底和砖块下爬出，至花卉及观叶植物叶片等处为害。冬季气温过低，或夏季气温过高时蜗牛能分泌一种银白色黏液，封住壳口，遇环境适宜时又活动为害。成贝产卵于盆底、砖块下的松土内或土表。初孵化的幼贝群集为害，以后逐渐分散活动。

图3—69 蜗牛

2. 蛞蝓

蛞蝓俗名“鼻涕虫”，也有叫作蜒蚰虫的。蛞蝓性喜潮湿，适宜于温室环境，在温室内常为害仙客来、瓜叶菊、铁线蕨、洋兰、海棠以及其他观赏植物，观赏植物受害后，轻者造成叶片缺刻、孔洞，重者幼苗嫩顶被食，造成整盆秧苗残缺，影响观赏效果和育苗计划的完成。据报道，国内已有14种蛞蝓，分布在各省市。最常见的有双线嗜黏液蛞蝓、黄蛞蝓和野蛞蝓3种，下面以双线嗜黏液蛞蝓为例介绍（见图3—70）。

图3—70 蛞蝓

蛞蝓通常生活在潮湿、阴暗、多腐殖质的地方，温室是最适宜的环境。蛞蝓畏光，白天一般隐藏在花盆和砖块底下，晚间活动、寻食和繁殖。蛞蝓对于饥饿的忍耐性较强，据报道，当气温在9.9℃时，在湿泥上能耐饥饿130天以上。当土壤含水量在10%～15%时能引起蛞蝓大量死亡，而含水量在20%～30%时，适宜蛞蝓生长发育，在含水量超过40%时，不仅抑制生长，也会引起死亡。因此，蛞蝓喜含水量很大的黏性土壤环境，而温室内较高的空气湿度对于蛞蝓的生命活动是有利的。最适宜蛞蝓活动的温度是12～20℃，当温度升高到25℃时则栖息在盆底土内，如果温度上升到30℃以上时，大多数蛞蝓便会死亡。因此，夏天的高温限制了蛞蝓在温室内的活动。蛞蝓在适宜的温湿度环境条件下，寿命一般可达1～3年。

3. 鼠妇

鼠妇俗称“西瓜虫”。性喜潮湿，在江苏、浙江、安徽、山东、天津、北京、武汉等地温室内均有发生，为害温室内的海棠、紫罗兰、仙客来、铁线蕨、扶桑、茶花、含笑、苏铁等观赏植物，更喜欢为害多肉类植物。据调查，在温室内，铁线蕨的受害株率可达100%。在盆内齐土面咬断茎杆，在盆底内取食嫩根，影响生长和观赏价值。有些植物茎杆被啃食成大小孔洞，由此造成茎部溃烂，盆内培育的秧苗被咬断造成缺苗等（见图3—71）。

图3—71　鼠妇

鼠妇一年繁殖1次，寿命可达1年以上，雌体卵产在胸部腹面的育室内，每只产卵30粒左右。经大约2个月，卵在育室内孵化为幼鼠妇，从育室陆续爬出，离开母体，行独立生活。在人工饲养条件下，离开母体的幼鼠妇在1～2天内即开始第一次蜕皮，又经过6～7天后，第二次蜕皮。蜕皮一般在第4体节和第5体节的节间处，体表断裂，先蜕去包括头部在内的前半部，继而蜕去其余部分。鼠妇对蜕下的体皮有自行取食和相互取食的现象。鼠妇一生要经过多次蜕皮才能成长成熟。鼠妇体的某一部分，如触角、肢足受到断损，能通过蜕皮方式长出新的触角和肢足，再生能力较强。

鼠妇性喜湿，不耐干旱，在干沙条件下，饲养6天死亡率达100%。鼠妇有“假死性”，在外物的碰触下，将体卷曲缩成球形，静止不动呈假死状，在强烈阳光直射或者在外物碰触消失之后，会自行“复苏”，恢复活动。鼠妇的幼体和成体有白天潜伏、夜间活动为害的习性，温室的潮湿环境有利于鼠妇的活动和为害。多见于盆底下，在盆底排水洞内觅食根部。

4. 马陆

马陆属节肢动物门多足纲，分布于世界各国，国内各省市均有发生。一般在堆肥、枯枝落叶堆以及潮湿的砖块下面。马陆性喜潮湿，在温室内常可发现，是一种温室内常见有害动物。受害的温室植物有仙客来、瓜叶菊、洋兰、铁线蕨、海棠、吊钟海棠、文竹等（见图3—72）。

图3—72　马陆

马陆性喜阴湿，在温室内，一般生活在盆底下，也有在温室的盆架缝隙和砖块底下，白天隐居，晚间活动为害。马陆在受外物触碰时，会将体卷曲呈圆环形，呈“假死状态”，间隔一段时间后复原活动。马陆一般在盆底洞内为害盆花及观叶植物的幼根，也有爬上盆面为害幼嫩小苗和嫩茎、嫩叶。马陆的卵产于盆底的土表，产下的卵成堆，粘聚在一起，呈卵块状，卵外粘有一层透明黏性物质。每只产卵300粒左右，卵在适宜温度下经20天左右孵化为幼体，数月后成熟。马陆一年繁殖1次，而寿命可达1年以上。

防治措施：

（1）室外盆栽花卉移入温室时，加强盆底检查，发现害虫随时清理。

（2）清除温室内的多余砖块，清除可隐蔽的杂草等，保持室内清洁，减少害虫的隐蔽场所。

（3）在花卉及观叶植物的花盆底下，撒施一定数量的茶籽饼粉，或在盆周撒一些石灰粉。

（4）盆栽花卉受害严重时浇施1∶15的茶子饼浸出液，也可用2 000倍20%的杀灭菊酯或50%的辛硫磷1 000倍液喷治。

第六节　草坪害虫的防治

草坪害虫种类较多，根据其为害习性不同可分为食叶害虫、刺吸害虫、钻蛀害虫和地下害虫四大类，主要种类有鳞翅目夜蛾科的黏虫、斜纹夜蛾，螟蛾科的草地螟，蝗虫，软体动物，蚜虫，叶蝉，螨类，蝼蛄和蛴螬等，其中斜纹夜蛾、叶蝉、螨类、蝼蛄和蛴螬在前面的章节已经讲过，在此不再重复。

一、黏虫

黏虫是世界性分布的对禾本科植物为害极大的害虫，在我国分布也较广。该虫幼虫

为害性较大，是一种暴食性害虫，大量发生时常把叶片吃光，甚至将整片地吃成光秃一片。能为害黑麦草、早熟禾、剪股颖、结缕草和高羊茅等多种草坪草。

黏虫属鳞翅目夜蛾科。成虫体长15～17毫米，体灰褐色至暗褐色。前翅灰褐色或黄褐色，环形斑与肾形斑均为黄色，在肾形斑下方有1个小白点，其两侧各有1个小黑点。后翅基部淡褐色并向端部逐渐加深。老熟幼虫体长约38毫米，圆筒形，体色多变，黄褐色至黑褐色，头部淡黄褐色，有“八”字形黑褐色纹，胸腹部背面有5条白、灰、红、褐色的纵纹（见图3—73）。

图3—73　黏虫

黏虫一年发生多代，从东北的2～3代至华南的7～8代，并有随季风进行长距离南北迁飞的习性。成虫有较强的趋化性。幼虫共6龄，1～2龄幼虫白天潜藏在植物心叶及叶鞘中，高龄幼虫白天潜伏于表土层或植物茎基处，夜间出来取食植物叶片。有“假死性”，虫口密度大时可群集迁移为害。黏虫喜欢较凉爽、潮湿的环境，高温干旱对其不利。1～2龄幼虫只啃食叶肉，呈现半透明的小斑点，3～4龄时，把叶片咬成缺刻，5～6龄的暴食期可把叶片吃光，虫口密度大时能把整块草地吃光。

防治措施：

（1）清除草坪周围杂草或于清晨在草丛中捕杀幼虫。

（2）利用灯光诱杀成虫，或利用成虫的趋化性用糖醋液诱杀，按糖、酒、醋、水为2∶1∶2∶2的比例混合，加少量辛硫磷。

（3）初孵幼虫期及时喷药，喷洒40.7%的毒死蜱乳油1 000～2 000倍液、50%的辛硫磷乳油1 000倍液，或用每克含100亿活孢子的杀螟杆菌菌粉或青虫菌菌粉2 000～3 000倍液喷雾，或用每亩0.26%的苦参碱水剂150～250毫升兑水喷雾。使用除虫脲于1代3～4龄期，2代幼虫盛孵期，3代2～3龄期，每亩用20%的悬浮剂5～10克兑水喷雾。

二、草地螟

草地螟在我国北方普遍发生，食性广，可为害多种草坪禾草。初孵幼虫取食幼叶的叶肉，残留表皮，并常在植株上结网躲藏，在草坪上称为“草皮网虫”，3龄后食量大增，可将叶片吃成缺刻、孔洞，使草坪失去应有的色泽、质地、密度和均匀性，甚至造成光秃，降低了观赏和使用价值。

草地螟的成虫体较细长，9～12毫米，全体灰褐色。前翅灰褐色至暗褐色，中央稍近前缘有一个近似长方形的淡黄或淡褐色斑，翅外缘黄白色并有一串淡黄色小点组成的条纹。后翅黄褐色或灰色，沿外缘有2条平行的黄色波状纹。老熟幼虫体长16～25毫米。头部黑色，有明显的白斑。前胸盾黑色，有3条黄色纵纹。胸腹部黄褐色或灰绿色，有明显的暗色纵带间黄绿色波状纹。体上毛瘤显著，刚毛基部黑色，外围有2个同心黄色环。

草地螟一年发生2～4代。成虫昼伏夜出，趋光性很强，有群集远距离迁飞习性。幼虫发生期在六月至九月。幼虫活泼、性暴烈，稍被触动即可跳跃。高龄幼虫有群集迁飞习性。幼虫最适发育温度为25～30℃，高温多雨年份有利于发生。

防治措施：

（1）人工防治。利用成虫白天不远飞的习性，用拉网法捕捉。

（2）药剂防治。用50%的辛硫磷乳油1 000倍液，或每克含100亿活孢子的杀螟杆菌菌粉或青虫菌菌粉2 000～3 000倍液喷雾。

三、软体动物

为害草坪的软体动物主要有蜗牛和蛞蝓。

蜗牛和蛞蝓在北方地区均一年发生1代，喜阴暗潮湿的环境。取食植物叶片、嫩茎和芽，初孵时啃食叶肉或咬成小孔，稍大后造成缺刻或大的孔洞，严重时可将叶片吃光或咬断茎杆，造成缺苗。其爬行过的地方会留下黏液痕迹，污染草坪。此外，它们排出的粪便也可污染草坪。

防治措施：

（1）人工捕捉。发生量较小时，可人工捡拾，集中杀灭。

（2）使用氨水。用稀释成70～100倍的氨水，于夜间喷洒。

（3）撒石灰粉，用量为75～112.5千克/公顷。

（4）施药。撒施8%的灭蜗灵颗粒剂或用蜗牛敌（10%的多聚乙醛）颗粒剂，15 千克/公顷。用蜗牛敌+豆饼+饴糖（1∶10∶3）制成的毒饵撒于草坪，杀蛞蝓。

四、蚜虫

为害草坪草的主要种类有麦长管蚜、麦二叉蚜、禾谷缢管蚜等，这三种蚜虫在我国各地均有分布。以成蚜与若蚜群集于植物叶片上刺吸为害，严重时导致植株生长停滞，发黄、枯萎。蚜虫排出的蜜露会引发煤污病，污染植株，并招来蚂蚁，造成进一步为害。

蚜虫又称“蜜虫子”“腻虫”，属同翅目蚜总科。小型多态昆虫。同种有无翅和有翅型。触角丝状，3～6节。前翅比后翅大，前翅有翅痣。腹部有1对管状突起称“腹管”，末节背板和腹板分别形成尾片和尾板。蚜虫的繁殖方式有两性生殖和孤雌生殖，卵生和卵胎生。生活周期复杂，一般在春、夏两季进行孤雌生殖，而在秋季进行两性生殖，属周期性孤雌生殖。

蚜虫一年可发生10余代至20代以上，在生活过程中可出现卵、若蚜、无翅成蚜和有翅成蚜等。每年的春季与秋季可出现蚜量高峰。

防治措施：

（1）冬灌可降低地面温度，对蚜虫越冬不利，能大量杀死蚜虫。有翅蚜大量出现时及时喷灌可抑制蚜虫发生、繁殖及迁飞扩散。趁有翅蚜尚未出现时，将无翅蚜碾压而死，减轻受害。

（2）药剂防治。喷洒10%的吡虫啉可湿性粉剂3 000～4 000倍液、50%的抗蚜威可湿性粉剂3 000～4 000倍液、25%的喹硫磷（爱卡士）乳油800～1 200倍液、40.7%的毒死蜱乳油1 000～2 000倍液。

（3）生物防治。利用瓢虫、草蛉、食蚜蝇、蚜茧蜂和蚜小蜂等天敌控制蚜虫。

实训十三　综合训练

一、社区绿地、公园、花圃或苗圃昆虫调查

选择当地有特色的社区绿地、公园、花圃或苗圃等人工生态环境进行害虫发生情况及天敌情况的调查。咨询所调查地的植保措施和农药使用情况。

二、野外昆虫采集

三、作业

1. 社区绿地、公园、花圃或苗圃等人工生态环境害虫发生情况及天敌情况与植保措施的关系。

2. 现阶段当地自然生态中昆虫种类有哪些?

注：（1）园林绿地、公园、花圃或苗圃昆虫调查，可对班级学生分组分别进行调查。

（2）野外昆虫采集最好能集中若干课时，连续采集。

（3）根据各城市所处的环境及课时情况可灵活变动。

思考与练习

一、填空题

1. 蚜虫常引起枝叶变色、皱缩，还大量分泌________，影响植物正常的光合______作用，并诱发_______病的发生，有些种类还是_______和_______的重要传播媒介。

2. 温室白粉虱成虫对_______色和_______色有强烈趋性，但忌避_______色。

3. 介壳虫进行化学防治的有利时机是___________。黄刺蛾属于___________目，______科，一年发生________代，越冬代成虫于________羽化。当年第1代幼虫的发生期在_______时候，幼虫一共________龄。老熟幼虫于________结茧。

4. 梨冠网蝽又名_______，华北一年_______代，华中、华南一年_______代。

5. 缨翅目害虫通称________，口器为________。

6. 金龟子幼虫俗称_______，吉丁虫幼虫俗称_______，尺蛾幼虫俗称_______。

7. 舞毒蛾属于________目，________科，以________在________越冬。

8. 国槐尺蛾一年________代，以________在________越冬，幼虫有________习性，________龄为暴食期。

9. 蛀干害虫主要以________为害植物的茎干，同时形成________，影响植株的_________输送。蛀干害虫往往随________、________、________等途径蔓延，必须严格执行检疫制度。

10. 小地老虎成虫对糖、醋、蜜、酒等香、甜物质特别嗜好，故可设置_______诱杀。

11. 白蚁属________目昆虫，分________、________和________三大类。主要分布在长江以南及西南各省。

12. 朱砂叶螨又名________，北方主要以________越冬，南方以________越冬。

二、选择题

1. 蚜虫发生时，同时又有大量的瓢虫发生，为不伤害瓢虫，应选用的药剂是（　）。

A. 杀灭菊酯　B. 吡虫啉　C. 抗蚜威　D. 克百威

2. 防治蚜虫宜选用哪一类药剂？（　）

A. 多菌灵　B. 乐果　C. 敌百虫　D. 达科宁

3. 以下不属于刺吸害虫的是（　）。

A. 月季长管蚜　B. 梨冠网蝽　C. 花蓟马　D. 蔷薇三节叶蜂

4. 刺吸害虫的为害状包括（　）。

A. 缺刻和孔洞　B. 叶片皱缩　C. 形成虫瘿　D. 植株萎蔫

5. 防治蚧科昆虫应选择在（ ）。

A. 休眠期　B. 卵期　C. 若虫孵化期　D. 成虫期

6. 桂花叶蜂幼虫为害期为（ ）。

A. 3月底至5月上旬　B. 4月中旬至5月底

C. 5月至6月　D. 5月底至7月初

7. 桂花叶蜂一年发生的代数为（ ）。

A. 1代　B. 2代　C. 3代　D. 4代

8. 防治梧桐木虱不宜选用的农药是（ ）。

A. 90%敌百虫晶体　B. 40%乐果乳油

C. 2.5%溴氰菊酯　D. 80%敌敌畏

9. 腹部第8、9节各着生1对黑色绒球状毛丛的刺蛾是（ ）。

A. 褐刺蛾　B. 绿刺蛾　C. 黄刺蛾　D. 扁刺蛾

10. 幼虫体背有哑铃形紫褐色斑的害虫是（ ）。

A. 丽绿刺蛾　B. 黄刺蛾　C. 扁刺蛾　D. 桑褐刺蛾

11. 以下属于食叶害虫的是（ ）。

A. 竹织叶野螟　B. 介壳虫　C. 黄褐天幕毛虫　D. 霜天蛾

12. 舞毒蛾是为害园林植物的重要害虫之一，其食性为（ ）。

A. 单食性　B. 寡食性　C. 多食性　D. 腐食性

13. 下列害虫中，蛀干害虫是（ ），食叶害虫是（ ），刺吸害虫是（ ）。

A. 蛴螬　B. 吉丁虫　C. 棉卷叶野螟　D. 小绿叶蝉

14. 以成虫越冬的是（ ），以蛹越冬是的（ ），以幼虫越冬的是（ ），以卵越冬的是（ ）。

A. 绿盲蝽　B. 小绿叶蝉　C. 柑橘凤蝶　D. 舞毒蛾

15. 大蓑蛾每年发生（ ）代。

A. 1　B. 2　C. 3　D. 4

16. 护囊光滑，灰白色，织结紧密的是（ ）。

A. 茶袋蛾　B. 桉袋蛾　C. 白囊袋蛾　D. 大袋蛾

17. 月季叶蜂的腹足有（ ）对。

A. 3　B. 4　C. 5　D. 6

18. 金针虫的所属类别为（ ）。

A. 食叶害虫　B. 刺吸害虫　C. 枝干害虫　D. 地下害虫

19. 防治螨类的最佳农药为（ ）。

A. 乐果　B. 敌敌畏　C. 双甲脒　D. 波尔多液

20. 有利于螨类发生的气候条件是（ ）。

A. 春季高温干旱少雨　　B. 春季雨量充沛
C. 夏季高温　　D. 夏季多雨

三、判断题

1. 吡虫啉可用于防治小绿叶蝉。 ( )
2. 蚜虫一般一年发生3~5代。 ( )
3. 蚜虫在生长季节以两性生殖为主。 ( )
4. 在蚜虫发生期，既有蚜虫，又有瓢虫的情况下，宜用触杀剂为好。 ( )
5. 抗蚜威是一种对蚜虫有特效而对天敌昆虫安全的选择性杀虫剂。 ( )
6. 红蜡蚧一年发生1代。 ( )
7. 长白盾蚧一年发生10代左右。 ( )
8. 防治介壳虫应选用触杀剂。 ( )
9. 防治刺蛾选用氧化乐果较好。 ( )
10. 防治刺蛾可选用生物杀虫剂，如Bt.制剂。 ( )
11. 防治大蓑蛾可选用敌敌畏。 ( )
12. 黄杨绢野螟为害黄杨，一年发生4~5代。 ( )
13. 氯氰菊酯是一种高毒、高效的杀虫剂，是防治咀嚼式口器害虫的杀虫剂。 ( )
14. 星天牛与桃红颈天牛均为一年1代。 ( )
15. 菜粉蝶只为害十字花科植物。 ( )
16. 蔷薇三节叶蜂产卵于嫩枝中。 ( )
17. 叶螨的成螨有8条足。 ( )
18. 防治棉红蜘蛛一般使用杀螨剂。 ( )
19. 灰巴蜗牛喜欢干燥的环境。 ( )
20. 松毛虫是枯叶蛾科昆虫。 ( )

四、问答题

1. 列举5种常见蚜虫，并说出它们的形态特点。
2. 叙述桃蚜的生活史及防治方法。
3. 叙述梧桐木虱的生活史及防治方法。
4. 叙述日本龟蜡蚧的形态特征及防治时期和防治方法。
5. 常见的刺蛾有哪四种,如何区别?
6. 叙述黄刺蛾的生活史及防治方法。
7. 叙述星天牛的生活史及防治方法。

8. 叙述蓑蛾的生活史及防治方法。
9. 叙述蔷薇三节叶蜂的生活史及防治方法。
10. 如何防治蜗牛与蛞蝓?
11. 叙述叶螨的生活习性及防治方法。

第四章　植物病害的防治

学习目标

- ◆掌握植物病害的症状类型及病原物类群
- ◆了解病害的防治原则
- ◆掌握常见杀菌剂的性能及使用方法
- ◆了解植物叶部病害的识别特征，掌握重点病害的防治措施
- ◆掌握植物茎干病害的识别与防治措施
- ◆掌握植物根部病害的识别与防治措施

第一节　园林植物病害与病原类群

一、园林植物病害概述

园林植物在生长发育和储运过程中，由于受到环境中物理、化学因素的非正常影响，或受其他生物的侵染，导致生理、组织结构、形态上产生局部或整体的不正常变化，使其生长发育不良，品质变劣，甚至引起死亡，造成经济损失和降低绿化效果及观赏价值，这种现象称为园林植物病害。

植物在生长过程中受到多种因素的影响，其中直接引起病害的因素称为病原，包括生物性和非生物性病原；其他因素统称为环境因子。生物性病原又称为病原物，包括真菌、细菌、病毒、植原体、线虫、寄生性种子植物、藻类和螨类。非生物性病原包括温度不宜、湿度失调、营养不良和有毒物质的毒害等。病原物引起的病害称为侵染性病害。非生物性病原引起的病害称为非侵染性病害，也称生理病害。

植物病害的发生都具有一个病理变化的过程。植物遭病原物的侵染或不利的非生物因素的影响后，首先是生理方面发生不正常变化，如呼吸作用和蒸腾作用的加强，同化作用的降低，酶的活性和碳、氮代谢的改变，以及水分和养分吸收运转的失常等，称为生理病变。之后是内部组织发生不正常变化，如叶绿体或其他色素体的增减、细胞数目和体积的增减、维管束的堵塞、细胞壁的加厚，以及细胞和组织的坏死等，称为组织病变。继生理病变和组织病变之后，外部形态也发生不正常变化，如植物的根、茎、叶、花、果实的坏死、腐烂、畸形等，称为形态病变。这些病变是一个逐渐加深、持续发展的过程，称为

病理变化过程或称病理程序。病理变化过程是识别园林植物病害的重要标志。

在侵染性病害中，受侵染的植物称为寄主。病原物在寄主体中生活，双方之间既具有亲和性，又具有对抗性，构成一个有机的寄主——病原物体系。病理程序也就是这一体系建立和发展的过程。这一体系又受到环境条件的影响和制约。环境一方面影响病原物的生长发育，同时也影响植物的生长状态，增强或降低植物对病原的抵抗力。例如，环境有利于植物生长发育而不利于病原的活动时，病害就难以发生或发展很慢，植物受害也轻；反之病害就容易发生或发展很快，植物受害也重。植物病害的发生过程实质上就是病原、植物和环境的相互影响与相互制约而发生的一系列顺序变动的总和。人类活动对植物病害的发展产生重大影响。

此外，从生产和经济的观点出发，有些园林植物由于生物或非生物因素的影响，尽管发生了某些病态，但是却增加了它们的经济价值和观赏价值，同样也不称它们为植物病害。例如，绿菊、绿牡丹是由病毒、植原体侵染引起的；羽衣甘蓝是食用甘蓝叶的变态。这些虽然都是“病态”植物，由于提高了经济和观赏价值，人们将这些“病态”植物视为观赏花卉中的珍品，因此也不当做病害。

损伤同病害是两个不同的概念。无论非生物因素或是生物因素都可以引起植物的损伤。植物损伤是由突发的机械作用所致，如风折、雪压、动物咬伤等，受害植物在生理上不发生病理程序，因此不能称为病害。

二、园林植物病害症状

园林植物感病后，其外表所显现出来的各种各样的病态特征称为症状。典型症状包括病状和病征。病状是园林植物感病后植物本身的异常表现，也就是受病植株生理解剖上的病变反映到外部形态上的结果。病状的具体表现形式有过度生长、发育不良和坏死等。病征是指寄主病部表面病原物的各种形态结构，并能用眼睛直接观察到的特征。由真菌、细菌和寄生性种子植物等因素引起的病害，病部多表现较明显的病征，如病部出现各种不同颜色的霉状物、粉状物，不同大小的粒状物、疱状物，形状各异的伞状物、脓状物等。病毒、植原体等寄生在植物细胞内以及非侵染性病害，在植物体外无表现，故它们所致病害无病征。植物病原线虫多数在植物体内寄生，一般植物体表也无病征。由于病原物的种类不同，对植物的影响也各不相同，所以园林植物病害的症状也千差万别，根据它们的主要特征，可划分为以下几种类型。

1. 病状类型

（1）变色型。植物感病后，叶绿素不能正常形成或解体，因而叶片上表现为淡绿色、黄色甚至白色。叶片的全面褪绿常称为黄化或白化。营养贫乏如缺氮、缺铁和光照不足可以引起植物黄化。在侵染性病害中，黄化是病毒病害和植原体病害类的重要特征，如大叶黄杨黄化病。

叶绿素形成不均匀，叶片上出现深绿与淡绿相互间杂的现象称为花叶，有的褪绿部分形成环纹状或水纹状，也是病毒病害的一种症状类型，如月季花叶病和扶桑花叶病（见图4—1）。

图4—1　扶桑花叶病

（2）坏死型。坏死是植物细胞和组织死亡的现象。常见的有以下三种。

1）腐烂：多肉而幼嫩的组织发病后容易腐烂，如果实、块根等常发生软腐或湿腐。引起腐烂的原因是寄生物分泌的酶把植物细胞间的中胶层溶解了，使细胞离散并且死亡。含水较少或木质化的组织则常发生干腐。根据腐烂症状发生部位，可分为花腐、果腐、茎腐、基腐、根腐和枝干皮部腐烂等，如君子兰腐烂病（见图4—2）。

图4—2　君子兰腐烂病

2）溃疡：多见于枝干的皮层，局部韧皮部坏死，病斑周围常为隆起的木栓化愈伤组织所包围形成凹陷病斑，这种病斑即为溃疡（见图4—3）。树干上多年生的大型溃疡，其周围的愈伤组织逐渐被破坏而又逐年生出新的，致使局部肿大，这种溃疡称为癌肿。小型溃疡有时称为干癌。溃疡是由真菌、细菌的侵染或机械损伤造成的。

图4—3　溃疡病

3）斑点：斑点是叶片、果实和种子等局部组织坏死的表现（见图4—4）。斑点的颜色和形状很多，颜色有黄色、灰色、白色、褐色、黑色等；形状有多角形、圆形、不规则形等。有的叶斑周围形成木栓层后，中部组织枯焦脱落而形成穿孔。斑点主要由真菌及细菌寄生所致。冻害、烟害、药害等也造成斑点。

图4—4　枸骨黑斑病

（3）萎蔫型。植物因病而表现失水状态称为萎蔫（见图4—5）。植物的萎蔫可以由各种原因引起，如茎部的坏死和根部的腐烂都引起萎蔫。典型的萎蔫是指植物的根部或枝干部维管束组织感病，使水分的输导受到阻碍而致植株枯萎的现象。萎蔫是由真菌或细菌引起的，有时植株受到急性旱害也会发生生理性枯萎。

图4—5 小核菌引起的枯萎病

（4）畸形。畸形是因细胞或组织过度生长或发育不足引起的。常见的有以下四种。

1）丛枝：植物的主、侧枝的顶芽受抑制，节间缩短，腋芽提早发育或不定芽大量发生，使新梢密集成笤帚状，通常称为丛枝病。病枝一般垂直于地面向上生长，枝条瘦弱，叶形变小。促使枝条丛生的原因有很多，真菌和植原体的侵染是主要的，如常见的竹丛枝病（见图4—6）。

图4—6 竹丛枝病

2）瘿瘤：植物的根、茎、枝条局部细胞增生而形成瘿瘤。有的由木质部膨大而成，如松瘤锈病（见图4—7）；有的由韧皮部膨大而成，如柳杉瘿瘤病。瘿瘤主要是由真菌、细菌、线虫等侵染造成的，有时也由生理上的原因造成。例如，有些行道树上的瘿瘤，就是由于在同一部位经过多次修剪后，由愈伤组织形成的。

图4—7　松瘤锈病

3）变形：受病器官肿大、皱缩，失去原来的形状，常见的是由外子囊菌和外担子菌引起的叶片和果实变形病，如冬青叶肿病（见图4—8）。

4）疮痂：叶片或果实上局部细胞增生并木栓化而形成的小突起称为疮痂，如大叶黄杨疮痂病（见图4—9）。

图4—8　冬青叶肿病

图4—9　大叶黄杨疮痂病

（5）流脂或流胶型。植物细胞分解为树脂或树胶自树皮流出，常称为流脂病或流胶病。前者发生于针叶树，后者发生于阔叶树。流脂病或流胶病的病原很复杂，有侵染性的，也有非侵染性的，或为两类病原综合作用的结果，如桃树的流胶病（见图4—10）。

图4—10　桃树流胶病

2. 病征类型

病原物在病部形成的病征主要有五种类型。

（1）粉状物。直接产生于植物表面、表皮下或组织中，以后破裂而散出，包括锈粉、白粉和白锈等。

1）锈粉：也称锈状物，是初期在病部表皮下形成的黄色、褐色或棕色病斑，破裂后散出的铁锈状粉末。为锈病特有的表现，如蔷薇锈病等（见图4—11）。

2）白粉：白粉是在病株叶片正面表生的大量白色粉末状物；后期颜色加深，产生细小黑点。为白粉菌所致病害的特征，如凤仙花白粉病等（见图4—12）。

图4—11　蔷薇锈病

图4—12　凤仙花白粉病

3）白锈：白锈是在孢部表皮下形成的白色疱状斑（多在叶片背面），破裂后散出的灰白色粉末状物。为白锈菌所致病害的病征，如牵牛花的白锈病（见图4—13）。

图4—13　牵牛花白锈病

（2）霉状物。霉状物是真菌的菌丝、各种孢子梗和孢子在植物表面构成的特征，其着生部位、颜色、质地、结构常因真菌种类不同而异，可分为三种类型。

1）霜霉：霜霉是多生于病叶背面，由气孔伸出的白色至紫灰色霉状物，为霜霉菌所致病害的特征，如月季霜霉病等（见图4—14）。

图4—14　月季霜霉病

图4—15　海芋灰霉病

2）霉层：霉层是除霜霉和绵霉以外，产生在任何病部的霉状物。按照色泽的不同，分别称为灰霉、绿霉、黑霉、赤霉等（见图4—15）。许多半知菌所致病害产生这类特征，如紫荆角斑病等。

（3）点状物。点状物是在病部产生的形状、大小、色泽和排列方式各不相同的小颗粒状物，它们大多暗褐色至褐色，针尖至米粒大小。为真菌的子囊壳、分生孢子器、分生孢子盘等形成的特征，如十大功劳炭疽病等（见图4—16）。

图4—16　十大功劳炭疽病

（4）颗粒状物。颗粒状物是由真菌菌丝体变态形成的一种特殊结构，其形态、大小差别较大，有的似鼠粪状，有的像菜籽形，多数呈黑褐色，生于植株受害部位（见图4—17），如白绢病。

（5）脓状物。脓状物是细菌性病害在病部溢出的含有细菌菌体的脓状黏液，一般呈露珠状，或散布为菌液层，在气候干燥时，会形成菌膜或菌胶粒（见图4—18），如各种细菌性腐烂病。

图4—17　白绢病

图4—18　芦荟腐烂病

病征一般在植物发病后期出现，气候潮湿有利于病征的形成。在病害鉴别过程中可利用人工保湿法诱发病征。

症状是识别病害的重要依据。多数病害的症状都具有相对稳定性。但症状表现也不是固定不变的，有时几种类型同时出现于同一病株，形成综合征，如花叶常伴随器官的畸形，丛枝常伴随叶片变小或植株矮化等。同一种病害，在植物不同品种上常表现出不同的症状。有的病害在同一品种的不同生育期症状也有变化。因此，对某些病害不能单凭症状进行识别，特别是新发生的病害，更不能只根据一般症状下结论，必要时应进行病原的鉴定。

三、植物病害的种类

1. 非侵染性病害

园林植物正常的生长发育，需要一定的外界环境条件。各种园林植物只有在适宜的环境条件下生长，才能发挥它的优良性状。当植物遇到恶劣的气候条件、不良的土壤条件或有害物质时，植物的代谢作用受到干扰，生理机能受到破坏，因此在外部形态上必然表现出症状来。引起非侵染性病害的原因很多，主要有营养失调、温度失调和有毒物质污染。

（1）营养缺乏引起的植物病害。植物所必需的营养元素有氮、磷、钾、钙、镁和微量元素铁、硼、锰、锌、铜等十几种。缺乏这些元素时，植物就会出现缺素症；某种元素过多时，也会影响园林植物的正常生长发育。常见的缺素症有以下几种。

1）缺氮：植物生长不良。植株矮小，分枝较少，成熟较早。叶稀疏，小而薄，色变

淡或黄化、早落。在酸性强、缺乏有机质的土壤中，常有氮素不足的现象。

2）缺磷：植物生长受抑制，严重时停止生长。植株矮小，叶片初期变成深绿色，但灰暗无光泽，后渐呈紫色，早落。磷素在植物体内可以从老熟组织中转移到幼嫩组织中重被利用，所以症状一般从老叶上开始出现。

3）缺钾：植株下部老叶首先出现黄化或坏死斑块，通常从叶缘开始，植株发育不良。

4）缺铁：植株叶片黄化或白化。开始时，脉间部分失绿变为淡黄色或白色，叶脉仍为绿色，后也变为黄色。以后脉间部分会出现黄褐色枯斑，并自叶边缘起逐渐变黄褐色枯死。由缺铁引起的黄化病先从幼叶开始发病，逐渐发展到老叶黄化。防止缺铁症应以增施有机肥料改良土壤性质，使土壤中的铁素变为可溶性的。用1∶30的硫酸亚铁液做土壤打洞浇灌防治多种观赏灌木树种的黄化病可获较好的效果。

5）缺镁：缺镁症的症状与缺铁症相似，所不同的是它先从枝条下部的老叶开始发病，然后逐渐扩展到上部的叶片。

6）缺硼：缺硼症的主要表现是分生组织受抑制或死亡，常引起芽的丛生或畸形、萎缩等症状。可用硼酸注射树干或浇灌土壤进行防治。

7）缺锌：苹果小叶病是常见的缺锌症。病树新枝节间短，叶片变小且呈黄色，根系发育不良，结实量少。

8）缺铜：缺铜常引起树木枯梢，同时还出现流胶及在叶或果实上产生褐色斑点等症状。

9）缺硫：缺硫的症状与缺氮相似，但以幼叶表现更明显。植株生长较矮小，叶尖黄化。

10）缺钙：缺钙的症状多表现在枝叶生长点附近，引起嫩叶扭曲或嫩芽枯死。

（2）环境不适引起的植物病害

1）水分失调引起的植物病害：水分直接参与植物体内各种物质的转化和合成，也是维持细胞膨压、溶解土壤中矿质养料、平衡树体温度不可缺少的因素。在缺水条件下，植物生长受到抑制，组织中纤维细胞增加，引起叶片凋萎、黄化，花芽分化减少，落叶、落花、落果等现象。

土壤水分过多，会造成土壤缺氧，使植物根部呼吸困难，造成叶片变色、枯萎，早期落叶、落果，最后引起根系腐烂和全树干枯死亡。

2）温度不适宜引起的植物病害：低温可以引起霜害和冻害，这是温度降低到冰点以下，使植物体内发生冰冻而造成的危害。晚秋的早霜常使未木质化的植物器官受害。晚霜病害在树木冬芽萌动后发生，常使嫩芽新叶甚至新梢冻死。树木开花期间受晚霜危害，花芽受冻变黑，花器呈水浸状，花瓣变色脱落。阔叶树受霜冻之害，常自叶尖或叶缘产生水渍状斑块，有时叶脉间组织也出现不规则形斑块，严重的全叶死亡，化冻后变软下垂。松树受害多致针叶尖端枯死变为红褐色。

南方热带、亚热带树种，常发生寒害。寒害为冰点以上的低温对喜温植物造成的危害。寒害常见的症状是组织变色、坏死，也可以出现芽枯、顶枯及落叶等现象。

高温能破坏植物正常的生理生化过程，使原生质中毒凝固导致细胞死亡，最后造成茎、叶或果实发生局部的灼伤等症状。土表温度过高，会使苗木的茎基部受灼伤，尤以黑色土壤的苗圃地上最为严重。针叶树幼苗受灼伤时，茎基部出现白斑，幼苗即行倒伏，很容易同侵染性的猝倒病相混淆。阔叶幼苗受害根颈部出现缢缩，严重的也会死亡。

3）光照不适宜引起的植物病害：光照过弱可影响叶绿素的形成和光合作用的进行。受害植物叶色发黄，枝条细弱，花芽分化率低，易落花、落果，并易受病原物侵染，特别是温室、温床栽培的植物更容易出现上述现象。

4）环境污染引起的植物病害：环境中的有毒物质达到一定的浓度就会对植物产生有害影响。空气中的有毒气体包括二氧化硫、氟化物、臭氧、氮的氧化物、乙烯、硫化氢等。空气中的二氧化硫主要来源于煤和石油的燃烧。有的植物对二氧化硫非常敏感，如空气中含硫量达0.005×10^{-6}时，美国白松顶梢就会发生轻微枯死，针叶表面出现褪绿斑点，针叶尖端起初变为暗色，后呈棕色至褚红色。阔叶树受害的典型病状是自叶缘开始沿着侧脉向中脉伸展，在叶脉之间形成褪绿的花斑。如果二氧化硫的浓度过高时，则褪色斑很快变为褐色坏死斑。女贞、刺槐、垂柳、银桦、夹竹桃、桃、棕榈、法国梧桐等树木对二氧化硫的抗性很强。

空气中伤害植物的氟化物以氟化氢、氟化硅为主。氟化物的毒性比二氧化硫强10～20倍，但来源较少，因此危害不及二氧化硫。植物受氟化物毒害时，首先在叶尖端或叶缘表现变色病斑，然后向下方或中央扩展。脉间的病斑坏死干枯后，可能脱落形成穿孔。叶上病健交界处常有一棕红色带纹。为害严重时，叶片枯死脱落。悬铃木、加杨、银杏、松杉类树木对氟化物较敏感，而桃、女贞、垂柳、刺槐、油茶、油杉、夹竹桃、白栎、苹果等树木则抗性较强。

5）化学药剂的不当使用引起的植物病害：如果硝酸盐、钾盐或酸性肥料、碱性肥料使用不当，常能产生类似病原菌引起的症状。如果天气干旱，使用过量的硝酸钠，植株顶叶会变褐色，出现灼伤。除草剂使用不慎会使树木和灌木受到严重伤害，甚至死亡。阴凉潮湿的天气使用波尔多液和其他铜素杀菌剂时，有些植物叶面会发生灼伤或是出现斑点。栎树、苹果树和蔷薇属于最易产生药害的一类植物。温室生长的景天、长生草和某些多汁植物易受有机磷药物（如对硫磷）的为害。误用烟碱，会使百合叶出现灰色斑。

2. 侵染性病害

侵染性病害是由生物性病原引起的。这些生物性病原通称为病原物，主要包括真菌、细菌、病毒、线虫和寄生性种子植物等。其中的真菌和细菌又称为病原菌。各种病原物从植物体内外获取养分，借以生活和繁殖后代，因此，此类病害又称为寄生性病害。植

物发病后，不仅能表现特有的病状，而且多数能表现出一定的病征。植物受害部位所繁殖的病原物又能通过各种方式传播到健株上，引起病害的扩展蔓延。所以，侵染性病害都具有一定的传染性，植物发病往往有明显的发病中心株。

四、植物侵染性病害的病原

1. 植物病原真菌

真菌是一类不含叶绿素（或其他色素），完全异养的真核生物。真菌以产生孢子的方式繁殖后代，一般都可以进行有性和无性繁殖。真菌的营养体除少数为单细胞外，一般为具有分枝的丝状（管状）体，以吸收的方式吸取营养和水分。真菌细胞壁的主要化学成分为几丁质或纤维素。

（1）真菌的营养体及营养方式。除少数真菌的营养体是单细胞外，典型的真菌营养体都是纤细的丝状（管状）体。单条的丝状体称为菌丝，交错成团的称为菌丝体（见图4—19）。菌丝通常是圆管状，其细胞内含有原生质、细胞核、液泡和油滴等内含物。原生质一般无色透明，所以菌丝一般是无色的。但有些真菌的原生质内含有各种色素，使菌丝呈现不同的颜色。菌丝是由孢子萌发产生的芽管伸长后形成的，有极强的生长能力。菌丝的每一段都能发育成新的个体。

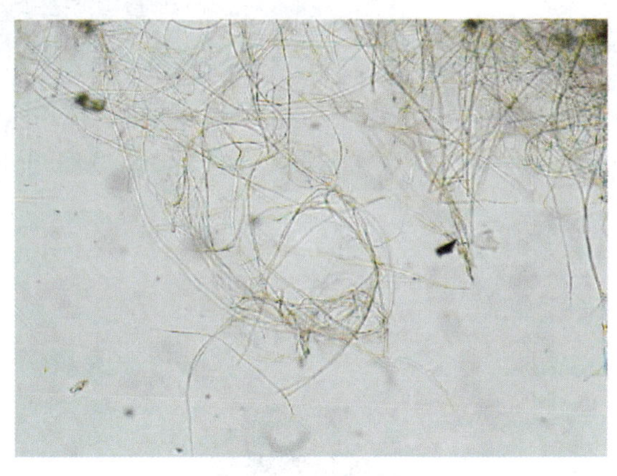

图4—19　菌丝

正常的、正在发挥营养功能的菌丝体一般是疏松的菌丝体，但在不良的环境条件下和即将转入繁殖阶段时，菌丝体常发生变态，形成各种特殊的组织结构，常见的有菌核、菌索和子座等。菌核是由菌丝交织而成的休眠体，形状、颜色、大小不一，菌核中储藏较多的养分，其组织坚硬，能抵抗不良环境的影响。适宜条件下，菌核萌发生成新的菌丝体或产生繁殖器官。菌索是许多菌丝平行排列或纠结在一起形成的比较疏松的绳索状结构，外形似高等植物的根，所以也称为根状菌索。菌索也能抵抗不良环境的影响，条件适宜时便从生长点恢复生长。子座是由菌丝组织和寄主组织结合而成的垫状结构，子座的表面或内部形成产生孢子的机构，也有度过不良环境的作用。

真菌侵入植物体后，以菌丝体从寄主的细胞间或细胞内吸取养分。寄生在寄主细胞间的真菌，特别是一些专性寄生菌，在菌丝体上形成小的突起，在寄主细胞内发育成吸器来吸收养分。吸器的形状多种多样，有瘤状、指状、掌状、分枝状等。

（2）真菌的繁殖体及繁殖方式。真菌的营养体生长到一定阶段，就可产生繁殖体。真菌典型的繁殖方式是产生各种类型的孢子。孢子有的外生，有的着生在菌丝构成的组织中，这种着生孢子的特殊机构称为子实体，相当于高等植物的果实。常见的真菌的子实体有分生孢子器（见图4—20）、分生孢子盘（见图4—21）、子囊壳（见图4—22）、子囊盘等。

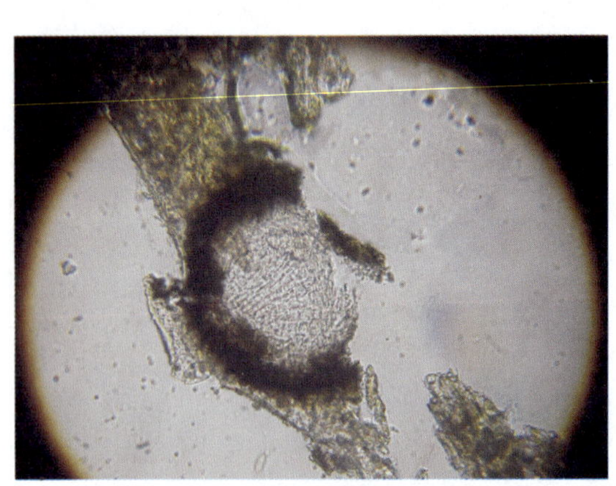

图4—20　分生孢子器

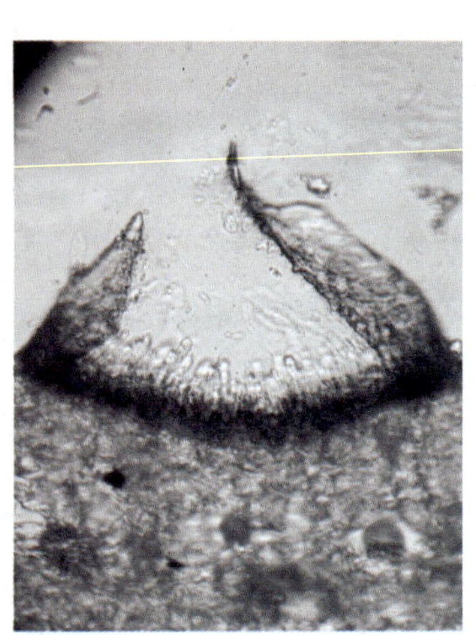

图4—21　分生孢子盘

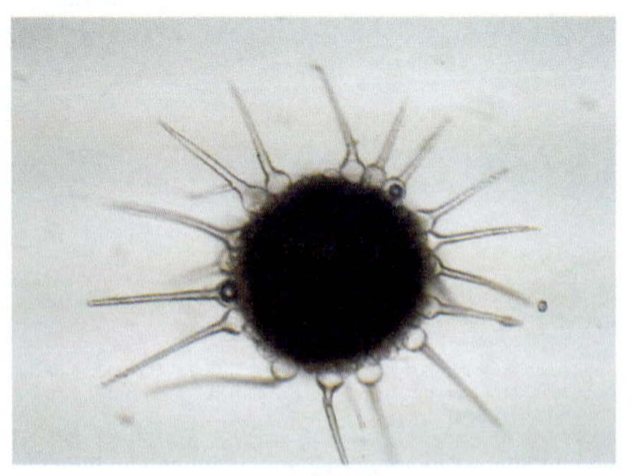

图4—22　子囊壳

真菌的孢子体小而轻，由单细胞或多细胞构成，成熟脱离母体后，在适宜的环境条件下，就可萌发形成芽管，发育成新的菌丝体。孢子的形态因真菌的种类不同而异。孢子的生成方式可分为无性繁殖和有性繁殖，由无性繁殖产生的孢子称为无性孢子，由有性繁殖产生的孢子称为有性孢子。

1）无性孢子：无性孢子是不经过两性细胞的结合过程，直接由菌丝分化而成的。常见的有孢囊孢子、游动孢子、分生孢子、厚垣孢子，其中最为常见的是分生孢子（见图4—23）。

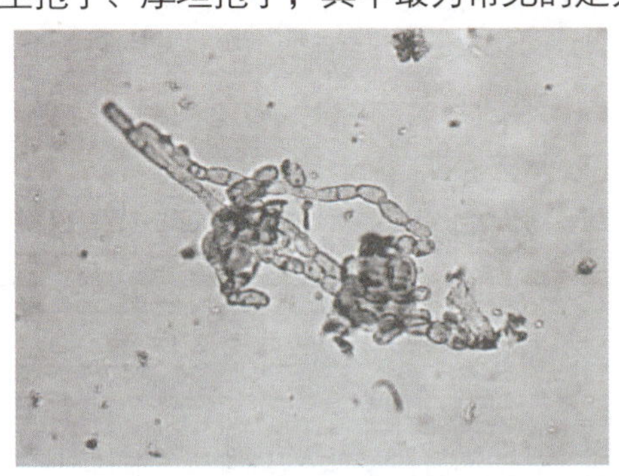

图4—23　分生孢子

孢子的特征为：孢子着生在由菌丝分化而成的分生孢子梗上，分生孢子顶生、侧生或串生，成熟后脱落，借风传播。有些真菌的分生孢子梗着生在球状、瓶状有孔口的分生孢子器内或盘状的分生孢子盘内，成熟后散出。

2）有性孢子：有性孢子是由两性细胞结合而形成的孢子。真菌的有性孢子有结合子、卵孢子、接合孢子、子囊孢子（见图4—24）、担孢子（见图4—25）。

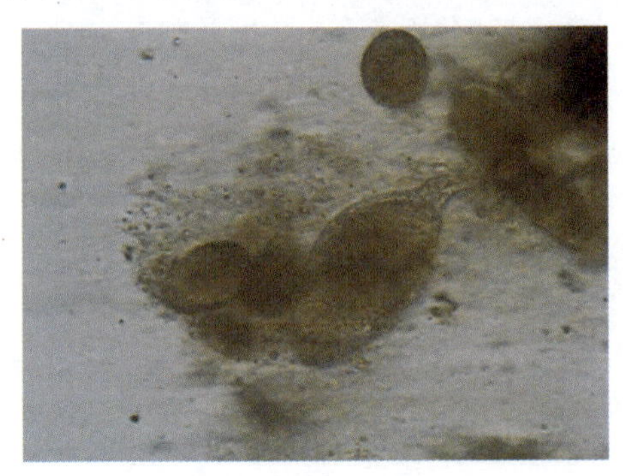

图4—24　子囊孢子

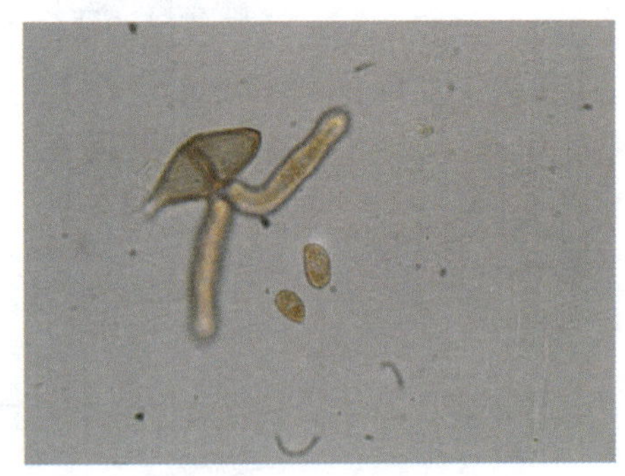

图4—25　担孢子

（3）真菌的生活史。真菌从某个孢子开始，经过萌发、生长和发育，最后又产生同一种孢子的过程，称为真菌的生活史。真菌的营养菌丝体在适宜条件下产生无性孢子，无性孢子萌发形成芽管并继续生长形成新的菌丝体，这是无性阶段。在生长季节中，这种无性繁殖往往发生若干代。真菌至生长后期进入有性阶段，从单倍体的菌丝体上形成配子囊或配子，经过质配、核配和减数分裂，形成单倍体的细胞核，这种细胞发育成单倍体的菌丝体。

有些真菌的生活史中，只有无性繁殖阶段或极少进行有性繁殖，如泡桐炭疽病菌、油桐枯萎病菌；有些真菌生活史中，以有性繁殖为主，无性孢子少发生或不发生，如落叶松癌肿病菌；有些真菌生活史中不产生或很少产生孢子，其侵染过程全由菌丝体完成，如引起苗木猝倒病的丝核菌；有些真菌的生活史中，可以产生几种不同类型的孢子，这种现象称为真菌的多型性，如锈菌在其生活史中能形成五种不同类型的孢子。

（4）真菌的主要类群。真菌属于真菌界、真菌门。在真菌门内可分为鞭毛菌亚门、接合菌亚门、子囊菌亚门、担子菌亚门和半知菌亚门五个亚门。

1）鞭毛菌亚门：有性繁殖产生结合子或卵孢子；无性繁殖产生游动孢子。此亚门为害植物的主要有霜霉菌(引起多种植物的霜霉病)、白锈菌(引起牵牛花白锈病)等。

①腐霉属：孢子囊呈不规则形，孢囊呈梗丝状。孢子囊产生泡囊后，在泡囊中形成并散发出游动孢子。有性生殖在藏卵器中形成一个卵孢子。大多在土壤中或水中营腐生生活，引起苗木猝倒病或根腐、果腐等症状。

②疫霉属：疫霉的寄生性比腐霉强，以吸器伸入细胞内吸收营养。孢囊梗与菌丝的差异比较明显。孢子囊呈卵形，有乳头状突起。大多是寄生的，可为害根、茎、叶和果实，引起组织的腐烂和死亡，如杜鹃疫霉根腐病菌、柑橘生疫霉菌。

③霜霉科：孢囊梗呈二叉或单轴分枝等，孢子囊呈卵形，单生于孢囊梗顶端，孢子囊萌发产生游动孢子。卵孢子呈球形，表面光滑或有花纹。为害植物叶片，如葡萄霜霉病菌、二月兰霜霉病。

④白锈科：无性生殖，在寄主表皮下产生直立丛生的分生孢子梗，在梗端溢出一串珠状分生孢子。有性生殖，产生多核的卵囊精子囊，融合后形成合子，产生双鞭毛游动孢子。

2）接合菌亚门：有性繁殖产生结合孢子；无性繁殖产生孢囊孢子。此亚门多为腐生菌和弱寄生菌。其致病特点与鞭毛菌亚门的弱寄生菌相似，如根霉菌为害果实、块根、块茎等致其腐烂。

根霉属：菌丝发达，有分枝，一般无隔膜，分布于基物表面和基物内，有匍匐枝和假根。孢囊梗2～3根丛生，着生于假根的上方，一般不分枝。孢子囊呈球形，孢囊孢子呈球形。接合孢子表面有瘤状突起。如匐枝根霉，常引起种实、球根、鳞茎的霉烂。

3）子囊菌亚门：有性繁殖产生子囊孢子；无性繁殖产生各种类型的分生孢子。此亚门主要侵染木本植物的嫩枝、嫩叶和幼果，刺激寄主组织发生各种畸形，引起膨肿、扭曲、带果、丛枝等增生型病状，病部表面生有灰白色粉状霉层。

①白粉菌：几乎全部为外寄生菌。菌丝体无色表生，以吸器伸入寄主表皮细胞内吸取营养，无性繁殖多数形成分生孢子，子囊果为闭囊壳。常引起多种植物的白粉病，如紫薇白粉病菌。

②小煤炱属：菌丝体寄生于寄主植物表面，黑色，有刚毛和双细胞的附着枝。子囊果为闭囊壳。子囊孢子2～4个横隔、褐色、长圆形，是植物上常见的煤污病菌。

③小丛壳属：子囊壳有毛，丛生于植物上或半埋生于植物组织中，褐色，壳内无侧丝。子囊呈棍棒形，无柄。子囊孢子单胞、无色、呈椭圆形。无性阶段为半知菌亚门的炭疽菌属，引起多种植物的炭疽病，如兰花炭疽病菌。

4）担子菌亚门：有性繁殖产生担孢子；无性孢子很少产生，最常见的是引起植物锈病的夏孢子。此亚门的植物病原菌多为低等的担子菌，如冬孢菌纲的锈菌，引起多种植物的锈病；薄膜革菌引起草坪纹枯病、瑞香白绢病等；层菌纲的真菌主要引起植物的立枯病、根腐病和木材腐朽等。

①锈菌目：全为专性寄生菌，引起锈病。锈菌的形态和生活史比较复杂，有的锈菌必须经过两种完全不同的植物才能完成其生活史，此现象称转主寄生。有的锈菌在一种植物上就能完成其生活史，此现象称同主寄生，如蔷薇锈菌。

a.栅锈菌科：冬孢子无柄、集生，大部分锈孢子阶段寄生于松柏科植物中。

b.柄锈菌科：冬孢子有柄，散生或集生，冬孢子单孢、双孢至多孢。

②外担子菌属：菌丝生于寄主组织中，引起膨大。担子在角质层下形成后外露，形成连续的籽实层，偶尔单生并通过气孔突出。担孢子无色、平滑。寄生于植物的叶、茎或果实上，如杜鹃花饼病菌。

5）半知菌亚门：半知菌是指未发现有性阶段的真菌。事实上，有些子囊菌和担子菌的无性阶段都归入了半知菌。因此，半知菌包括许多没有一定亲缘关系的真菌，为形态分类。大多园林植物的真菌性病害由此类菌引起。

（5）园林植物常见真菌病原

1）丝孢纲：菌丝体发达。分生孢子直接着生在菌丝上或分生孢子梗上，而不生在分生孢子盘上或分生孢子器内；有的无分生孢子。半知菌亚门中重要的植物病原物有：

①无孢科：除产生厚垣孢子外，也产生其他孢子。

丝核菌属：菌核褐色到黑褐色，形状不定，疏松菌丝多呈直角分枝，可致林木幼苗根腐、茎腐、立枯、猝倒病。

小核菌属：菌核多形，外部褐色，内部白色，菌核间无菌丝相连，可致兰花、茉莉花等白绢病。

②丛梗孢科：从分生孢子梗上或直接从营养菌丝上产生分生孢子的半知菌。菌丝、分生孢子及分生孢子梗有色或无色。

葡萄孢属：分生孢子梗顶端膨大成球，上面有许多小梗，分生孢子聚合成葡萄穗状。

③暗色孢科：菌丝和分生孢子两者都是典型的暗黑色，但有时只有分生孢子或菌丝是黑色。

链格孢属：营养菌丝匍匐，有分隔。分生孢子梗单生或成簇，大多数不分枝，较短，与营养菌丝几乎无区别。分生孢子有纵横隔，常数个成链。

尾孢属：菌丝寄生于组织内。分生孢子梗分枝或不分枝，往往成束。分生孢子尾形或线形，有多数横隔，无色至淡褐色。

④瘤座孢科：分生孢子梗着生在分生孢子座上。

镰刀菌属：大型分生孢子多个呈镰刀状、线状、纺锤状，小型分生孢子呈圆形。孢子梗从分生孢子座上生出。

2）腔孢纲：分生孢子产生在分生孢子盘或分生孢子器中，子座有或无。在植物病部往往形成小黑粒或小黑点。

①黑盘孢科：分生孢子盘在寄主表皮或角质层下形成。孢梗紧密排列在孢盘上。分生孢子单个生在梗顶，成熟时突破表皮外露。分生孢子一般具胶黏物质。

毛盘孢属：孢子盘上有黑褐色刚毛，分生孢子呈椭圆形，无色，单孢。

圆盘孢属：分生孢子盘无刚毛，分生孢子中心有一个油球。

盘二孢属：分生孢子呈梗栅栏状排列，无色，单孢，棍棒状不分枝。分生孢子顶生，无色，双孢，上孢较下孢大，顶端钝圆，下部狭细。

单毛孢属：分生孢子盘着生于寄主表皮下。分生孢子呈长方梭形，有两个以上横隔，中间细胞暗色，两端细胞圆锥形，无色，顶端有一根刚毛。

多毛孢属：分生孢子长方梭形，有3～5个横隔，中间细胞暗色，两端细胞圆锥形，无色，顶端有两根以上刚毛。

②球壳孢科：分生孢子器球形，黑色，革质，子座有或无，一般有圆形孔口。

茎点属：以为害植物茎部为主。分生孢子器球形、扁球形或有乳头状突起。分生孢子单孢，卵形至椭圆形，很少圆形。

叶点属：主要为害植物叶子。分生孢子器呈球形、扁球形、凸镜形或近圆锥形，壁很薄，有明显孔口。

针壳孢属：分生孢子细长呈线状，多分隔，无色，直或弯曲，含有油球。分生孢子梗短而不易见。

2. 植物病原细菌

细菌种类繁多，分布广泛。有的能引起人、畜的多种疾病和植物病害。栽培植物的细菌性病害种类较多，主要的有软腐病、青枯病、叶斑病等。

（1）植物病原细菌的一般性状。植物病原细菌都是短杆状，绝大多数有一至数根鞭毛，鞭毛极生或周生。菌体没有固定的细胞核，细胞壁外有黏质层，一般无荚膜，也不产生芽孢。

细菌以裂殖的方式进行繁殖，即菌体生长到一定阶段一分为二，分裂成为两个相等的子细胞。这种分裂有时并不完全断开，常出现两个菌体相连或多个菌体串状生长的现象。细菌在适宜条件下20分钟可分裂1次，一般1小时分裂1次。因此，适宜条件下，植物细菌性病害发展蔓延很快，特别在暴风雨过后造成植物大量伤口的情况下，往往会引起流行。所以，植物细菌性病害又有“疫病”之称。

（2）植物病原细菌的特征

1）寄生性：寄生性细菌不含叶绿素，不能自制养料，依靠寄生和腐生生存，因而是异养生物。所有的植物病原细菌都是非专性寄生菌，虽然寄生性强弱有所不同，但都可以在人

工培养基础上生长繁殖。在固体培养基上形成的菌落多为白色、黄色或灰色，在液体培养基中可以形成菌膜。一般说来，寄生性强的植物病原细菌在普通培养基中生长较慢，而且不能很好生长，但它们可以侵染植物的绿色部分。腐生性强的植物病原细菌在普通培养基中生长较快，它们大多侵染植物的储藏器官或抵抗力较弱的部位。

2）革兰氏染色反应：染色反应是细菌的一个重要性状。革兰氏染色反应已成为细菌鉴别和分类的重要依据，细菌涂片后用结晶紫或龙胆紫染色，以碘液固定，所染颜色不能为酒精或丙酮洗脱，菌体呈蓝黑色的革兰氏阳性菌。洗后如褪色，加蕃红液复染，菌体被染成红色即为革兰氏阴性菌。在植物病原细菌中，除棒状杆菌属为革兰氏阳性菌外，其余都是革兰氏阴性菌。这可以同大多数伴生的腐生菌区别开来。

3）好气性和耐低温：绝大多数植物病原细菌是好气性的，只有少数兼厌气性。人工培养时，以中性或略带碱性的培养基较为适宜。植物病原细菌能耐低温，生长所需最适温度一般为26～30℃。除少数喜高温外，一般在33～40℃时就停止生长。50℃下处理10分钟，多数细菌便死亡。

（3）植物病原细菌的主要类群。植物病原细菌属于细菌门。根据其革兰氏染色反应、鞭毛着生位置及数目、培养性状和致病特点等分为五个属。

1）假单胞杆菌属：主要引起植物的叶斑或叶枯症状，少数引起萎蔫和腐烂，如桃细菌性穿孔病。

2）黄单胞杆菌属：主要为害高等植物的叶，常引起植物斑点病，少数引起植物萎蔫病。

3）土壤杆菌属：可以为害高等植物的根和茎，造成瘤肿、毛根等畸形症状，如樱花与月季花的根癌病等。

4）欧氏杆菌属：主要引起植物的软腐症状，有的可以引起枯死和萎蔫等，如仙人掌的软腐病、水芋软腐病。

5）棒状杆菌属：主要引起植物的萎蔫病。

植物细菌性病害的病状表现大致与真菌相似，常见的有斑点、软腐、萎蔫、瘤肿、毛根等，其病征特点是在潮湿条件下，多数病害使植物溢脓。可根据溢脓的有无加以区别。在溢脓不明显时，可自病株的病健交界处切取一小块组织，置于载玻片中央的清水中，加盖盖玻片，在显微镜下观察，若在切口处有雾状菌体溢出，使清水变混浊，则为细菌性病害。

3. 植物病原病毒

植物病毒病害仅次于真菌性病害而居第二位。林木以及观赏性植物都有病毒病。

（1）植物病原病毒的一般性状。病毒是一类在光学显微镜下看不见的、非细胞形态的寄生物。其个体大小一般300纳米以下，在电子显微镜下可以看到。病毒的颗粒有杆状、球状和纤维状三种形态。

病毒的颗粒由核酸和蛋白质组成，核酸为核，蛋白质为壳，蛋白质在外面起保护作用。将蛋白质和核酸分离后，病毒将失去侵染力。

病毒利用寄主细胞内的各种物质进行繁殖，先合成与自身相同的核酸，再由核酸诱集各种氨基酸形成相应的蛋白质外壳，从而形成新的病毒；也可以先分别合成核酸和蛋白质，随后再进一步合成病毒。这种繁殖方式与其他微生物不同，称为增殖。

病毒为专性寄生物，一旦离开活的寄主，很容易失去传染性。不同病毒，在外界环境因素变化时的稳定性不同。

（2）植物病原病毒的传播途径。病毒生活在寄主细胞内，没有主动侵染的能力，多借外部动力通过微细伤口侵入，因此，病毒的传播与侵染是同时完成的。常见的传播途径有以下几种。

1）昆虫传播：大部分病毒可以通过带有刺吸式口器的昆虫传染。传毒昆虫主要有蚜虫、叶蝉和飞虱，有些螨类也能传毒。昆虫的传毒时间有长有短，短的只有几分钟，长的可终身传毒或经卵延续到其后代仍能继续传毒。

2）汁液传播：汁液传播又称为摩擦传染，即病株和健株的叶片在风力作用下造成摩擦，或操作过程中人的手上沾染了病株汁液后再去摩擦健叶，病毒就能传到健株上。摩擦给健株细胞造成了微细伤口，并及时引入了病毒，使传染获得成功。

3）嫁接传播：几乎所有的病毒都可通过嫁接的方式进行传染。病毒由带毒的一方传染给无毒的一方。园林植物中需要嫁接的植物极易造成病毒的传染。

4）种子及无性繁殖材料传播：病毒可生活在播种材料内，随分生组织的生长而进入新生植株中。

另外，病毒还可借土壤中的真菌、线虫和植物花粉进行传播。

（3）植物病毒病的症状。植物病毒病的症状特点是只有病状，没有病征。常见的有花叶、叶片黄化，叶、茎、根、果实处形成环斑、圆斑、条斑等，还有的出现卷叶、缩叶、花器退化、矮化、丛枝、束顶等畸形。

病毒病的病状常因寄主、品种、环境条件和发病阶段不同而有所变化。两种不同的病毒可以混合侵染一种植物而产生新的症状。有的病毒病在环境条件不适宜时，病状表现受到抑制或暂时消失，称为隐症现象。有的植物感染病毒后，永远也不表现症状，但可以传染给其他植物，称为带毒现象。带毒的植物称为带毒者。

4. 类病毒

类病毒是比病毒还要小的颗粒，只有核糖核酸的小分子，没有蛋白质外壳，最小的病毒也比它大79倍。类病毒虽结构简单，但却能与病毒一样有效地侵染植物并引起病害，还能通过昆虫、汁液和嫁接的方式进行传染，如菊花矮缩病等。

5. 植原体

植原体是一种介于病毒和细菌之间的单细胞生物，有圆形、椭圆形和其他形状，极

少数能在人工培养基上培养，并形成荷包蛋状的菌落。侵染植物多引起全株性症状，主要表现为丛枝，花色变绿，叶片变黄、变红及植株矮化等。丛枝和花色变绿是类菌原体的独特症状，过去曾认为是病毒侵染。植原体可通过昆虫和嫁接传染。四环素类抗菌素对植原体病害有治疗作用，可用来浸根或喷雾，使病株恢复生长，体内的植原体也暂时消失。由植原体引起的病害主要有月季绿瓣病、泡桐丛枝病等。

6. 线虫

线虫是一种低等动物，属于线形动物门、线虫纲。在自然界分布很广，有的生活在土壤、池沼、高山、海洋和江湖中，有的寄生在动、植物体内。多种栽培植物都有线虫病，有些种类还是重要的检疫对象。

线虫为线形，少数种类的雌虫呈柠檬形或梨形。虫体分头、颈、腹、尾四部分。头部口腔内有吻针，是线虫穿刺植物、吸取养分的器官。植物寄生线虫体长一般不超过1毫米，个别的可长达3～5毫米。虫体半透明，内脏器官清晰可见。

线虫一般产卵于土壤中或植物组织内。卵孵化为幼虫后，经3～4次蜕皮发育为成虫。完成一个世代有的需要3～4周，有的则需要1年。

植物寄生线虫都有一段时间生活在土壤中。即使是一些固定寄生在植物体内的线虫，其卵和侵入寄主前的幼虫及雄虫都有一个时期存活于土壤中。因此，土壤条件对其生存影响很大。植物寄生线虫只能在活的植物体上取食和繁殖，在植物体外可依靠其体内储存的养分生活。土壤中的线虫找不到寄主时，会因自身养分消耗殆尽而很快死亡。土壤温、湿度高时，活动性强，体内养分消耗快，存活时间短；干燥和低温条件下存活时间长。许多线虫常以卵囊、胞囊等休眠状态长期存活于土壤中。

线虫多集中在15厘米左右的耕作层内，植物根系周围数量很多，主要因根系分泌物对线虫有吸引力，并能刺激卵的孵化。线虫本身的活动性很差，在整个活动季节内，其扩展范围多在数10厘米内。线虫主要靠苗木调运、风、地面流水及机具的携带进行传播。

7. 寄生性种子植物

少数种子植物由于缺少进行正常光合作用的叶绿素，或因某些器官退化而成为寄生性的种子植物。寄生性种子植物都是双子叶植物，大约有2 500种以上。

寄生性种子植物寄生于寄主的部位不同。桑寄生和菟丝子都是寄生在地上部分，所以称为茎寄生；列当寄生在地下部分称为根寄生。寄生性种子植物和寄主的关系也不一样。根据它们对寄主的依赖程度分为半寄生和全寄生两类。半寄生性的寄生植物体内含有叶绿素，能进行正常的光合作用，但其导管与寄主植物的导管相连，主要从寄主体内获得水分和无机盐，因此又称为水寄生，桑寄生就属于这一类。全寄生性的植物没有叶片，或叶片已经退化成鳞片状，也没有足够的叶绿素，不能自养，其筛管和导管都与寄主相连，从寄主体内获得无机营养和有机营养，菟丝子和列当都属于这一类。

实训十四　园林植物病害与病原类群观察

一、实训目的及要求

掌握常见病原真菌、线虫、菟丝子的形态特征及细菌病与病毒病的症状特征。

二、实训材料与用具

1.真菌(黑根霉)、线虫(根结线虫)、寄生性种子植物(菟丝子)。

2.真菌、线虫、细菌、病毒病的植物症状标本。

3.显微镜、载玻片、盖玻片、滴瓶、解剖针等。

三、实训内容及方法

1. 真菌的观察

取擦净的载玻片，中央滴一小滴蒸馏水，用解剖针轻轻挑取少许黑根霉(要求带有孢囊和假根)放入水滴中，然后用解剖针自水滴一侧慢慢加盖洁净的盖玻片即成。注意不可加盖过猛，以免形成大量气泡，或将要观察的病原物冲溅至盖玻片外。加盖后不要再移动盖玻片，将玻片置于低倍镜、暗视野下观察。

2. 线虫的观察

用吸管吸取少量分离的根结线虫液滴，置于载玻片中央，放在低倍镜下观察线虫形态。

3. 菟丝子的观察

观察菟丝子的形态特征，注意比较其与一般种子植物的主要区别。

4. 病害症状的观察

观察真菌、线虫、细菌、病毒所引起的植物病害症状的异同点。

四、作业

1. 绘制黑根霉的孢子囊、孢子囊梗和假根图。
2. 绘制根结线虫的结构图。
3. 菟丝子的形态结构与一般植物有何不同?
4. 各类病原物所引起的植物病害症状各有何特征?

实验报告

园林植物病害与病原类群观察
一、实训目的及要求 掌握常见病原真菌、线虫、菟丝子的形态特征及细菌病与病毒病的症状特征。
二、实训材料与用具 1．真菌(黑根霉)、线虫(根结线虫)、寄生性种子植物(菟丝子)。 2．真菌、线虫、细菌、病毒病的植物症状标本。 3．显微镜、载玻片、盖玻片、滴瓶、解剖针等。
三、实训内容 1．真菌的观察 2．线虫的观察 3．菟丝子的观察 4．病害症状的观察
四、作业 1．绘制黑根霉的孢子囊、孢子囊梗和假根图。 2．绘制根结线虫的结构图。 3．菟丝子的形态结构与一般植物有何不同？ 4．各类病原物所引起的植物病害症状各有何特征？

第二节 病害流行与防治原则

一、病原物与寄主植物

1. 病原物的寄生性

病原物的寄生性是指病原物从寄主活的细胞和组织中获得营养物质的能力。这种能力对于不同的病原物来讲是不同的，有的只能从活的植物细胞和组织中获得所需要的营养物质，而有的除营寄生生活外，还可在死的植物组织上生活，或者以死的有机质作为其生活所需要的营养物质。按照它们从寄主获得活体营养能力的大小，可以把病原物分为四种类型。

（1）专性寄生物（严格寄生物）。专性寄生物的寄生能力最强，可以也只能从活的寄主细胞和组织中获得营养，所以也称为活体寄生物。寄主植物的细胞和组织死亡后，病原物也停止生长和发育，病原物的生活严格依赖寄主。该类病原物包括所有的植物病毒、植原体、寄生性种子植物，大部分植物病原线虫和霜霉、白粉和锈菌等部分真菌。它们对营养的要求比较复杂，一般不能在普通的人工培养基上培养。

（2）强寄生物（兼性腐生物）。强寄生物的寄生性次于专性寄生物，寄生性也很强，以营寄生生活为主，但也有一定的腐生能力，在某种条件下，可以营腐生生活。它们虽然可以在人工培养基上勉强生长，但难以完成生活史，如外子囊菌、外担子菌等多数真菌和叶斑性病原细菌属于这一类。它们适应寄主植物发育阶段的变化而改变寄生特性。当寄主处于生长阶段，它们营寄生生活；当寄主进入衰亡或休眠阶段，它们则转营腐生生活。而且这种营养方式的改变伴随着病原物发育阶段的转变，真菌的发育也从无性阶段转入有性阶段。因此，它们的有性阶段往往在成熟和衰亡的寄主组织如落叶上发现。

（3）弱寄生物（兼性寄生物）。弱寄生物一般也称作死体寄生物或低级寄生物。该类寄生物的寄生性较弱，它们只能侵染生活力弱的活体寄主植物或处于休眠状态的植物组织或器官。在一定的条件下，它们可在块根、块茎和果实等储藏器官上营寄生生活。这类寄生物包括引起猝倒病的丝核菌和许多引起立木腐朽的真菌等，它们易于进行人工培养，可以在人工培养基上完成生活史。

（4）严格腐生物（专性腐生物）。严格腐生物不能侵害活的有机体，因此不是寄生物。常见的是食品上的霉菌，木材上的木耳、蘑菇等腐朽菌。

2. 病原物的致病性

致病性是病原物所具有的破坏寄主和引起病害的能力。病原物的致病性大致通过以下几种方式来实现：

（1）夺取寄主的营养物质和水分，如寄生性种子植物和线虫，靠吸收寄主的营养使寄主生长衰弱；

（2）分泌各种酶类，消解和破坏植物组织和细胞，侵入寄主并引起病害。例如，软腐病菌分泌的果胶酶，可分解消化寄主细胞间的果胶物质，使寄主组织的细胞彼此分离，组织软化而呈水渍状腐烂；

（3）分泌毒素，使植物组织中毒，引起褪绿、坏死、萎蔫等不同症状；

（4）分泌植物生长调节物质，或干扰植物的正常激素代谢，引起生长畸形，如线虫侵染形成的巨型细胞，根癌细菌侵染形成的肿瘤等。

不同的病原物往往有不同的致病方式，有的病原物同时具有上述两种或多种致病方式，也有的病原物在不同的阶段具有不同的致病方式。

3. 寄主植物的抗病性

寄主植物抵抗病原物侵染的能力称为抗病性。通常把植物对病原物侵害的反应分成以下几种类型。

（1）免疫。植物在环境条件适宜、病原物大量存在的条件下，完全不发病称为免疫。

（2）抗病。植物受到病原物感染后，表现轻微的症状，对植物影响不大，称为抗病。

（3）感病。植物受到病原物侵染后，症状明显，对植物影响较大，称为感病。但其感病程度差异很大，又有中度感病、高度感病之分。

（4）耐病。植物受到病原物侵染后，虽能表现明显的症状，但由于寄主自身的补偿能力较强，最后对植物影响较小，称为耐病。

（5）避病。植物本身不具备抗病能力，但因其最易感病期和最易感病部位可以错过病害的严重发生期，而减轻为害，称为避病。

二、植物侵染性病害的发生与发展

植物从受到病原物的侵染到发病，从个体发病到群体发病，以及从一个生长季节发病到下一个生长季节再度发病，都需要经过一定的过程，其中包括质的连续和量的消长变化两个方面。

侵染性病害从前一个生长季节开始发病，到下一个生长季节再度发病的全过程，称为侵染循环。它包括病原物的侵染过程、越冬越夏和传播三个基本环节。

（1）病原物的侵染过程。病原物从到达寄主表面到侵入寄主，引起病害发生的全过程称为侵染过程，也称为病程。侵染过程是连续性的。为分析各因素的影响，将其分为以下几个阶段。

1）接触期：接触期是指病原物通过各种方式，到达寄主表面与寄主发生接触的时期。

2）侵入期：从病原物开始萌发侵入寄主，到与寄主建立寄生关系为止的一段时期，称为侵入期。病原物的侵入需要一定的外部条件，当外部条件适宜于病原物侵入时，植物往往易感病。

①侵入条件：影响病原物侵入最重要的条件是湿度。病原物在侵入寄主前的一些活动都需在高湿环境下进行，如真菌孢子的萌发、细菌个体的繁殖都需要水分。水分过多时还能导致植物组织柔嫩，伤口不易愈合，为病原物的侵入创造了条件。所以，湿度大的年份，病害发生一般较重。温度主要影响病原物的侵入速度。例如，细菌在较高的温度下，可在短时间内繁殖足量的个体，以便很快地侵入寄主。温度较高的年份，病害发生期提前。另外，寄主表面外渗物质营养适宜或有伤口存在时，也有利于病原物的侵入和繁殖。

②侵入途径：病原侵入的途径一般有以下几种。

伤口侵入：非专性寄生的真菌和细菌都可从伤口侵入寄主而引起病发，病毒要从植物新鲜的微细伤口侵入。因此，促进植物生长健壮，提高愈伤能力和减少伤口，都能减轻这类病害的发生。

自然孔口侵入：植物的自然孔口主要包括气孔、皮孔及蜜腺等。许多寄生能力较强的真菌和细菌都能从自然孔口侵入，如霜霉病菌、茶云纹叶枯病菌都从气孔侵入。植物自然孔口的数量和分布情况，常成为限制病原物侵入的条件。

表皮直接侵入：许多真菌、线虫、寄生性种子植物可直接穿透植物表皮侵入到寄主体内。角质层厚的植物或品种，常表现抗侵入的特性。

3）潜育期：病原物在寄主体内扩展蔓延的时期称为潜育期。一年有多次侵染的病害，每次侵染潜育期的长短主要取决于温度的高低。

4）症状表现期：病原物侵入寄主后，经过扩展蔓延，使寄主表现出受害特征，称为症状表现期。

病征的出现，它表明前一个侵染过程完成，或下一个侵染过程又要开始。每发生一次侵染，就有这样一个侵染过程。有的病害在一个生长季节中可发生多次侵染，通常把每年病原物对寄主的第一次侵染称为初侵染，以后的多次重复侵染称为再侵染。

（2）病原物的越冬和越夏。每当一个生长季节结束，病原物的侵染活动也暂时中止，转入休眠，直到下一个生长季节，遇到适宜条件，再继续侵染为害。如果病原物的休眠是在冬季就称为越冬，在夏季就称为越夏。越冬越夏的场所，也是新的生长季节开始时，病原物的来源，即初侵染来源。

病原物的越冬越夏一般有以下六个场所。

1）病株：两年生或多年生的感病植株，都可成为病原物越冬越夏的场所。例如，蔷薇锈病、杜鹃叶肿病、十大功劳白粉病等主要在寄主的病部组织内越冬。新的生长季节开始，栽培地病株上的病原物恢复生长发育，并由此向外扩展蔓延。

2）种子及无性繁殖器官：病原物常在种子、块根、块茎或鳞茎内外越冬，如牵牛花白锈病的病原物在种子上越冬。这些病原物，在新的生长季节开始时，随着种子的萌发而

进行侵染，引起发病。同时，还能随种子调运到达新的地区引起病区的扩大。

3）病株残体：病株残体是指发病植株死亡后的各种残余组织。一些非专性寄生物能以腐生的方式在病残组织上越冬或越夏。新的生长季节开始时，便恢复生长发育，产生繁殖体，侵染植物，引起发病。

4）土壤：土壤是多种病原物越冬越夏的场所。病原物在土壤中的存活方式不同。许多专性寄生物常以各种休眠体散落在土壤中，如白粉菌的闭囊壳、霜霉菌的卵孢子、线虫的胞囊等。当休眠体遇到适宜条件时即可萌发侵入寄主。土壤干燥，有利于保持休眠状态，存活时间延长。一些非专性寄生物是随病残体在土壤中存活的，当病残体彻底腐解，病原物也就彻底死亡。还有一些病原物能在土壤中长期存活，称为土壤习居菌，如引起枯萎病的镰刀菌可在土壤中存活10年左右。对大多数植物病害而言，深耕、轮作，特别是水旱轮作，能加速病残体的腐解，防病效果显著。

5）粪肥：病原物随病残体进入粪肥中，或用病残体作饲料，许多病原物的休眠孢子通过牲畜的消化道后仍保持侵染能力。病肥施入土壤中，增加病原物的数量，若施于无病地块，还会造成病害的扩大传播。

6）昆虫：主要是指一些能在昆虫体内存活并繁殖的病毒，随传毒昆虫越冬或越夏。当新的生长季节开始时，病毒随昆虫的取食而传染。

各种病原物的越冬越夏场所较为稳定，有的病原物常有几个场所，但其中有一个是主要的。对一年只有1次侵染的病害，消灭越冬越夏场所的病原物，即消灭初侵染来源，就可收到明显的防病效果。

（3）病原物的传播。病原物经过越冬越夏渡过休眠阶段，或在寄主体上完成一个侵染过程，产生新的繁殖体后，须通过种种传播途径，转移到新的感病点继续为害。因此，传播在病害发生发展过程中起纽带作用。

病原物的传播方式主要有以下几种。

1）气流传播：也称为风力传播。许多真菌的孢子可借气流传播到很远的地方，气流传播的速度快、距离远、涉及面广，常在短时间内引起病害的大流行。各种植物的白粉病菌、霜霉病菌、锈病菌及叶斑病菌多借气流传播。对此类病害，应以种植抗病品种为主，辅以药剂防治。

2）雨水和流水传播：雨水和流水传播是指病原物借雨水冲带、雨滴反溅和雨后或灌溉造成的地面流水传播，其传播距离不及风力。多数细菌和少数产生在子实体内的真菌孢子，常黏结在胶质物中，水能使胶质物溶解，并借以扩散。风雨结合，能加大病原物的传播范围，并因风雨造成植物伤口而为病原物侵染提供了条件。多种生活在土壤中的软腐病菌、立枯病菌及线虫等都可借雨水和地面流水传播。对此类病害的防治，一方面减少病菌来源，另一方面减少病菌与植物体接触的机会，如起垅种植，雨后及时排水等。

3）昆虫和其他生物传播：许多病毒是通过带有刺吸式口器的昆虫传播的。有些伤口侵入的植物病原真菌和细菌，还能借咀嚼式口器的昆虫传播。这类昆虫一方面携带病原物，另一方面还可以造成伤口，为病菌侵入打开门户。对此类病害应采取灭虫防病的措施。除昆虫外，线虫、寄生性种子植物也可传播病毒病。

4）人为传播：病原物借人类的经济活动进行传播称为人为传播。例如，种苗调运可携带病原物作远距离传播。这种传播方式不受地理条件限制，常将在原产地为害不重的病害带到新发病地后造成严重损失。植物检疫是减少人为传播、控制病区扩大的主要措施。另外，栽培地植物养护管理与繁殖也能造成病原物的近距离传播，如带病苗的移栽、修剪、嫁接、整枝等可传播病毒病，操作器械能携带、转移病土。

综上所述，一种病害，其病原物经过越冬或越夏，到新的生长季节开始后，只要条件适宜，便在越冬越夏场所恢复生长发育，产生繁殖体，通过一定的传播方式与寄主接触，并在适宜条件下侵入寄主，引起初侵染。初侵染发病的植株上产生的繁殖体经过不断地再传播、再侵染，最后导致病害的流行。所以说，下一个生长季节病害的重新发生，实际上是前一个生长季节暂时中断了的病害的继续。其间以病原物的越冬越夏、传播、初侵染和再侵染加以衔接，使病害在一定区域内年复一年地发生。这就是病害的侵染循环，或者说是病害质的连续。

三、病害的流行

1. 病害流行的概念

侵染性病害普遍而严重发生，称为流行。经常引起流行的病害，称为流行性病害。病害的流行有一定的规律性。有再侵染的病害，在一个生长季节中通过多次侵染，条件适宜时就能引起流行。而无再侵染的病害，一般要经过若干季节或数年的连续发生后，才能引起流行。因此，流行是病害量的消长变化的结果。

2. 病害流行的条件

植物病害是病原和植物在一定环境条件下矛盾斗争的结果。其中病原和植物是病害发生的基本矛盾，而环境则是促使矛盾转化的条件。环境一方面影响病原物的生长发育，同时也影响植物的生长状态，增强或降低植物对病原的抵抗力。只有当环境不利于植物生长发育而有利于病原物的活动和发展时，矛盾向着发病的方面转化，病害才能发生。反之，植物的抗病能力增强，病害就被控制。因此，植物能否发病不仅决定于病原与植物之间的关系，而且在一定程度上，还取决于环境条件对双方的作用。当植物、病原、环境三个因素达到最优组合时，病害就会大发生，即引起流行。

现将各因素在流行中的作用分析如下。

（1）病原因素。大量病原物的存在是病害流行的先决条件。只有致病力强的病原物，才能有效地侵入寄主而引起发病。病原物繁殖能力强时，能短期内产生大量后代。有再侵染的病害，在适宜条件下，潜育期缩短，侵染次数增加，就可在短期内积累足以引起

流行的病原物。此类病害的流行与环境条件关系密切，如各种植物的锈病、白粉病、霜霉病。无再侵染的病害，需经过病原物的连年积累才能达到足够数量，环境条件对其影响不大。在病原物积累过程中，还需要有风向、风速、降雨等传播条件的配合。

（2）寄主因素。感病寄主，不仅本身受害，还是病原物的繁殖基地。在感病寄主上，病害的潜育期短，病原物繁殖数量大，适宜条件下容易引起流行。感病寄主栽培面积越大，病害发生的范围也越大。特别是大面积种植同一感病品种时，人为地为病原物的繁殖积累和扩大传播创造了有利条件。此外，寄主的易感病阶段与病害的盛发期相吻合也是导致病害流行的重要条件。

（3）环境因素。当致病力强的病原物和感病的寄主同时存在时，病害能否流行，取决于环境条件是否适宜。其中最重要的是气候条件，其次为土壤条件和栽培条件。多数真菌和细菌病害，在雨水多、湿度大时对流行有利。

综上所述，植物病害的流行需要有大量致病力强的病原物，大面积单一集中栽培的感病寄主和有利于病原物侵染繁殖的环境条件。三者缺一不可，但各因素在病害流行中并不同等重要。

3. 病害流行的动态

植物病害的流行是随着时间而变化的，亦即有一个病害数量由少到多、由点到面的发展过程。研究病害数量随时间而增长的发展过程，称为病害流行的时间动态。研究病害分布由点到面的发展变化，称为病害流行的空间动态。

（1）病害流行的时间动态。病害流行过程是病原物数量积累的过程。不同病害的积累过程所需时间各异，大致可分为单年流行病害和积年流行病害两类。

1）单年流行病害：单年流行病害在一个生长季中就能完成数量积累过程，引起病害流行。大多是有再侵染的病害，故又称为多循环病害。其发生特点是：

①潜育期短，再侵染频繁，一个生长季可繁殖多代；

②多为气传、雨水传或昆虫传播的病害；

③多为植株地上部分的叶斑病类；

④病原物寿命不长，对环境敏感；

⑤病害发生程度在年度之间波动大，大流行年之后，第二年可能发生轻微，轻病年之后又可能大流行。

属于这一类病害的有许多作物的重要病害，如锈病、白粉病、马铃薯晚疫病、黄瓜霜霉病等。

2）积年流行病害：又称单循环病害。积年流行病害需连续几年的时间才能完成该数量积累的过程。其发生特点是：

①无再侵染或再侵染次数很少，潜育期长或较长；

②多为全株性或系统性病害，包括茎基部及根部病害；

③多为种传或土传病害；

④病原物休眠体往往是初侵染来源，对不良环境的抗性较强，寿命也长，侵入成功后受环境影响小；

⑤病害在年度间波动小，上一年菌量影响下一年的病害发生数量。

属于该类病害的有黑穗病、粒线虫病、多种果树根病等。

（2）病害流行的空间动态。病害流行过程的空间动态是指病害的传播距离、传播速度以及传播的变化规律。

1）病害的传播距离：病害传播的距离按其远近可以分为近程、中程和远程三类。一次传播距离在百米以内的称为近程传播，近程传播主要是病害在田间的扩散传播，显然受田间小气候的影响。当传播距离在几十甚至几百千米以上的称为远程传播，如小麦锈病即为远程传播。介于两者之间的称为中程传播。中远距离传播受上升气流和水平风力的影响。

2）病害的林间扩展和分布型：病害在林间的扩展和分布型与病原物初次侵染的来源有关，可分为初侵染来源位于本地和外来菌源两种情况。初侵染源位于本地内，在林间有一个发病中心或中心病株。病害在林间的扩展过程是由点到片，逐步扩展到全片。传播距离由近及远，发病面积逐步扩大。病害在林间的分布呈核心分布。初侵染源为外来菌源，病害初发时在林间一般是随机分布或接近均匀分布，也称为弥散式传播。如果外来菌量大、传播广，则全片普遍发病。

四、病害防治的基本原则

“预防为主，综合治理”是园林植物病害防治的最基本原则。

1. 预防为主

从初期农业出现时起，人类和植物病害的斗争就开始了。但是，人类自觉地运用科学技术来防治园林植物病害却是近百年的事。随着园林植物生产和城市园林绿地的迅速发展，防治方法的不断更新，防治理论也在逐步形成、发展与完善。

植病防治总体上第一原则是“预防为主”。“预防为主”之所以正确，是因为它是由客观规律决定的，而且已为实践所证明。对大多数植物而言，病害几乎是只能防不能治，这是因为在生理和病理上，植物染病而发生了组织病变和器官损坏后，便不能修复；在技术上，目前尚难做到早期或中期诊断，植物病害在潜育期中并无肉眼可见的症状，而一旦病状显露，则组织已经坏死而生斑或腐烂，器官已经损坏或畸形，病变已入末期，治疗便难奏效；此外，在治疗技术上，目前尚缺乏既有效又经济易行的方法；在经济上，治疗成本较高，难以采用。因此，在相当长的一段时期内，“预防为主”的原则是牢不可动的。

2. 综合治理

从病理学理论上看，防治园林植物病害可从三方面着手，即消灭或抑制病原、提高

寄主抗病性和控制环境条件，使之不利于病原的发展而利于寄主植物的健康生长。在具体实施上，可采用多种措施和方法，如植物检疫、选育抗病虫品种、化学防治、清洁园圃、合理轮作、加强园林养护、生物防治、物理防治等。

有些病害，用单一防治方法可能奏效，但更多的病害，往往须综合采用多种方法，才能取得可靠的防治效果。一般来说，对那些传染来源较多，影响因素复杂的病害，一个单项措施的防病效能有限，只有采用数种必要方法，才能有效地控制流行。而这些防治措施又须与栽培措施相辅相成，两者融成一体，才便于付诸实施。

第三节 杀菌剂的类型与园林常用杀菌剂

一、杀菌剂的类型

杀菌剂是用来防治植物病害的药剂，它的销售额在我国仅次于杀虫剂。杀菌剂的类型有很多，可按不同方式进行分类。

1. 按化学成分分类

按化学成分，杀菌剂可分为四类。

（1）天然矿物或无机物制成的无机杀菌剂，如波尔多液、石硫合剂等；

（2）人工合成的有机杀菌剂，如多菌灵、代森锰锌等；

（3）从植物中提取出的具有杀菌作用的植物性杀菌剂，如大蒜素等；

（4）用微生物或它的代谢产物制成的微生物杀菌剂，如井冈霉素、多氧霉素等。

2. 按作用方式分类

杀菌剂按作用方式可分为保护剂和治疗剂两种。

（1）保护剂。在病原菌侵入植物前，将药剂均匀地施在植物表面，以消灭病菌或防止病菌入侵，保护植物免受为害。这类药剂必须在植物发病前使用，一旦病菌侵入后再使用，效果很差，如波尔多液、石硫合剂、百菌清等。

（2）治疗剂。病原菌侵入植物后，这类药剂可通过内吸进入植物体内，传导至未施药的部位，抑制病菌在植物体内的扩展或消除其为害，如托布津、多菌灵等。

3. 按施药方法分类

杀菌剂按施药方法可分三类。

（1）茎叶处理剂。在植物茎叶上施用的药剂，如粉锈宁等。

（2）种子处理剂。用浸种或拌种方法以保护种子的药剂，如拌种灵等。

（3）土壤处理剂。用来对带菌的土壤进行处理以保护植物的药剂，如五氯硝基苯等。

二、园林植物病害防治常用杀菌剂

1. 无机杀菌剂

（1）波尔多液。波尔多液具有杀菌谱广、持效期长、病菌不会产生抗性、对人和畜低毒等特点，是应用历史最长的一种杀菌剂。原料为硫酸铜、生石灰和水。硫酸铜、生石灰的比例及加水多少，要根据树种对硫酸铜和石灰的敏感程度（对硫酸铜敏感的少用硫酸铜，对石灰敏感的少用石灰）以及防治对象、用药季节和气温的不同而定。生产上常用的波尔多液比例有：波尔多液石灰等量式（硫酸铜：生石灰=1：1）、倍量式（1：2）、半量式（1：0.5）和多量式（1：3～5）。用水一般为160～240倍。配制方法：按用水量一半溶化硫酸铜，另一半溶化生石灰，待完全溶化后，再将两者同时缓慢倒入备用的容器中，不断搅拌。也可用10%～20%的水溶化生石灰，80%～90%的水溶化硫酸铜，待其充分溶化后，将硫酸铜溶液缓慢倒入石灰乳中，边倒边搅拌即成波尔多液。但切不可将石灰乳倒入硫酸铜溶液中，否则质量不好，防效较差。

防治对象及使用方法：波尔多液是一种良好的保护剂。防治谱广，但对白粉病和锈病效果差。在使用时直接喷雾，一般药效为15天左右。对易受铜离子药害的植物，如桃、李、梅等树木，可用石灰倍量式波尔多液，以减轻铜离子产生的药害。对于易受石灰药害的植物，可用石灰半量式波尔多液，如葡萄上可用1：0.5：160～200 的配比。在植物上使用波尔多液后一般要间隔20天才能使用石硫合剂，喷施石硫合剂后一般也要间隔10天才能喷施波尔多液，以防发生药害。防治炭疽病、轮纹病，可喷石灰倍量式波尔多液200～240倍液，半个月喷1次，并和其他杀菌剂交替使用，共喷3～4次。防治梨桧锈病，可在桧柏上，喷洒石灰等量式波尔多液160倍液。

在使用中应注意：配制容器不能用金属器皿，喷过的药械要及时洗净，防止腐蚀；阴雨天、雾天、早晨露水未干时均不能使用，以免发生药害；不能与石硫合剂等碱性农药混用，两药间隔期为15～20天。

（2）铜高尚。铜高尚是一种超微粒铜制剂的广谱性杀菌剂。具有杀菌力强、悬浮性好、耐雨水冲刷、对植物安全、对人和畜低毒、连续使用不产生抗性、使用方便等特点。其剂型有27.12%悬浮剂。

防治对象及使用方法：可防治斑点落叶病、轮纹病、炭疽病、黑斑病、白粉病、锈病等。可喷27.12%的铜高尚悬浮剂500～800倍液。喷药间隔天数为7～10天，视病情决定喷药次数。

在使用中不能与碱性农药混用。

（3）晶体石硫合剂和石硫合剂。晶体石硫合剂和石硫合剂是一种既能杀菌又能杀虫、杀螨的无机硫制剂。具有灭菌、杀虫和保护植物的功能。该药剂为保护性杀菌剂，对人、畜毒性中等，对植物安全，无残留，不污染环境，病虫不易产生抗性。常见剂型有

45%晶体石硫合剂，石硫合剂原液。商品石硫合剂的原液浓度一般均在32波美度以上，自行熬制的石硫合剂浓度多在22～28波美度。使用前应先用波美度表测定原液的浓度，然后根据需要的施用浓度加水稀释。在树木休眠期和发芽前，用3～5波美度石硫合剂。

防治对象及使用方法：可防治树木腐烂病、白粉病、炭疽病、锈病等，并可防治苹果全爪螨的越冬卵及山楂叶螨的出蛰成螨、梨圆蚧、桃树球坚蚧、梨盾蚧、柿树绵蚧和草履蚧等害虫。树木生长季节，用0.3～0.5波美度石硫合剂，可防治轮纹病、锈病以及多种树木的细菌性穿孔病、白粉病等，并可兼治山楂叶螨、苹果全爪螨等害螨。

在使用中应注意：晶体石硫合剂开袋后要尽快使用，以免潮解；储存或运输时要防止受潮，并要防止阳光直晒；稀释用水温度不得超过30℃；石硫合剂熬制和储存时，不能用铜、铝容器，可用铁质或陶瓷容器；晶体石硫合剂和石硫合剂不能与酸性、碱性农药混用；该药剂有腐蚀作用，应避免接触皮肤和衣物，药械用完后要及时清洗。

（4）神铜（氧化亚铜）。神铜外观为橘红色粉末，颗粒细微，悬浮率大于70%；常温储存5年。 神铜属低毒杀菌剂。神铜是保护性为主兼有治疗作用的广谱无机铜杀菌剂。常见剂型有80%的神铜可湿性粉剂，30%的神铜水悬浮剂。

防治对象：神铜具有触杀和内吸传导功能，即防治真菌性病害，又防治细菌性病害，可用于100多种植物的几十种病害防治。

（5）可杀得（丰护安、瑞扑2000）。可杀得是以氢氧化铜为主的铜基杀菌剂。具有使用范围广，黏附性极强，不受雨水、风的影响，药效较长，低毒，对人、畜安全，没有残留，不产生抗药性等特点。对真菌、细菌性病害防治效果好，尤其对细菌性病害防治效果更好。常见剂型有商品剂型77%可湿性微粒粉剂，30%的氢氧化铜水悬浮剂。

防治对象及使用方法：可防治花卉等植物的炭疽病、疫病、霜霉病、白粉病、疮痂病、叶斑病、细菌性条斑病、细菌性角斑病等真菌和细菌病害60多种。在植物发病初期，每亩用120～150克，加水40～50千克，均匀喷洒。间隔7～10天喷1次，连续喷2～4次。

在使用中应注意：本品对鱼类等水产动物有毒，应避免药液污染水源；不要与强酸、强碱性农药、肥料混用；喷药前做好保护，防止药液喷到皮肤，若触及皮肤，用肥皂清洗。

2. 合成杀菌剂

（1）代森锌。代森锌粉剂为淡黄色粉末，有硫黄气味，遇碱分解，遇热、日光及受潮后逐渐分解；对人、畜毒性低，但对黏膜有刺激。常见剂型有80%、65%可湿性粉剂。

防治对象及使用方法：可防治疫病、疮痂病、炭疽病、黑斑病、霜霉病等。65%的可湿性粉剂500克加水250～300千克喷雾。隔7～10天喷1次，喷3～4次。

在使用中应注意：不能与碱性农药混用；放在阴凉干燥处保存。

（2）代森锰锌（喷克、大生M-45、新万生）。代森锰.、喷克、大生M－45、新万生均为代森锰和锌离子的络合物，属有机硫类保护性杀菌剂。具有高效、低毒、杀菌谱广、病菌不易产生抗性等特点，且对植物缺锰、缺锌症有治疗作用。剂型有70%和80%代森锰锌可湿性粉剂，80%喷克、大生M-45、新万生可湿性粉剂。

防治对象及使用方法：防治斑点病、轮纹病、炭疽病、锈病、桃细菌性穿孔病等。在植物发病前和发病初期，用70%或80%的代森锰锌（喷克、大生M-45、新万生）600～800倍液。每15天喷1次，可与其他杀菌剂交替使用，共喷3～5次。

在使用中应注意：不能与碱性或含铜药剂混用；对鱼类有毒，不可污染水源。

（3）福美双（秋兰姆、赛欧散、阿锐生）。福美双为保护性杀菌剂，属低毒杀菌剂，对皮肤和黏膜有刺激作用。其对鱼类有毒，对蜜蜂无毒。常见剂型有50%、75%、80%可湿性粉剂。

防治对象及使用方法：对多种植物霜霉病、疫病、炭疽病有较好的防治。喷雾时，将50%可湿性粉剂稀释成500～800倍液。土壤处理，用50%可湿性粉剂100克，处理土壤500千克，做温室苗床处理。

在使用中应注意：不能与铜、汞及碱性农药混用或前后紧连使用；对皮肤和黏膜有刺激作用，喷药时注意防护；储存在阴凉干燥处，以免分解。

（4）乙磷铝（克霉灵、疫霉灵、三乙磷酸铝、霜疫灵、霉菌灵、疫霜灵）。乙磷铝为米黄色粉末，在正常条件下储存较稳定，是高效、低毒、内吸杀菌剂，对人、畜安全，对皮肤、眼睛无刺激作用。它具有双向传导功能兼有保护、治疗和内吸传导作用。有效期3～4周。剂型有40%、80%、90%可湿性粉剂，30%胶悬剂。

防治对象及使用方法：对霜霉属、疫霉属病原真菌引起的病害霜霉病、疫病有效。各类霜霉病、疫病的防治可用40%可湿性粉剂200～300倍液在发病初期喷药。每隔10天喷1次，共喷2～5次。

在使用中应注意：不要与强碱性和强酸性药剂混用；要放在干燥处保存；连续使用易产生抗药性，降低效果，应与其他杀菌性交替轮换使用，更不能盲目增加用药量。

（5）多菌灵（棉萎灵、MBC、苯并咪唑44号）。多菌灵是一种高效、低毒、广谱、内吸性杀菌剂，具有向顶性传导功能，对多种病害有预防和治疗作用，对叶螨和病原线虫有抑制作用。剂型有50%、25%可湿性粉剂，40%胶悬剂，50%、80%超微可湿性粉剂。

防治对象及使用方法：可防治灰霉病、炭疽病、菌核病等。使用浓度为50%的多菌灵可湿性粉剂300～500倍液喷雾，对大丽花花腐病、月季褐斑病、海棠灰斑病、君子兰叶斑病都有一定防效。一般在发病初期，每亩用50%可湿性粉剂83～125克，兑水常规喷雾，共喷3～5次。

在使用中应注意：不能与铜剂混用。

（6）甲基托布津（甲基硫菌灵）。甲基托布津是有机杂环类内吸性杀菌剂，兼有保护和治疗作用。可向顶部传导，内吸作用好于多菌灵。甲基托布津被植物吸收后即转化

为多菌灵，对人、畜、鸟类低毒，对植物和蜜蜂、天敌安全。剂型有50%、70%可湿性粉剂，40%、50%胶悬剂，36%悬浮剂。

防治对象及使用方法：在发病初期，用70%甲基托布津可湿性粉剂800～1 500倍液喷雾，每隔7～10天喷1次，连续喷3～4次可防治轮纹病、炭疽病、白粉病、菌核病、灰霉病等。

在使用中应注意：不能与碱性农药和含铜制剂混用；避免单一使用，要与其他杀菌剂交替使用，但不可和多菌灵、苯菌灵交替使用。

（7）百菌清（达科宁、大克灵、桑瓦特、克劳优）。百菌清为非内吸性广谱杀菌剂，兼有保护和治疗作用，具有一定的熏蒸作用，对弱酸、弱碱及光热稳定，无腐蚀作用。在植物表面易黏着，耐雨水冲刷，残效期一般7～10天。对人、畜低毒，对某些人眼有明显的刺激作用。对鱼类毒性大，对家蚕安全。剂型有50%、75%可湿性粉剂，10%油剂，5%、25%颗粒剂，2.5%、10%、30%烟剂。

防治对象及使用方法：可用来防治炭疽病、锈病、白粉病、霜霉病等。75%的可湿性粉剂600～800倍液，或用10%的百菌清烟片剂，每亩用300～400克，施放前先关闭温室的门气窗，大棚要关严通风口，放烟后关闭3～4小时之后开窗通风。喷药间隔时间为10～15天。

在使用中应注意：不能与石硫合剂、波尔多液等碱性农药混用；该药无内吸作用，喷药要均匀周到；药剂不得污染水塘、鱼池、河流等水面。

（8）粉锈宁（三唑酮、百理通、百菌酮）。粉锈宁是一种高效、内吸性的三唑类杀菌剂，化学性质稳定，在酸、碱条件下不易分解，药液被植物吸收后，能迅速在体内传导，具有双向传导功能，并且具有预防、铲除、治疗和熏蒸作用，持效期较长。对人、畜低毒，对蜜蜂无毒，对鱼类低毒，对天敌安全。剂型有15%、25%可湿性粉剂，20%乳油，20%糊剂，25%胶悬剂，0.5%、1%、10%粉剂，15%烟雾剂。

防治对象及使用方法：主要防治白粉病、锈病等病害。用15%粉锈宁可湿性粉剂1 000～1 500倍液，每次间隔15天。

在使用中应注意：不能与强碱性农药及铜制剂混用；应与其他杀菌剂交替使用。

（9）速克灵（腐霉利、杀霉利、二甲菌核利）。商品为灰白色细粉末。性质稳定，对人、畜毒性低，对植物安全。它是具有内吸向新叶传导性能的杀菌剂，具有保护和治疗的双重作用。对葡萄孢属和核盘菌属有特效，可与多菌灵类药剂交替使用。耐雨水冲刷，残效期15天左右。剂型有50%可湿性粉剂，10%烟剂，50%水剂，30%颗粒熏蒸剂，25%流动性粉剂，25%胶悬剂。

防治对象及使用方法：可用于花卉等的菌核病、灰霉病、黑星病、褐腐病、大斑病的防治。用50%可湿性粉剂800～1 000倍液，在发病初期喷雾，间隔7～10天喷1次，连喷2～3次。用10%烟剂在大棚内或温室，于发病初期，每亩用5～6盒（片），设置均匀后，将大棚或温室封闭，在傍晚点燃施放，次日早晨通风，间隔7～10天施放1次，连续2～3次，防治灰霉病、叶霉病、菌核病等。

在使用中应注意：不要与碱性药剂或有机磷剂混用；不宜对幼苗、弱苗或在高温条件下喷雾；单一使用该药易产生抗性，应与其他药剂轮换或混合使用。

（10）扑海因（异菌脲、咪唑霉）。扑海因是对病害植株有保护和一定的治疗作用的广谱性接触杀菌剂。对人、畜低毒，对蜜蜂、鸟类和天敌安全。扑海因对真菌的作用点较为专化。病菌易产生抗药性，连续使用次数最多为3次，不宜用药次数过多，应及时更换用药品种。剂型有50%可湿性粉剂，25%悬浮剂。

防治对象及使用方法：对葡萄孢属、链孢霉属、核盘菌属、伏革菌属引起的病害有较好的防治效果。亦可用来防治灰霉病、黑斑病等。喷药浓度为50%可湿性粉剂1 000～1 500倍液。每隔10～15天喷1次。

在使用中应注意：不能与碱性农药混用；该药无内吸性，喷药要均匀周到；要注意与其他杀菌剂交替使用，但不能与速克灵、农利灵等性能相似的药剂混用或交替用药。

（11）五氯硝基苯（土壤散）。商品为微黄色粉末，有氯的臭味，一般酸碱对药影响不大，在高温条件下影响药效，对人、畜毒性低。剂型有70%、50%、30%、20%粉剂。

防治对象及使用方法：防治幼苗立枯病、猝倒病等。用70%粉剂与代森锌1∶1混合后，每平方米6～8克，加细土10千克搅拌均匀后，播种时下垫药土和上盖药土进行消毒，即2两药拌120斤细土，处理12平方米。

在使用中应注意：拌种和拌土时要均匀；拌种和拌土时要戴手套、口罩。

（12）敌可松（地可松、地爽、敌磺钠）。工业品为黄棕色粉末，无臭味，药剂的水溶液遇光、热和碱易分解。对人、畜毒性较高，为中等毒性杀菌剂。有内吸渗透、保护和治疗作用。剂型有75%、95%可溶性粉剂，5%颗粒剂，55%膏剂，2.5%粉剂。

防治对象及使用方法：对藻菌、腐霉菌引起的多种病害有较好的防效。苗期立枯病、猝倒病，可用160克2.5%粉剂对20倍细土，配成药土均匀撒施；立枯病、枯萎病，每亩用75%可溶性粉剂200～400克，兑水75～100千克喷茎基部或灌根，在发病初期连续喷2～3次；炭疽病，可用75%可溶性粉剂500～1 000倍液喷雾；苗木立枯病、黑根病的防治，每100千克种子用95%可溶性粉剂147.4～368.4克拌种。

在使用中应注意：该药在日光下不稳定，在做土壤处理和喷撒土壤表面时要将药剂施入土内或覆盖一层细土；喷雾最好在傍晚和阴天进行；不能与石硫合剂、波尔多液和含钙的药剂混用。

（13）新星（福星）。新星属三嘧唑类内吸性杀菌剂，能迅速被叶面吸收，可抑制病菌菌丝生长和孢子形成，并有内吸治疗和保护性能。作用迅速，用量极低，对人、畜低毒，耐雨水冲刷，不伤害天敌和有益生物。剂型有40%乳油。

防治对象及使用方法：防治锈病、轮纹病、炭疽病、白粉病等。于发病初期用40%新星乳8 000～10 000倍液。每10天左右喷1次药，共喷2～4次。

在使用中应注意：不能与碱性农药、肥料混用；为避免病菌产生抗性，要与其他杀菌剂交替使用。

（14）速保利（S-3308L）。速保利属于中等毒性杀菌剂，是麦角甾醇生物合成抑制剂，具有保护、治疗、铲除作用的广谱性杀菌剂。剂型有12.5%可湿粉剂。

防治对象及使用方法：对子囊菌和担子菌引起的多种植物白粉病、黑粉病、锈病、黑星病等有特效。用12.5%可湿性粉剂3 000～4 000倍液喷雾。

在使用中应注意：避免药剂沾染皮肤，若不小心沾药应及时用肥皂水冲洗；应放在阴凉干燥处。

（15）普力克（疫霜净）。普力克是一种高效、广谱、低毒的新型内吸杀菌剂，具有保护和治疗作用，有双向传导性能，持效期10～14天，土壤处理持效期可超过两个月。本品不仅有防治病害的作用，对植物非常安全，对人、畜也安全。在使用方法上既可用于叶面喷雾，也可进行土壤处理、苗床浇灌防治土壤传播的病害。本品可以与酸性农药和肥料混合使用。剂型有72.2%水溶性液剂。

防治对象及使用方法：防治各种植物的霜霉病和疫病、根腐病、猝倒病。叶面喷雾在发病初期或发病前，用100毫升，加水60～90千克稀释到600～900倍液，每亩喷药液30～50千克，间隔7～10天喷1次，连续喷2～4次。土壤处理，每平方米苗床喷灌500倍药液2～3千克，在播种前和幼苗移栽前各用一次，要使药液灌到根部。

在使用中应注意：安全保护，喷药期间不要吸烟、吃食物，喷药后要洗脸；储存时放在干燥处，不要同食物一块存放。

（16）瑞毒霉（甲霜安、甲霜灵、阿普隆、保种灵、瑞毒霜、雷多米尔、氨丙灵）。 瑞毒霉内吸和渗透力很强，施药后30分钟即可在植物体内上、下双向传导，对病害植株有保护和治疗作用，且药效持续期长。它主要抑制菌丝体内蛋白质的合成，使其营养缺乏，不能正常生长而死亡。对人、畜低毒，对鱼类、蜜蜂和天敌安全，耐雨水冲刷。剂型有35%拌种剂，25%、50%可湿性粉剂，5%颗粒剂。

防治对象及使用方法：可防治霜霉菌、疫霉菌等。用25%可湿性粉剂400～600倍液，于发病初期喷雾。每隔10～15天喷1次，喷3～4次。

在使用中应注意：可与多种杀虫剂、杀菌剂混用，应与其他杀菌剂交替使用；该药对人的皮肤有刺激性，要注意防护；本剂不能与碱性农药或化肥一同混用，以免降效或无效；连续使用不能超过5次以上。

（17）琥胶酸铜（DT、二元酸铜）。琥胶酸铜是一种新型杀菌剂，特点是杀菌广谱、高效、安全、经济。防治由细菌和真菌引起的多种病害，具有较好的治疗和保护作用。剂型有30%可湿性粉剂。

防治对象及使用方法：可防治细菌性角斑病、青枯病等多种病害。防治细菌性角斑病，在发病初期，用500～600倍液，每亩用药液30～50千克进行均匀喷雾，间隔7～10天喷1次，一般连喷3～5次；防治青枯病，在发病初期，用400倍液灌根，根据病情一般每株灌100～200毫升药液，一般间隔7～10天灌1次，连灌2～4次。

在使用中应注意：选择晴天施用，避免中午高温施用，遇雨补喷；灌根时，一定要在根部周围扒坑，但不要伤根，如土壤湿度大，扒坑后晾晒一天再施药；本品不能与其他药物混配；其他药剂与本品间隔时间不得少于7天。

（18）羧酸磷铜（百菌通、DTM）。羧酸磷铜是一种多元复合高效杀菌剂，具有内吸传导和抑制保护作用，对细菌、真菌有明显的抑杀作用，可防治细菌和真菌性等多种病害，是理想的无公害药剂。剂型有50%可湿性粉剂。

防治对象及使用方法：对细菌性角斑病、霜霉病有特效；对软腐病、疫病、青枯病等有明显的防治作用。直接加水稀释叶面喷施，在未发病或发病初期使用，浓度为500～600倍液，间隔7～10天，喷洒2～4次。

在使用中应注意：选择晴天施用，避免中午高温施用，遇雨补喷；喷洒或灌根时随时摇晃药液，以免沉淀，影响药效；本品虽毒性低，但人、畜不可误食；施用时遵照一般农药的安全防护要求；其他药剂与本品间隔时间不得少于7天。

（19）植病灵。植病灵是一种高效、低毒、广谱、脱毒杀菌剂，是杀菌剂、病毒抑制剂和生长调节剂的混配制剂。对病毒病防效最优。对人、畜、植物安全。剂型有1.5%乳剂。

防治对象及使用方法：可防治花叶病毒、蕨叶病毒和条斑病毒。在植物苗期、开花期和各生长期均可使用。使用浓度为1.5%乳剂800～1 000倍液，每亩喷药液30～50千克，间隔7～10天喷洒1次，可连续喷2～4次。

在使用中应注意：喷药时要均匀，正反叶面要全部喷到；配药先充分摇匀。

（20）病毒宁（病毒A）。病毒宁对各类病毒引起的多种植物病毒具有十分明显的预防和治疗作用，是防治病毒的最佳良药。剂型有20%可溶性粉剂。

防治对象及使用方法：可防治病毒病。在发病初期开始，采用叶面喷雾和灌根的方法，每亩用100～120克，加水40～50千克。间隔7～10天喷雾1次，连续2～4次，如与杀虫剂、微量元素混用效果更好。

（21）菌毒清（安索菌毒清）。菌毒清具有高效、低毒、无残留等特点，并有较好的渗透性，对侵入树皮内的潜伏病菌有一定的铲除作用，可用来防治多种真菌、细菌和病毒引起的病害。剂型有5%水剂。

防治对象及使用方法：可防治树木腐烂病等枝干病害。用5%菌毒清水剂30～50倍液，在刮治后的病斑上涂抹两次（间隔7～10天），效果较好，并有强烈的刺激生长作用，能促进伤口愈合，病疤复发率较低。亦可在早春树木发芽前，用5%菌毒清水剂

100～200倍液，喷洒树体枝干，药液用量控制在滴水程度，可铲除树木腐烂病、流胶病侵入枝干内的病菌。防治树木根部病害如紫纹羽病、白纹羽病及镰刀菌引起的根病，可在春季树木萌芽期和7月用5%菌毒清200～300倍液灌根，能控制病害发展。

在使用中应注意：不要与其他农药混用；低温时易出现结晶，可用温水隔瓶使其融化，不影响药效。

3. 生物制剂

（1）井冈霉素（有效霉素）。井冈霉素属高效、低毒杀菌剂，持效期长，耐雨水冲刷，使用安全，无残留，对人、畜低毒，对鱼类、蜜蜂和天敌安全，不污染环境。该药剂内吸性很强，它虽不能直接杀死病菌，但可干扰和抑制菌体细胞的正常生长发育，从而起到治疗作用。常见剂型有0.33%粉剂，3%、5%、10%水剂，2%、3%、4%、5%、10%、12%、15%、17%、20%可溶性粉剂，5%、10%、15%井冈霉素A可溶性粉剂。

防治对象及使用方法：可防治草坪的纹枯病，每亩用5%可溶性粉剂100～150克，兑水75～100千克，喷雾或泼浇，间隔期7～15天。用5%水剂500～1 000倍液，按3毫升/平方米药溶液量灌苗床，可防治立枯病。

在使用中应注意：可与多种杀虫剂混用，亦可与非碱性杀菌剂混用；粉剂要在干燥处储存。

（2）农抗120（抗霉菌素）。农抗120属农用抗生素类杀菌剂。对人、畜低毒，无残留，不污染环境，对植物和天敌安全，并有刺激植物生长的作用。剂型有1%、2%、4%水剂。

防治对象及使用方法：在病害发生初期，用 2%农抗120水剂200倍液喷雾，主要防治白粉病、炭疽病等。防治树腐烂病，可于早春或晚秋在刮治后的病斑上用2%农抗120水剂30倍液涂抹两次，消毒杀菌，防效较好。

在使用中应注意：除碱性农药以外，可与其他杀虫剂、杀菌剂混用。

（3）多氧霉素（宝丽安、多效霉素、保利霉素、科生霉素）。多氧霉素属农用抗生素类杀菌剂。杀菌谱广，有良好的内吸传导性能，并有保护和治疗作用，主要干扰病菌的细胞内壁几丁质的合成，抑制病菌产生孢子及菌丝体的生长发育，最终导致病原物的死亡。多氧霉素低毒，无残留，对环境不污染，对天敌和植物安全。剂型有1.5%、2%、3%和 10%可湿性粉剂。

防治对象及使用方法：在病害发生初期和盛期，用10%多氧霉素可湿性粉剂1 000～1 500倍液喷雾，可防治斑点落叶病、灰斑病、轮纹病、灰霉病等。喷药次数应根据病情而定，每次喷药间隔期为10天左右，连喷2～3次，最好和波尔多液交替使用。

在使用中应注意：不能与酸、碱农药混用；全年用药次数不要超过3次，以免病菌产生抗性。

（4）农用链霉素。农用链霉素为放线菌的代谢产物，杀菌谱广，特别是对细菌性病害效果较好，具有内吸作用，能渗透到植物体内，并传导到其他部位。对人、畜低毒，对鱼类及水生生物毒性亦很小。剂型有500万单位（ppm）、1 000万单位（ppm）可湿性粉剂。

防治对象及使用方法：防治各种植物的细菌性病害。在发病初期，喷100～200单位（ppm），即亩用10 000万单位0.5～1克或500万单位1～2克，加水50～100千克，进行全株喷洒或灌根，一般间隔10天喷或灌1次，根据病情用1～3次。

在使用中应注意：不要与碱性农药混用；不能与杀螟杆菌、苏云金杆菌等杀虫生物剂混用；使用时要现配现用，配好的农药液应当日用完，久存失效。

（5）新植霉素。新植霉毒为农用链霉素与土霉素的复配农用抗菌素制剂，对人、畜、植物和环境安全。剂型有1%可湿性粉剂。

防治对象及使用方法：防治软腐病、细菌性角斑病、青枯病等各种花卉的细菌性病害。每亩用20克，加水50千克，搅拌后均匀喷洒。喷洒要在发病初期，不要过晚，间隔7～10天喷1次，连续喷2～3次。

在使用中应注意：不能与碱性农药混用，也不能与BT乳剂等生物制剂混用；药剂要现配现用，不要久存；药剂发现受潮结块，不影响药效；要存放在阴凉干燥处。

（6）菇类蛋白多糖（抗毒剂1号）。本品为低毒生物制剂，为预防性抗病毒剂，集防治、促生、营养为一体。剂型有0.5%水剂。

防治对象及使用方法：对烟草花叶病毒、黄瓜花叶病毒等的侵染均有良好的抑制效果，尤以对烟草花叶病毒抑制效果更佳。可采用喷雾、浸根、灌根、浸种等多种途径施用。常用0.5%抗毒剂1号水剂200～300倍液，于苗期或发病初期开始每隔7～10天喷1次，连喷3～5次。发病初期，可用200～250倍液，灌根，每株灌药液100～200毫升，每10～15天灌1次，共灌2～3次。播前可将种子用0.5%抗毒剂1号水剂300倍液，浸泡3～4小时。

在使用中应注意：避免与酸、碱性农药混用。

（7）中生菌素（农抗 751）。该药具有广谱、高效、低毒、无污染等特点，对多种细菌及真菌病害具有较好的防治效果。剂型有1%中生菌素水剂。

防治对象及使用方法：1%的中生菌素200～300倍液喷雾，可防治斑点落叶病、轮纹病、炭疽病等。1%的中生菌素400～500倍液和80%的喷克或80%的大生M－45可湿性粉剂1 000倍液或40%的福星乳油10 000倍液混用，防治上述病害有明显的增效作用。

在使用中应注意：不能与碱性农药混用；药剂要现配现用，不要久存。

4. 植物性杀菌剂

（1）混合脂肪酸（83增抗剂）。该剂是一种低毒，免疫性杀菌剂，能诱导植物抗病基因的表达，对植物本身有激素活性，对病毒有钝化作用，能有效抑制植物体内病毒的增

殖和扩展速度，并对传毒媒介——蚜虫有抑制作用。剂型有10%水乳剂。

防治对象及使用方法：对花卉病毒病，用100倍液分别在小苗2～3叶期、移植前1周、定植缓苗后1周各喷1次，或于发病初期喷施。每10天喷1次，连喷2～3次。

在使用中应注意：使用时先将制剂充分摇匀，再加水稀释，如喷后24小时内遇雨须补喷1次；须保存在常温条件下，置阴凉、干燥处；本品在低温下会凝固，使用时先放入温水中预热，待制剂融化后再加水稀释；宜在生长前期施用，生长后期施用效果不理想。

（2）腐必清（松焦油原液）。该药剂具有渗透性强、耐雨水冲刷、药效长等特点，对树木上多种真菌病害有较好的预防和铲除作用。剂型有涂剂、乳剂。

防治对象及使用方法：主要用于树枝干腐烂病的防治，在早春萌芽前和晚秋落叶后刮治腐烂病病斑以后，用腐必清涂抹剂或乳剂2～3倍液在病斑上各涂抹1次。夏季发病期还应在病斑上涂抹1次，发病严重者可用乳剂50倍液进行全树喷雾防治。

在使用中应注意：本药剂易燃，应放在阴凉、远离火源处储存；使用前应充分搅拌均匀；避免药剂直接接触皮肤，若不慎触及皮肤，可用去污粉搓洗，再用肥皂水清洗。

（3）843康复剂。843康复剂是由腐殖酸、中药材和化学药剂等复配而成的一种杀菌剂。该制剂具有保护树体，不烧伤皮下组织，增强树体内营养输导和促进愈合能力，复发率低等特点，是一种高效、低毒、低残留的杀菌剂。剂型有4%水剂，2%乳油。

防治对象及使用方法：主要用于防治树枝干病害。在彻底刮除病斑后，用毛刷将843康复剂均匀涂抹在病斑上，10～15天再涂1次。如病情较重，在夏季发病期再涂抹1次。涂抹后20～40天伤口开始愈合，并长出新的组织。亦可用作整枝修剪时的封口剂，在修剪后的伤口上用843康复剂涂抹，既可预防腐烂病病菌的侵染，又能加速伤口愈合速度。

在使用中应注意：不能与酸性农药混用；夏季使用可用塑料布包扎伤口，以防止雨水冲刷。

第四节　植物叶部病害的识别与防治

一、锈病

1. 贴梗海棠锈病

【症状】感病的叶片初期在叶片正面出现黄绿色小点，逐渐扩大，表面为橙黄色斑，六月中旬病斑上生出略呈轮状的黑点，即性孢子器。后期背面生出黄色粉状物，即锈孢子器，内产生锈孢子，秋冬季为害松柏（见图4—26）。

梨叶正面

梨叶反面

龙柏（胶化）

图4—26　贴梗海棠锈病

【病原及发病规律】病原为山田胶锈菌。病菌在松柏上越冬，三月下旬冬孢子形成，四月遇雨产生小孢子，借风雨传播，浸染海棠，七月产生锈孢子，借风传播到松柏上，侵入嫩梢。雨水多是该病发生的主要条件。

【防治方法】①避免将海棠、松柏种在一起。②于三月下旬冬孢子堆成熟时，往松柏上喷施1∶2∶100的波尔多液。③海棠发病初期喷15%粉锈宁可湿性粉剂1 500倍液。

2. 玫瑰锈病

【症状】该病可浸染玫瑰的芽、叶片花托、嫩枝等部位。春季感病的芽呈淡黄色，芽肿大，病芽陆续枯死。秋季腋芽感病后，少数能长出叶片，冬后枯死。感病叶片正面为浅黄色不规则病斑，叶背为黑色孢子堆，叶片提早脱落（见图4—27）。

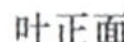
叶正面

叶反面

图4—27　玫瑰锈病

【病原及发病规律】病原为玫瑰多孢锈菌。病菌以菌丝在芽内越冬，而且是来年的主要浸染源。本菌为单主寄生。不同玫瑰品种间抗病性有差异，保加利亚红玫瑰、白玫瑰和前苏联香水玫瑰较抗病。发病适温为24～26℃。降雨多是该病害流行的主导因素。

【防治方法】①及时清除、烧毁枯枝败叶，以减少浸染源。②一般在六月下旬和八月中旬发病盛期前喷药，每隔8～10天喷1次，连续2～3次。药剂有75%的百菌清800倍

液，50%的代森铵800～1 000倍液，50%的退菌特500倍液。

3. 草坪锈病

【症状】所有禾草都能被侵染发病，几乎每种禾草都会受到一种或几种锈菌为害。锈病主要包括条锈病、叶锈病、秆锈病和冠锈病。病斑主要出现在叶片、叶鞘或茎秆上，在发病部位生成黄色至铁锈色的夏孢子堆和黑色冬孢子堆。不同锈病根据其夏季孢子堆和冬孢子堆的形状、颜色、大小和着生特点进一步区分（见图4—28）。

图4—28　草坪锈病

常见的有下列几种：秆锈病（禾柄锈菌），叶锈菌（隐匿柄锈菌），条锈病（条形柄锈菌），冠锈病（禾冠柄锈菌）。

【病原及发病规律】病原为柄锈菌科。一般春秋发病重，四月就可始见发病中心，侵染至十一月下旬。当病菌在适宜湿度和叶面有水膜的条件下，一般6～10天就可发病，并产生大量的夏孢子，随风传播，不断造成新的侵染，使病害迅速扩展蔓延。但由于锈病发生的因素有很多，如不同品种的抗病程度、湿度、降雨、草坪密度、水肥等养护管理，不同年份、不同地块发病程度都会有所不同。其中对湿度的要求，以秆锈最高，叶、冠锈居中，条锈最低。

【防治方法】①种植抗病草种和品种并进行合理布局，提倡不同草种或多品种混合种植，如草地早熟禾、多年生黑麦草和高羊茅（7∶2∶1）的混播，或草地早熟禾不同品种的混播。②科学的养护管理：增施磷、钾肥，适量施用氮肥。合理灌水，降低田间温度，发病后适时剪草，减少菌源数量。③化学防治：用粉锈宁、羟锈宁、特普唑（速保利）、立克秀等杀菌剂。可在播种时按每千克种子用三唑类纯药0.02%～0.03%克拌种，或在长生期喷雾。一般在发病早期，用25%的三唑酮可湿性粉剂1 000～2 500倍液，12.5%的特普唑（速保利）可湿性粉剂2 000倍液等喷雾。修剪后，用15%的三唑酮乳剂1 500倍液喷雾，间隔30天后再用1次，防治锈病效果可达85%以上。

二、白粉病

1. 蔷薇白粉病

【症状】感病的植株，幼叶呈淡灰色，叶变扭曲，上覆一层白粉，严重时叶片枯萎、花朵小而少，甚至不能开花。病菌也可浸染花柄、茎等部位（见图4—29）。

图4—29　蔷薇白粉病

【病原及发病规律】病原为蔷薇单丝壳菌。病菌以菌丝体在病芽、病叶或病枝上越冬。病害与气温关系密切，当气温17～25℃时为发病盛期，即四月至五月、九月至十月为发病盛期。

【防治方法】①改进蔷薇生长条件。适当通风、透光。少施氮肥，多施磷、钾肥。②冬季修剪后喷1.02千克/升石硫合剂杀死越冬病菌。发病前可喷施200倍等量式波尔多液预防；发病时喷15%的粉锈宁可湿性粉剂1 000倍液，或70%的甲基托布津可湿性粉剂1 000倍液。

2. 金盏菊白粉病

【症状】病菌可浸染叶和茎。感病的叶片出现直径为0.5～1.2毫米粉状圆形病斑，不规则分布，以后遍布全株，叶面上覆盖一层白粉；茎同样为白色，感病严重时植株茎叶发黄，不久枯死（见图4—30）。

图4—30　金盏菊白粉病

【病原及发病规律】病原为二孢白粉菌。病菌以闭囊壳或菌丝在被害的叶、茎的病组织中越冬。病菌主要通过风雨传播，在气温17～25℃、气候干燥时，发病严重。

【防治方法】①发现病株立即拔除，减少浸染源。②用15%的粉锈宁可湿性粉剂1 000～1 200倍液，或70%的甲基托布津可湿性粉剂1 000倍液，或20%的抗霉素100～200倍液喷雾。

3. 凤仙花白粉病

【症状】该病主要为害叶片，也可蔓延至嫩茎、花、果。感病的叶片最初在叶表面上出现零星不规则状的白色粉块，随着病害的发展，叶面逐渐布满白色粉层。初秋，在白粉层中形成黄色小圆点，后逐渐颜色变深呈黑褐色。病叶后期变枯黄、扭曲（见图4—31）。

图4—31　凤仙花白粉病

【病原及发病规律】病原为单丝壳菌。病菌在凤仙花的病残体和种子内越冬，次年发病期散放子囊孢子进行初次浸染。以后产生分生孢子进行重复浸染，借风雨传播。八月至九月为发病盛期。气温高、湿度大、种植过密、通风不良，发病重。

【防治方法】①加强栽培管理，种植密度要适当，应有充分的通风透光条件，多施磷、钾肥，不过量施氮肥。②及时拔除病株、清除病叶并集中烧毁，减少来年浸染源。③发病期间用25%的粉锈宁可湿性粉剂2 000～3 000倍液，或70%的甲基托布津可湿性粉剂1 000～1 200倍液，或25%的多菌灵可湿性粉剂500倍液喷施。

4. 大叶黄杨白粉病

【症状】白粉大多分布于大叶黄杨的叶正面，也有生长在叶背面的。单个病斑圆形、白色，多个病斑连接后不规则。将白色粉层抹去时，发病部位呈现黄色圆形斑。感病严重时病叶发生皱缩，病梢扭曲成畸形（见图4—32）。

图4—32　大叶黄杨白粉病

【病原及发病规律】病原为正木粉孢霉。病菌以菌丝体和分生孢子在落叶上越冬，经风雨传播。种植过密、不及时修剪时，发病较重。

【防治方法】①清除病叶、病残体集中烧毁。②扦插繁殖时，插穗密度不要过大。③发病时可喷施800～1 500倍粉锈宁、多菌灵、甲基托布津溶液，1千克/升石硫合剂，都有较好的防治效果。

5. 紫薇白粉病

【症状】该病主要为害叶片，嫩叶比老叶易被侵染。该病也侵染嫩梢和花蕾。叶片感病后，初现白色小粉斑，扩大后呈圆形或不规则形褪色斑块，上面布满白色粉层，嫩叶易发生扭曲皱缩，并枯黄早落。嫩梢与花蕾感病，则导致新梢畸形，花蕾不能开放，严重感病的花瓣呈萎蔫状，并早落（见图4—33）。

图4—33　紫薇白粉病

【病原及发病规律】病原为白粉菌科、南方小钩丝壳菌。每年四月开始发病，秋季

达发病盛期，十月以后病害趋于停止。该病在雨季或相对湿度较高的条件下发生严重。因此，植株栽植过密，通风透光不良，组织幼嫩时均易发病。

【防治方法】①合理密植，适当修剪，以利通风透光和降低湿度，控制发病条件。②消灭或减少侵染源，病害轻的地区，秋季清除病枝、病落叶；生长期及时摘除病叶、病梢及病芽。发病重的地区，冬季喷洒1～3波美度石硫合剂，消灭越冬菌源。③药剂防治。发病期可喷洒15%的粉锈宁可湿性粉剂1 000倍液。

三、炭疽病

1. 白兰花炭疽病

【症状】该病主要为害叶片，发病初期叶面上有褪绿小点出现并逐渐扩大，形成圆形或不规则形病斑，边缘深褐色，中央部分浅色，上有小黑点出现，如病斑发生在叶缘处，则使叶片稍扭曲。病害严重时病斑相互连接成大病斑，引起整叶枯焦、脱落（见图4—34）。

图4—34　白兰花炭疽病

【病原及发病规律】病原为胶胞炭疽菌。病菌在病残体中越冬，次年六月至七月，借风雨传播。雨水多、空气潮湿、通风不良时发病，七月至九月为发病盛期。白兰花的幼树发病较重。

【防治方法】①植株间距不可过密，以利于通风透光。及时剪除病枝叶，集中烧毁，减少浸染源。②发病初期喷70%的炭疽福美500倍液，65%的代森锌可湿性粉剂800倍液或1∶1∶200倍波尔多液，10天1次，连续喷3次效果较好。

2. 兰花炭疽病

【症状】病斑主要出现在叶片上，发病初期，叶片上出现中央浅褐色、边缘深褐色或黑褐色的圆形或椭圆形的小斑。后期病斑随病害发展逐渐扩大，呈圆形或不规则形，或病斑连接成片，病斑上有许多近轮状排列的黑色小点。病斑大小相差较大，3～20毫米不等，最后叶一段枯死，发病严重时，植株枯萎。茎和果实受害时也出现不规则或长条状黑褐色病斑（见图4—35）。

图4—35 兰花炭疽病

【病原及发病规律】病原为园盘孢属的兰花炭疽菌。每年的三月至十一月均可发病，四月至六月发病最重。老叶片四月至八月发病，新叶片八月至十一月发病。病菌从伤口或直接从幼嫩的叶片上侵入，若兰花叶片受伤，或高湿闷热、放置过密、通风不良、盆内积水，则易发病。建兰和墨兰抗病性较强，春兰和寒兰易感病。

【防治方法】①发现病叶及时摘除并烧毁或深埋。②室内要通风透光，花盆放置不要过密，浇水时要从盆边注水。③发病初期可喷50%的多菌灵可湿性粉剂500倍液或65%的代森锌500～800倍液或50%炭疽福美可湿性粉剂500倍液，7～10天1次，可控制病情。

3. 山茶花炭疽病

【症状】病菌主要侵害山茶花的叶片和幼嫩枝梢，一般多从叶缘或叶尖开始发病，叶片中部组织也会受害。初期病斑呈黄绿色水渍状，渐变为褐色，扩大后成半圆形、近圆形或不规则形的大斑。在病斑发展过程中，色泽由内向外转为灰白色，并有不甚明显的轮状皱纹，后期病斑上轮生或散生许多扁平的小黑点，在湿度大的天气，从小黑点内溢出粉红色的黏状物（见图4—36）。

图4—36 山茶花炭疽病

【病原及发病规律】病原为黑盘孢科、刺盘孢属的山茶叶枯刺盘孢菌。病菌最适发育温度为27～29℃，生长温度范围为20～32℃。病菌以菌丝或分生孢子潜伏于病株叶片、枝梢或土壤表面的病残体上越冬。次年春天，当气温达到20℃时，病菌产生分生孢子，借风雨传播，由伤口或叶痕、皮孔和气孔等自然孔口侵入叶片和枝梢。每年四月至十一月为发病期，以六月至九月为发病高峰期。土壤黏重，偏施氮肥，枝叶幼嫩，有利于病菌侵染。栽植过密、通风不良，有利于病害蔓延。病菌有潜伏侵染的特点，当寄主组织衰弱时，便进一步发育扩展。一般单瓣茶花如“金星”“美人”抗病性较强，而重瓣茶花如“十八学士”“嫦娥粉”抗病性较差。

【防治方法】①及时摘除病叶，剪去各种干枯枝，若主干上发现溃疡斑时要刮除，并涂以波尔多液等杀菌剂。②增施有机肥和磷、钾肥，提高植株抗病力。浇水宜从盆边施入，忌当头淋洒。③发病前用1%的波尔多液保护；发病期间可喷25%的炭疽福美可湿性粉剂500～600倍液、25%的炭特灵可湿性粉剂500倍液或30%的氧氯化铜悬浮剂加80%的代森锰锌可湿性粉等量混合物1 000倍液喷洒，7～15天1次，连续多次。

四、斑点病

1. 紫荆角斑病

【症状】该病主要为害叶片，病斑呈多角形，黄褐色，病斑扩展后，互相融合成大斑。感病严重时叶片上布满病斑，导致叶片枯死、脱落（见图4—37）。

图4—37　紫荆角斑病

【病原及发病规律】病原为尾孢属的一种真菌。该病一般在七月至九月发生，一般下部叶片先感病，逐渐向上扩展蔓延。植株生长不良，多雨季节发病重。病菌在病株残体上越冬。

【防治方法】①秋季清除病落叶，集中烧毁，减少来年浸染源。②发病时喷50%的多菌灵可湿性粉剂700～1 000倍液，70%的代森锰锌可湿性粉剂800～1 000倍液，10天喷1次，连续喷3～4次均有良好的防治效果。

2. 月季黑斑病

【症状】月季黑斑病是世界性病害，为害十分严重。病菌为害叶片，引起大量落叶，致使植株生长不良。叶片受浸染后，叶面出现圆形紫黑色病斑，或不规则状斑，病斑边缘呈红褐色或紫褐色放射状。逐渐病斑连在一起，形成大斑，周围叶肉大面积变黄。病叶易于脱落，严重时整个植株下部叶片全部脱落，变为光杆状（见图4—38）。

图4—38 月季黑斑病

【病原及发病规律】病原菌属蔷薇双壳菌。黑斑病菌以菌丝体或分生孢子盘在病残体上越冬。借助雨水或喷灌水飞溅传播，昆虫也可传播。在温暖潮湿的环境中，特别是多雨的季节，寄主植物发病严重，特别是新移植的植株，根系受损、长势衰弱极易发病。一般浅色花、小朵花以及直立性品种易于感病。

【防治方法】①及时清除枯叶、残枝，集中烧毁，减少浸染源。②加强栽培管理，多施磷、钾肥，提高植株的抗病力。③及早喷施50%的多菌灵可湿性粉剂1 000倍液或50%的代森铵1 000倍液，或70%的甲基托布津可湿性粉剂1 000倍液或波尔多液（1∶1∶200）。

3. 苏铁斑点病

【症状】植株感病后在苏铁小叶上有近圆形或不规则形的小病斑出现。病斑中央为暗褐色至灰白色，周缘呈红褐色；病斑逐渐扩大，相互连接形成一段斑，其上端的叶组织不久便枯死（见图4—39）。

【病原及发病规律】病原为苏铁壳二孢菌。病菌在病叶上越冬，次年产生分生孢子进行传播。在高温多雨的季节和栽培管理不善的条件下发病严重。苏铁冬季受冻害后容易并发此病。

【防治方法】①剪除病枯叶或病枯的叶段为防治的主要措施。②发病初期可喷洒75%的百菌清可湿性粉剂600倍液，或1∶1∶200倍波尔多液，或50%的甲基托布津可湿性粉剂800～1 000倍液。

图4—39　苏铁斑点病

4. 君子兰叶斑病

【症状】该病主要浸染叶片，感病初期叶片有褐色小斑点发生，逐渐扩大成黄褐色至灰褐色不规则形的大病斑。病部稍下陷，边缘略隆起。后期病斑干枯，上面长有黑色小粒点（见图4—40）。

图4—40　君子兰叶斑病

【病原及发病规律】病原为一种真菌。在栽培中过多地施用氮肥，磷、钾肥相对较少时，易发生该病。在高温干燥的条件下，或者受介壳虫为害严重时，叶斑病容易发生为害。

【防治方法】①清除病叶及病残体，减少浸染源。②防治介壳虫，避免虫害，减少浸染。③发病初期，喷施50%的多菌灵1 000倍液，70%的甲基托布津可湿性粉剂1 000倍液，50%的代森铵1 000倍液防治。

5. 朱顶红红斑病

【症状】叶、花梗、苞片及球根均可感染此病。感病初期叶片上出现不规则的红褐色斑点。后期病斑扩大为椭圆形或纺锤形凹陷的紫褐色病斑，病斑互相连接使叶变形枯死。花梗也发生红褐色小斑点。后迅速扩展成赤褐色条斑，使花梗向有病斑一侧弯曲。球根感染时形成圆形或椭圆形的病斑，环境潮湿时会出现粒状的深褐色小点霉层（见图4—41）。

图4—41　朱顶红红斑病

【病原及发病规律】病原为水仙壳多孢。病菌以分生孢子器在病残体上越冬。如果种植病球就成为次年浸染源。病菌的分生孢子借风雨传播。以水仙为前作，或与文殊兰等邻作时会相互感染。

【防治方法】①避免连作，选取无病球根种植。种植前应除去被害鳞片，不要种植过密，一旦发现病株、病叶应及时拔除。②发病时，可喷75%的百菌清可湿性粉剂700倍液或80%的代森锌500～700倍液，防止病害蔓延。

6. 菊花黑斑病

【症状】菊花黑斑病又称褐斑病、斑枯病，是菊花上的一种严重病害，全国各地均有发生。感病的叶片最初在叶上出现圆形或椭圆形或不规则形大小不一的紫褐色病斑，后期变成黑褐色或黑色，直径2～10毫米。感病部位与健康部位界限明显，后期病斑中心变浅，呈灰白色，出现细小黑点。严重时只有顶部2～3片叶无病，病叶过早枯萎，但并不马上脱落，挂在植株上（见图4—42）。

【病原及发病规律】病原为菊壳针孢菌。病菌以菌丝体和分生孢子器在病残体上越冬，成为来年的浸染源。分生孢子器散发出大量的分生孢子，由风雨传播。秋季多雨、种植密度大、通风不良等均有利于病害的发生。品种间抗病性存在着差异，如紫荷、鸳鸯比较抗病，而广东黄感病最重。分根繁殖的植株病重，从健壮植株上部取芽扦插时感病较轻。

图4—42　菊花黑斑病

【防治方法】①小面积种植时，人工摘除病叶，集中烧毁。②改善种植环境。发病严重的地区实行轮作，栽植密度不要过密，以利通风透光，及时排除积水。③发病期间用100～150倍的波尔多液或80%的敌菌丹可湿性粉剂500倍液喷洒，也可将50%的甲基托布津1 000倍液与80%的敌菌丹500倍液混合喷洒，或用45%的百菌清、多菌灵混合胶悬剂1 000倍液喷洒效果比单一用药要好。

7. 桂花褐斑病

【症状】病菌主要侵染叶片，严重的导致全株落叶。受害叶片开始出现小黄斑，后渐变为黄褐色至灰褐色，病斑近圆形或不规则形，直径2～10毫米，外有一黄色晕环。病部在潮湿天气产生黑色霉点，此即为病菌的分生孢子梗和分生孢子（见图4—43）。

图4—43　桂花褐斑病

【病原及发病规律】病原为丛梗孢科、尾孢属的木犀生尾孢菌。桂花褐斑病菌以菌丝体在病株和病落叶上越冬，成为次年年初侵染来源。三月下旬产生分生孢子开始初侵染，分生孢子由气流和雨滴传播，可直接或从伤口、自然孔口侵入，老叶比嫩叶感病。褐斑病在四月至十月均有发生，十一月后病情消退。高温高湿有利于发病。品种间抗性存在差异，一般丹桂比金桂、银桂抗病力强。

【防治方法】①结合修剪，摘除病叶，清除地下落叶。②加强栽培管理，忌土壤积水，注意通风透光，增施腐殖质肥料和钾肥，提高植株抗病力。③发病期间可喷洒1∶2∶100石灰倍量式波尔多液，或50%的苯来特可湿性粉剂1 000～2 000倍液，或20%的嗪氨灵500～800倍液，或50%的代森铵1 000倍液。

8. 南天竹红斑病

【症状】该病多从叶尖或叶缘开始发生，初为褐色小点，后逐渐扩大成半圆形或楔形病斑，直径2～5毫米，褐色至深褐色，略呈放射状。后期在病部生灰绿色至深绿色煤污状的块状物，即分生孢子梗及分生孢子。发病严重时，常引起提早落叶（见图4—44）。

图4—44　南天竹红斑病

【病原及发病规律】病原为丛梗孢科，尾孢属、南天竹尾孢。该菌以菌丝或子实体在病叶上越冬，次年春季产生分生孢子，借风雨传播，侵染发病。

【防治方法】①及时摘除病叶，并集中烧毁或深埋土中。②春季喷70%的代森锌可湿性粉剂400～600倍液，或70%的甲基托布津可湿性粉剂1 000～1 500倍液防治。每隔10～15天喷1次，连续喷2～3次。

9. 金叶女贞叶斑病

【症状】金叶女贞叶斑病是近年来发生较为严重的一种新病害。发病叶片上产生近圆形的褐色病斑，常具轮纹，边缘外围常黄色。初期病斑较小，扩展后病斑直径1厘米以上，有时病斑融合成不规则形。发病叶片极易从枝条上脱落，从而造成严重发病区域金叶女贞枝杆光秃的现象（见图4—45）。

图4—45　金叶女贞叶斑病

【病原及发病规律】病原为丛梗孢科、尾孢属。此病在杭州初次发生期为四月中旬，高峰期为五月至八月和十月。金叶女贞叶斑病受气候影响较大，高温高湿有利于发病，遇气温较高且连续雨天和种植过密容易发病。

【防治方法】①种植密度不宜过密。不通气，湿度大，易引起发病，尤其容易使下部叶片发病脱落。②春、秋两季尽量清除灌木下的落叶。③根据此病害的发病规律及当地的降水情况，应从四月中旬起，雨前在金叶女贞叶面喷施保护性杀菌剂1～2次进行保护；五月中旬至八月中旬和九月中旬至十一月初交替喷施保护性杀菌剂和治疗性杀菌剂（可根据病情程度和雨水多少确定施药次数）。保护性杀菌剂80%的大胜可湿性粉剂600～800倍液效果极好；治疗性杀菌剂可选用力克菌或甲基托布津800～1 000倍液。

10. 杜鹃花叶斑病

【症状】该病主要侵害叶片。发病初期，叶片上出现红褐色小斑点，逐渐扩展成为圆形病斑，或不规则的多角形病斑，黑褐色，直径1～5毫米。后期，病斑中央组织变为灰白色。发病严重时，病斑相互连接，导致叶片枯黄、早落。在潮湿环境条件下，叶斑下面着生许多褐色的小霉点，即病产原菌的分生孢子及分生孢子梗（见图4—46）。

图4—46　杜鹃花叶斑病

【病原及发病规律】病原为丛梗孢科，尾孢属、杜鹃尾孢菌。病原菌在植物残体上越冬，次年形成分生孢子为初侵染源。分生孢子由风雨传播，自伤口侵入。在江西，该病于五月中旬开始发生，八月为发病高峰期；广州地区，发病高峰期在四月至七月。温室条件下栽培的杜鹃花可周年发病。雨水多、雾多、露水重有利于发病。通风透光不良，植株生长不良，可加重病害的发生。

【防治方法】①秋季彻底清除落叶并加以处理，生长季节及时摘除病叶。②栽植盆花摆放密度适宜，以便通风透光，降低叶面湿度。夏季盆花放在室外的荫棚内，以减少日灼和机械损伤等造成的伤口。③开花后立即喷洒65%的代森锌可湿性粉剂500～600倍液，或50%的多菌灵可湿性粉剂500～800倍液，或70%的甲基托布津可湿性粉剂1 000倍液。每10～14天喷1次，连续喷洒2～3次。

11. 樱花褐斑穿孔病

【症状】病害主要发生在老叶上，也侵染嫩梢。感病叶片最初产生针头状紫褐色小点，不久扩展成同心轮纹状圆斑，直径5毫米左右。病斑边缘几乎黑色，易产生离层。后期在病叶两面有褐色霉状物出现，病斑中部干枯脱落，形成圆形小孔，几个病斑重叠时，穿孔不规则（见图4—47）。

图4—47　樱花褐斑穿孔病

【病原及发病规律】病原为丛梗孢科、核果尾孢菌。病菌在落叶、枝梢病组织内越冬。子囊孢子在春季成熟，翌年气温适宜便借风雨传播。一般从六月开始发病，八月至九月为发病盛期。风雨多时发病严重。当树势生长不良时，也可加重发病。该病除为害樱花外，还可为害桃、李、梅、榆叶梅等植物。

【防治方法】①加强栽培管理，创造良好的通风透光条件，多施磷、钾肥，增强抗病力。②秋季清除病落叶，结合修剪剪除病枝，减少来年侵染源。③发病期喷洒50%的苯来特可湿性粉剂1 500倍液或65%的代森锌600倍液或50%的多菌灵1 000倍液，都有良好的防治效果。

12. 桃细菌性穿孔病

【症状】桃细菌性穿孔病，主要为害叶片，也能为害枝梢及果实。受害叶片先出现油渍状小点，扩大后成圆形或不规则形病斑，褐色至紫褐色，病斑周围有一圈黄绿色晕环，天气潮湿时，病部溢出黏性菌脓，不久病部枯干并脱落穿孔（见图4—48）。

图4—48　桃细菌性穿孔病

【病原及发病规律】病原为黄单胞杆菌。该菌发育最适温度为24～28℃。病原细菌在枝条溃疡斑内可存活1年以上。细菌性穿孔病病原细菌主要在溃疡病斑组织内越冬。次年在桃树开花前后，溢出菌脓，通过风雨和昆虫传播进行侵染。在树势较弱的情况下，潜育期只需4～5天；若树势强壮，则可长达30～40天。温暖、多雨、多雾露有利于病害发生。

【防治方法】①做好冬季清园，彻底清除枯枝、落叶。②在春季发芽前喷5波美度的石硫合剂或45%的晶体石硫合剂30倍液或1∶1∶100倍式波尔多液、30%的绿得保胶悬剂400～500倍液。发芽后喷72%农用链霉素可溶性粉剂3 000倍液或硫酸链霉素4 000倍液。此外还可选用硫酸锌石灰液（硫酸锌0.5千克、消石灰2千克、水120千克）。半个月1次，喷2～3次。

五、腐烂病

1．君子兰腐烂病

【症状】最初由细菌侵入叶片或芯叶产生水浸状病斑。后迅速蔓延扩大，含水多，叶片只剩一层薄膜，用手轻压即破裂，后期产生恶臭，病叶变黄逐渐变成褐色软腐，有的不软腐但却干枯，全株软化腐烂而死，如不及时处理，会导致整株死亡（见图4—49）。

图4—49　君子兰腐烂病

【病原及发病规律】病原为欧氏杆菌属。在高湿、闷热、通风不良的环境下，又施用氮肥过量时，易发生此病。苗期、成兰都可感染此病。

【防治方法】①此病多发生在夏、秋季高温季节，进入高温季节前可定期喷洒农用链霉素、百菌清、多菌灵等，在高温季节要加强降温与通风，并控制施肥与浇水量，成兰不要往兰的心部浇水。在春季换土时可对花土进行灭菌处理，这样可杜绝软腐病的发生。②此病传染速度极快，发现病株一定要及时处理，摘除病叶并清理干净伤口，可涂抹60%的百菌通可湿性粉剂或用复方新诺明粉剂涂抹效果都佳。

2. 鸢尾细菌性腐烂病

【症状】根茎类鸢尾的叶片受害后，呈现水渍状褪色条纹，扩展蔓延到根状茎，内部组织呈灰褐色黏滑性软腐，并有恶臭，后留下空壳的外皮，病叶萎蔫，极易从腐烂根状茎处脱离。球根类鸢尾易在根颈部发生腐烂（见图4—50）。

图4—50　鸢尾细菌性腐烂病

【病原及发病规律】病原为欧氏杆菌属、胡萝卜软腐欧氏杆菌。细菌在土壤的未腐烂组织中较长期地存活，且能不间断地为害多种植物。细菌靠雨水、灌溉水和昆虫传播，由伤口侵入。连作、雨水多、土壤湿度大、种植密集往往发病重。

【防治方法】①此病多发生在夏季、秋季高温季节，进入高温季节前可定期喷施农用链霉素、百菌清、多菌灵等预防细菌的药物，在高温季节要加强降温与通风，并控制施肥与浇水量。②发现病株一定要处理，摘除病叶并清理干净伤口，可涂抹60%的百菌通可湿性粉剂或用复方新诺明粉剂涂抹。③大面积发生可用50%的琥胶肥酸铜可湿性粉剂500倍液、60%的琥乙膦铝（DTM）可湿性粉剂500倍液或硫酸链霉素可溶性粉剂4 000倍液。每7天喷1次，连续喷药至控制发病。

六、霜霉病类

月季霜霉病

【症状】该病为危害叶片、嫩梢、花梗及花。初期，叶面出现不规则淡绿色斑纹，后扩大呈黄褐色和紫色，后为灰褐色，边缘色较深，与健康组织无明显界限。最终引起叶片扭曲、畸形。天气潮湿时，在叶背病斑处可见到稀疏的灰白色霜霉层。严重时，叶萎缩脱落，新梢枯死（见图4—51）。

图4—51 月季霜霉病

【病原及发病规律】病原为霜霉科，霜霉属。病菌以卵孢子或菌丝体在病组织内越冬，以分生孢子侵染。在气温低、相对湿度较高、植株表面存有水滴的情况下，病害易发生和蔓延。温室通风不良、植株过密、湿度高和氮肥过多时，病害均严重。

【防治方法】发病初期可选用72%的克露可湿性粉剂600～800倍液，72.2%的普力克水剂600～800倍液，50%的溶菌灵可湿性粉剂500～800倍液，72%的霜脲锰锌可湿性粉剂600～800倍液，40%的疫霉灵可湿性粉剂250倍液，69%的安克锰锌可湿性粉剂800

倍液喷雾。保护地种植选用5%的加瑞农粉剂或5%的百菌清粉剂或5%的霜霉清粉剂，每公顷15千克喷粉。

七、白锈病类

牵牛花白锈病

【症状】发病部位主要是叶、叶柄及嫩茎。受害叶片初期在叶上有浅绿色小斑，后逐渐变成淡黄色，边缘不明显，严重时扩展成大型病斑。后期病部背面产生白色疱状突起，破裂时，散发出白色粉状物，为病菌的孢囊孢子。嫩茎受害时造成花、茎扭曲。当病斑包围叶柄、嫩梢时，环割以上的寄主部分生长不良，萎缩死亡（见图4—52）。

叶正面

叶反面

图4—52　牵牛花白锈病

【病原及发病规律】病原为旋花白锈菌，属白锈属的一种真菌。病菌在病组织内以卵孢子越冬，次年春天，卵孢子萌芽产生孢子囊，侵入牵牛花等旋花科植物。一般在八月至九月为发病盛期，牵牛花种子可带菌并成为翌年浸染源。

【防治方法】①及时拔除病株并烧毁，以减少对种子的浸染。②选留无病种子作为繁殖种子，播种前应进行种子消毒。避免与旋花科植物轮作。③发病初期喷1%的波尔多液或50%的疫霉净500倍液，每隔10～15天喷雾1次有较好的防治效果。

八、灰霉病类

仙客来灰霉病

【症状】仙客来的叶片、叶柄和花瓣均可被病害侵染。叶片受害呈暗绿色水渍斑点，病斑逐渐扩大，使叶片呈褐色，之后干枯。叶柄和花梗受害呈成水渍状腐烂，之后下垂。花瓣感病后产生水渍斑并呈褐色。在潮湿条件下，病部均可出现灰色霉层。病害严重时植株枯死（见图4—53）。

图4—53　仙客来灰霉病

【病原及发病规律】病原有性阶段为子囊菌亚门的富氏葡萄孢盘菌，无性阶段为丝孢科的灰葡萄孢菌。在湿度大的温室内，该病易发生。每年的六月至七月梅雨季节及十月的开花期发病较重。病菌从伤口侵入。室内花盆摆放过密，使植株接触摩擦叶面出现伤口，有利于发病。病情随温度和湿度的加大而严重。

【防治方法】①温室内要加强通风和光照，降低湿度。②及时清除病花病叶，集中烧毁。③对栽培土进行土壤消毒。④发病初期，可用50%的多菌灵500～800倍液或70%的甲基托布津可湿性粉剂800～1 000倍液，或50%的农利灵可湿性粉剂600倍液喷洒。

九、叶肿病害

杜鹃叶肿病

【症状】病菌主要为害杜鹃嫩梢、嫩叶和幼芽。病害初期，叶片表面出现淡绿色、半透明略呈凹陷的近圆形斑。病斑渐变淡红至暗褐色，病部叶片逐渐加厚，正面隆起呈球形至不规则形，直径3～12毫米。病斑间可相互联结，严重时全叶肿大呈畸形。病斑表面覆盖一层灰白色粉层，此即病菌的担子层。粉层飞散后，病部变深褐至黑褐色。新嫩梢芽受害后，顶端形成肉质叶丛或肉瘿；花受侵染后变厚、变硬、肉质，状如苹果（见图4—54）。

【病原及发病规律】病原为担子菌科的日本外担子菌或杜鹃外担子菌。病菌以菌丝体在植株组织内潜伏越冬。次年春天产生担孢子，借风吹或昆虫传播侵染为害。病菌侵入植株7～17天后开始发病。病害发生适宜温度为15～20℃，相对湿度80%以上利于病害发生。杭州的发病期从三月二十日左右至五月一日左右。阴雨天气、阳光不足、栽种过密、通风不良、施氮过多，植株组织徒长过嫩，都有利于病害的发生和蔓延。

图4—54 杜鹃叶肿病

【防治方法】①发现病叶及时摘除。②发芽前喷2～5波美度的石硫合剂。③在叶芽萌动和抽梢期喷药防治，可交替喷洒12.5%的速保利2 000～3 000倍液，12.5%的烯唑醇3 000～4 000倍液，或50%的复方硫菌灵600～800倍液。发病时喷洒65%的代森锌500倍液，或0.3～0.5波美度的石硫合剂3～5次。

十、病毒病

1. 一串红病毒病

【症状】一串红病毒病又称一串红花叶病，是一串红最常见的病害，全国各地均有发生。植株感病后，叶片主要表现为深浅绿相间的花叶、黄绿相间花叶。严重时叶片表面高低不平，甚至呈蕨叶症状，花朵数急剧减少，植株矮化（见图4—55）。

图4—55 一串红病毒病

【病原及发病规律】病原为黄瓜花，病毒、烟草花叶病毒（TMV）、一串红病毒一号、甜菜曲顶病毒和蚕豆萎蔫病毒。黄瓜花叶病毒寄主范围很广，可以由多种蚜虫传播。

在北京、上海等地区的一串红生长季节正好是蚜虫繁殖盛期，蚜虫与病害的发生有很大的相关性。

【防治方法】①杀虫防病是控制该病发生和蔓延的重要措施，施用杀虫剂防治蚜虫。②清除一串红种植区附近的CMV寄主，以减少浸染源。③选用无毒健康的母株留种。

2. 美人蕉花叶病

【症状】美人蕉花叶病是美人蕉的常见病害，在我国栽植美人蕉地区普遍发生。感病植株的叶片上出现花叶或黄绿相间的花斑，花瓣变小且形成杂色。植株发病较重时叶片变成畸形、内卷，斑块坏死（见图4—56）。

图4—56　美人蕉花叶病

【病原及发病规律】病原为黄瓜花叶病毒。传播的途径主要是蚜虫和汁液接触传染。美人蕉不同品种间抗病性有一定差异。普通美人蕉、大花美人蕉、粉叶美人蕉发病严重，红花美人蕉抗病力强。

【防治方法】①由于美人蕉是分根繁殖，易使病毒年年相传，所以在繁殖时，宜选用无病毒的母株作为繁殖材料。发现病株立即拔除烧毁，以减少浸染源。②该病是由蚜虫传播，使用杀虫剂防治蚜虫，减少传病媒介。用40%的氧化乐果2 000倍液，或50%的马拉硫磷、20%的味衣、70%的丙蚜松各1 000倍液喷施。

3. 郁金香碎色花瓣病

【症状】郁金香碎色花瓣病又称郁金香白条病，各郁金香产区都有发生，是造成郁金香种球退化的重要原因之一。该病主要浸染郁金香的叶片及花冠。感病的叶片上出现浅绿色或灰白色条斑，有时形成花叶。花瓣畸形、单色花的花瓣上出现淡黄色、白色条纹或不规则的斑点。感病的鳞茎退化变小，植株生长不良、矮化，花变小、畸形（见图4—57）。

【病原及发病规律】病原为郁金香碎色病毒。该病毒在病鳞茎内越冬，成为来年浸染源，由桃蚜和其他蚜虫作非持久性的传播。此病毒也可以为害百合，百合受浸染后产生花叶或隐症现象。在自然栽培的条件下，重瓣郁金香比单瓣郁金香更易感病。

图4—57　郁金香碎色花瓣病

【防治方法】①加强检疫，控制病害的扩展和蔓延。发现病株立即拔除。避免和百合种植过近，防止相互传染。②防治蚜虫，定期喷洒杀虫剂，减少传播介体。

十一、枯萎病

合欢枯萎病

【症状】该病为合欢的毁灭性病害，可流行成灾。感病植株的叶下垂呈枯萎状，叶色呈淡绿色或淡黄色，后期叶片脱落，枝条开始枯死（见图4—58）。检查植株边材，可明显地观察到变为褐色的被害部分。在叶片尚未枯萎时，病株的皮孔中会产生大量的病原菌分生孢子。这些孢子通过风雨传播。

图4—58　合欢枯萎病

【病原】病原为尖孢镰刀菌合欢专化型。

【防治方法】①选择抗病性品种栽培，如深红色花的夏洛特，浅色花的驰闻。②将枯死植株及感病严重的植株砍除并烧毁，以防病害蔓延。

实训十五　植物叶部病害的识别（一）

一、实训目的及要求

掌握白粉病、锈病、炭疽病症状识别要点及病原形态特征。

二、实训材料与用具

1. 植物白粉病、锈病、炭疽病病害材料。
2. 显微镜、载玻片、盖玻片、滴瓶、解剖针、双面刀片等。

三、实训内容及方法

1. 描述并区分白粉病、锈病、炭疽病的症状特征。
2. 白粉病无性孢子和有性孢子观察

（1）取擦净的载玻片，中央滴一小滴蒸馏水，用双面刀片轻轻刮取少许白粉病的白色粉状物放入水滴中，然后用解剖针自水滴一侧慢慢加盖洁净的盖玻片即成。注意不可加盖过猛，以免形成大量气泡，或将要观察的病原物冲溅至盖玻片外。加盖后不要再移动盖玻片，将玻片置于低倍镜下观察，再转为高倍镜下观察其分生孢子。

（2）取擦净的载玻片，中央滴一小滴蒸馏水，用双面刀片轻轻刮取少许白粉病的黑色颗粒状物放入水滴中，然后自水滴一侧慢慢加盖洁净的盖玻片即成。将玻片置于低倍镜下观察闭囊壳。轻轻压碎闭囊壳，再转为高倍镜下观察其子囊孢子。

3. 锈病夏孢子与冬孢子形态观察

（1）取擦净的载玻片，中央滴一小滴蒸馏水，用双面刀片轻轻刮取少许锈病的锈色粉状物放入水滴中，然后用解剖针自水滴一侧慢慢加盖洁净的盖玻片即成。将玻片置于低倍镜下观察，再转为高倍镜下观察其夏孢子。

（2）取擦净的载玻片，中央滴一小滴蒸馏水，用双面刀片轻轻刮取少许锈病的黑色冬孢子堆放入水滴中，然后用解剖针自水滴一侧慢慢加盖洁净的盖玻片即成。将玻片置于低倍镜下观察，再转为高倍镜下观察其冬孢子。

4. 炭疽病分生孢子盘与分生孢子观察

取擦净的载玻片，中央滴一小滴蒸馏水，用双面刀片作炭疽病分生孢子盘的徒手切片，放入水滴中，然后用解剖针自水滴一侧慢慢加盖洁净的盖玻片即成。将玻片置于低倍镜下观察，选择最佳视点，再转为高倍镜下观察其分生孢子盘与分生孢子。

四、作业

1. 绘制白粉病、锈病、炭疽病的症状图。
2. 绘制白粉病无性孢子和有性孢子图。
3. 绘制锈病夏孢子与冬孢子形态图。
4. 绘制炭疽病分生孢子盘与分生孢子图。

实验报告

植物叶部病害的识别（一）
一、实训目的及要求 掌握白粉病、锈病、炭疽病症状识别要点及病原形态特征。
二、实训材料与用具 1．植物白粉病、锈病、炭疽病病害材料。 2．显微镜、载玻片、盖玻片、滴瓶、解剖针、双面刀片等。
三、实训内容 1．白粉病、锈病、炭疽病的症状观察。 2．白粉病无性孢子和有性孢子观察。 3．锈病夏孢子与冬孢子形态观察。 4．炭疽病分生孢子盘与分生孢子观察。
四、作业 1．绘制白粉病、锈病、炭疽病的症状图。 2．绘制白粉病无性孢子和有性孢子图。 3．绘制锈病夏孢子与冬孢子形态图。 4．绘制炭疽病分生孢子盘与分生孢子图。

实训十六　植物叶部病害的识别（二）

一、实训目的及要求

掌握斑点病类识别要点及各病原形态特征。

二、实训材料与用具

1. 月季黑斑病、金叶女贞叶斑病、菊花黑斑病病害材料。
2. 显微镜、载玻片、盖玻片、滴瓶、解剖针、双面刀片等。

三、实训内容及方法

1. 描述三种常见斑点病的症状特征。
2. 蔷薇放线孢属的分生孢子盘观察

取擦净的载玻片，中央滴一小滴蒸馏水，用双面刀片作月季黑斑病蔷薇放线孢属的分生孢子盘的徒手切片，放入水滴中，然后用解剖针自水滴一侧慢慢加盖洁净的盖玻片即成。将玻片置于低倍镜下观察，选择最佳视点，再转为高倍镜下观察其分生孢子盘与分生孢子。

3. 尾孢属分生孢子观察

取擦净的载玻片，中央滴一小滴蒸馏水，用双面刀片在金叶女贞叶斑病病斑上刮取小量病原物分生孢子，放入水滴中，然后用解剖针自水滴一侧慢慢加盖洁净的盖玻片即成。将玻片置于低倍镜下观察，选择最佳视点，再转为高倍镜下观察其分生孢子。

4. 叶点霉分生孢子观察

取擦净的载玻片，中央滴一小滴蒸馏水，用双面刀片在菊花黑斑病病斑上刮取小量病原物分生孢子，放入水滴中，然后用解剖针自水滴一侧慢慢加盖洁净的盖玻片即成。将玻片置于低倍镜下观察，选择最佳视点，再转为高倍镜下观察其分生孢子。

四、作业

1. 绘制三种叶斑病的症状图。
2. 绘制蔷薇放线孢分生孢子盘及分生孢子图。
3. 绘制金叶女贞叶斑病尾孢分生孢子图。

实验报告

植物叶部病害的识别（二）
一、实训目的及要求 掌握斑点病类识别要点及各病原形态特征。
二、实训材料与用具 1．月季黑斑病、金叶女贞叶斑病、菊花黑斑病病害材料。 2．显微镜、载玻片、盖玻片、滴瓶、解剖针、双面刀片等。
三、实训内容 1．三种常见斑点病的症状识别。 2．蔷薇放线孢属的分生孢子盘观察。 3．尾孢属分生孢子观察。 4．叶点霉分生孢子观察。
四、作业 1．绘制三种叶斑病的症状图。 2．绘制蔷薇放线孢分生孢子盘及分生孢子图。 3．绘制金叶女贞叶斑病尾孢分生孢子图。

实训十七 植物叶部病害的识别（三）

一、实训目的及要求

掌握灰霉病、霜霉病、花叶病、叶肿病症状识别要点。掌握灰霉病、霜霉病病原形态特征。

二、实训材料与用具

1. 灰霉病、霜霉病、花叶病、叶肿病病害材料。

2. 显微镜、载玻片、盖玻片、滴瓶、解剖针、双面刀片等。

三、实训内容及方法

1. 区分斑点病的症状特点。
2. 葡萄孢霉分生孢子梗和分生孢子观察

取擦净的载玻片，中央滴一小滴蒸馏水，用双面刀片在灰霉病霉层上刮取小量病原物，放入水滴中，然后用解剖针自水滴一侧慢慢加盖洁净的盖玻片即成。将玻片置于低倍镜下观察，选择最佳视点，再转为高倍镜下观察其分生孢子。

3. 霜霉菌的孢囊梗和游动孢子囊观察

取擦净的载玻片，中央滴一小滴蒸馏水，用双面刀片在叶片背面霉层上刮取小量霜霉病病原物，放入水滴中，然后用解剖针自水滴一侧慢慢加盖洁净的盖玻片即成。将玻片置于低倍镜下观察，选择最佳视点，再转为高倍镜下观察其孢囊梗和游动孢子囊。

四、作业

1. 绘制所提供材料叶斑病的症状图。
2. 绘制葡萄孢霉分生孢子梗和着生其上的分生孢子图。
3. 绘制霜霉菌的孢囊梗着生其上的游动孢子囊图。

实验报告

植物叶部病害的识别（三）
一、实训目的及要求 掌握灰霉病、霜霉病、花叶病、叶肿病症状识别要点。掌握灰霉病、霜霉病病原形态特征。
二、实训材料与用具 1．灰霉病、霜霉病、花叶病、叶肿病病害材料。 2．显微镜、载玻片、盖玻片、滴瓶、解剖针、双面刀片等。
三、实训内容 1．常见斑点病的症状识别。 2．葡萄孢霉分生孢子梗和分生孢子观察。 3．霜霉菌的孢囊梗和游动孢子囊观察。
四、作业 1．绘制所提供材料叶斑病的症状图。 2．绘制葡萄孢霉分生孢子梗和着生其上的分生孢子图。 3．绘制霜霉菌的孢囊梗着生其上的游动孢子囊图。

第五节　植物茎部病害的识别与防治

茎干病害的种类虽然不如叶部病害多，但对园林植物的为害性很大，不论是草本花卉的茎，还是木本花卉的枝条或主干，受病后往往直接引起枝枯或全株枯死。引起茎干病害的病原，几乎包括了生物性病原和非生物性病原等各种因素。例如，真菌、细菌、类菌原体、寄生性种子植物和茎线虫等生物病原，都能为害花木的茎干，但其中以真菌病害为主。

一、枝枯病

1. 月季枝枯病

【症状】该病通常发生于枝干部位。病斑最初为红色小斑点，逐渐扩大变成深色，病斑中心变为浅褐色，病斑周围褐色和紫色的边缘与茎的绿色对比明显。病菌的分生孢子器在病斑中心变褐色时出现，随着分生孢子器的增大，茎表皮出现纵向裂缝。发病严重时，病部以上部分枝叶萎缩枯死（见图4—59）。

图4—59　月季枝枯病

【病原及发病规律】病原为蔷薇盾壳霉。病菌以菌丝成分生孢子器在病枝上越冬，次年产生分生孢子借风雨传播。该病菌一般从伤口侵入，嫁接及修剪时的切口易感染此病。

【防治方法】①秋末收集病枯枝，集中烧毁。②修剪应在晴天进行。③发病时可喷50%的退菌特可湿性粉剂，70%的百菌清可湿性粉剂，或50%的多菌灵可湿性粉剂1 000倍液进行防治。

2. 牡丹枝枯病

【症状】牡丹枝枯病侵染牡丹的茎干、枝条等部位。茎干上发病为浅褐色病斑，逐渐扩展为红褐色椭圆形病斑。病斑可绕茎干一周，使病斑以上的枝干迅速死亡。秋季，病斑上出现黑色小点粒，即为病原菌的分生孢子器。芽受侵染变为褐色，枯死芽能长期残留在植株上（见图4—60）。

图4—60 牡丹枝枯病

【病原及发病规律】病原为球壳孢科。病原菌主要从伤口侵入。伤口多、植株生长衰弱有利于病害发生。

【防治方法】①加强栽培管理，增强生长热，减少伤口，提高抗病性。减少侵染来源：秋季彻底清除地上的病残体。②化学防治：早春植株萌动前喷50%的多菌灵600倍液或3波美度的石硫合剂，杀灭植株上的病菌。发病后喷50%的多菌灵1 000倍液，或65%的代森锌500～600倍液。7～10天喷1次，连续喷3～4次。

二、线虫病

松材线虫病

【症状】病原线虫侵入树体后，松树的外部症状表现为针叶陆续变色，松脂停止流动、萎蔫，而后整株干枯死亡，枯死的针叶呈红褐色，当年不脱落（见图4—61）。松材线虫病症状发展过程可分为四个阶段：首先外观正常，但树脂分泌量减少或停止，蒸腾作用下降；接着针叶开始变色，树脂分泌停止，通常能够观察到天牛或其他甲虫为害和产卵的痕迹；再就是大部分针叶变为淡褐色，萎蔫，可见到甲虫蛀屑；最后针叶全部变为黄褐色或红褐色，病树整株枯死。

图4—61　松材线虫病

【病原及发病规律】病原为滑刃总科、伞刃属。松材线虫病多发生在每年七月至九月。高温干旱气候适合病害发生和蔓延。松树从出现症状至死亡需一个月至一个半月的时间，发病和死亡过程的时间是该病诊断的重要依据之一。但低温则能限制病害的发展。土壤含水量低，病害发生严重。传播松材线虫的主要媒介是松墨天牛。

【防治方法】①严格检疫制度，禁止疫区的苗木、木材、木制品、枝丫、锯片等运往非病区。②清除病害的枯木或濒于枯死的树木，集中成堆，用塑料布密封，以溴甲烷熏蒸5～10小时，药量为69～83克/立方米，可杀灭天牛成虫及幼虫。树丫集成小堆烧毁。也有用天牛化学引诱剂Ⅰ号诱杀天牛或养放肿腿蜂寄生天牛幼虫。③树冠喷药和地面喷药。前者在天牛羽化出来取食补充营养时喷药，后者在羽化开始时喷药，喷药一次可持效两个半月至三个月。可用25%的杀螟松乳剂，每公顷3～3.6千克。

三、寄生性种子植物

日本菟丝子

【症状】菟丝子是一种攀缘性草本植物，寄生在植物上，以藤茎缠绕主干和枝条。被缠的枝条产生缢痕，藤茎在缢痕处形成吸盘，吸取树体的营养物质。藤茎生长迅速，常缠绕枝条，甚至把整个树冠覆盖，不仅影响叶片的光合作用，致使叶片黄化、脱落，削弱树势，甚至造成枝梢干枯或整株枯死（见图4—62）。

【发病规律】菟丝子以成熟种子脱落在土壤中休眠越冬。经越冬后的种子，次年春末初夏，当温湿度适宜时种子在土中萌发，长出淡黄色细丝状的幼苗。随后不断生长，藤茎上端部分作旋转向四周伸出，当碰到寄主时，便紧贴其上缠绕，不久在其与寄主的接触处形成吸盘，并伸入寄主体内吸取水分和养料。此期茎基部逐渐腐烂或干枯，藤茎上部分与土壤脱离，靠吸盘从寄主体内获得水分、养料，不断分枝生长，开花结果，不断繁殖蔓延为害。菟丝子的繁殖方法有种子繁殖和藤茎繁殖两种。一种传播方式靠鸟类传播种子，或成熟种子脱落后经人为扩散；另一种传播方式是借寄主树冠之间的接触由藤茎缠绕蔓延到邻近的寄主上，或人为将藤茎扯断后抛落在寄主的树冠上。

图4—62　日本菟丝子

【防治方法】①栽培防治：结合苗圃的栽培管理，掌握在菟丝子种子萌发期前进行中耕除草，将种子深埋在3厘米以下的土壤中，使其难以萌芽出土。②人工防治：春末夏初，常检查苗圃，一旦发现菟丝子幼苗，应及时拔除、烧毁。③药剂防治：对有菟丝子发生较普遍的苗圃，一般于五月至十月，酌情喷药1～2次。有效的药剂有“鲁保1号”生物制剂。每亩用药0.25～0.4千克，加水100升喷洒，10%的草甘磷水剂400～600倍液加0.3%～0.5%的硫酸铵，或48%的地乐胺乳油600～800倍液加0.3%～0.5%的硫酸铵。

实训十八　植物茎部病害的识别

一、实训目的及要求

掌握植物茎部病害的症状特点，能区分由不同病原引起的茎部病害。

二、实训材料与用具

1. 月季枝枯病、菟丝子或列当。
2. 显微镜、载玻片、盖玻片、滴瓶、解剖针、双面刀片等。

三、实训内容及方法

1. 观察蔷薇小壳霉菌分生孢子器

取擦净的载玻片，中央滴一小滴蒸馏水，用双面刀片切取月季枝枯病病部的分生孢子器，作徒手切片，放入水滴中，然后用解剖针自水滴一侧慢慢加盖洁净的盖玻片即成。将玻片置于低倍镜下观察，选择最佳视点，再转为高倍镜下观察其分生孢子。

2. 观察镰刀菌的分生孢子

取擦净的载玻片，中央滴一小滴蒸馏水，用解剖针挑取少量腐烂部位的病原物，放入水滴中，然后用解剖针自水滴一侧慢慢加盖洁净的盖玻片即成。将玻片置于低倍镜下观察，选择最佳视点，再转为高倍镜下观察其分生孢子。

3. 观察菟丝子吸盘的结构

取擦净的载玻片，中央滴一小滴蒸馏水，用双面刀片作菟丝子吸盘徒手切片，放入水滴中，将玻片置于低倍镜下观察。

四、作业

1. 绘制蔷薇小壳霉菌分生孢子器图。

2. 绘制菟丝子吸盘的结构简图。

实验报告

植物茎部病害的识别
一、实训目的及要求 掌握植物茎部病害的症状特点，能区分由不同病原引起的茎部病害。
二、实训材料与用具 1．月季枝枯病、菟丝子或列当。 2．显微镜、载玻片、盖玻片、滴瓶、解剖针、双面刀片等。
三、实训内容 1．观察蔷薇小壳霉菌分生孢子器。 2．观察菟丝子吸盘的结构。
四、作业 1．绘制蔷薇小壳霉菌分生孢子器图。 2．绘制菟丝子吸盘的结构简图。

第六节　植物根部病害的识别与防治

园林植物根部病害的种类虽不如叶部、茎（枝）部病害的种类多，但所造成的为害常是毁灭性的。染病的幼苗几天内即可枯死，幼树在一个生长季节可造成枯萎，大树延续几年后也可枯死。

一、根癌病

1. 樱花细菌性根癌病

【症状】病害主要发生在根茎和侧根上。病部初期产生乳白色或白色的瘤状物，后质地变硬，体积增大，呈褐色或黑褐色，表面龟裂（见图4—63）。

图4—63　樱花细菌性根癌病

【病原及发病规律】病原为野杆菌属。细菌可在瘤内或植物的病残体中存活数年，也可在土壤中存活1年以上。病原细菌以灌溉水、雨水、嫁接及地下害虫传播。碱性大、湿度大的沙壤土易发病。病原细菌以伤口侵染，所以，苗木根部有伤口易发病。

【防治方法】①发现病株集中烧毁。②栽种前用1%的硫酸铜浸泡苗木5分钟，用水洗净后栽植。③清除病根后，病区土壤用硫黄粉混土进行消毒。每立方米50～100克。④利用抗根癌剂（K84）生物农药30倍浸根5分钟后定植。

2. 月季细菌性根癌病

【症状】病菌主要侵染月季根颈处，有时也为害枝条和地下根系。感病部位开始时出现近圆形淡黄色小瘤，表面光滑，质地柔软，以后病瘤逐渐增大成为不规则块状，在大的瘤上又长出小瘤。成熟瘤表面粗糙，间有龟裂、质地坚硬木栓化，呈褐色或黑褐色。感病植株矮化，缺乏生机，叶片变小，失绿黄化，提早脱落，花朵变细纤弱，重病株会死亡（见图4—64）。

图4—64 月季细菌性根癌病

【病原及发病规律】病原为野杆菌属、根癌土壤杆菌。病菌生长温度最高为34℃，最低为10℃，最适温度为22℃，致死温度为51℃、10分钟。耐酸碱度范围pH值为5.7～9.2，以pH值=7.3为最适合。根癌病菌可在病瘤内或土壤中的植株残体上存活1年以上。根癌细菌可由灌溉水、雨水、嫁接条、耕作机具以及地下害虫等传播。远距离传病多由带病苗木及种条的运输造成的。病菌必须通过伤口才能侵入，如机械伤、虫伤、嫁接伤口等。从细菌入侵植株到出现症状，一般需要数10天甚至1年以上。栽于碱性湿度大的土壤植株发病率最高。连作有利于病害发生。

【防治方法】①选择未发生过根癌病的圃地育苗、栽植。盆栽病土应换掉或以福尔马林消毒。栽植地应选择排水良好，土壤偏酸的地方。②栽植前将根与根茎处浸入500～1 000万单位的链霉素溶液中30分钟或1%的硫酸铜液中5分钟，清水冲洗后定植。③轻病株切除病瘤后，用50：25：12的甲醇、冰醋酸、碘片混合液或金霉素膏涂敷病部，并浇灌抗菌剂402，浓度300～400倍液。采用放射形土壤杆菌菌株84处理插条、裸根苗及接穗，浸泡或喷雾，对月季根癌病的防效可达90%。

二、立枯病

八仙花立枯病

【症状】近地面叶片产生水渍状黄褐色斑，并蔓延到茎部，导致叶片干枯，茎干变黑腐烂。土壤潮湿时，病株基部可见褐色蛛丝状霉。

【病原及发病规律】病原为无孢科，丝核菌属，立枯丝核菌。温度为15～18℃，土壤潮湿，植株萌生新叶，生长势衰弱易感染发病。

【防治方法】可用50%的福美双可湿性粉剂，或50%的克菌丹可湿性粉剂，按每亩苗床用药500克与适当细干土拌和成药土，再施入土壤，进行土壤消毒，可控制发病，或用上述药剂500倍液浇灌土壤也可。

三、白绢病

1. 兰花白绢病

【症状】白绢病主要为害根及根茎部分。被害的兰花在茎基部出现水渍状的褐色病斑，并有明显的白色羽毛状物，呈辐射状蔓延，侵染相邻的健康植株，病部逐渐呈褐色腐烂，使全株枯死。后期在根部皮层腐烂处见有油菜籽大小的菌核，初期为白色，后期为褐色，表面光滑。

【病原及发病规律】病原为隔担子菌目、薄膜革菌属，无性阶段属无孢科，小核菌属。菌丝生长适温为29～32℃。病原菌以菌丝或菌核在病残体、杂草或土壤内越冬。菌核在土壤内能存活4～5年。病原菌可由病苗、病土或水流传播。直接侵入或伤口侵入，潜育期1周左右。

【防治方法】盆栽土壤要选用无菌土。病土须经热力和农药灭菌后方可使用。在生长期间，如发现病株应立即拔除。轻病株可选用苯来特、退菌特药液浇灌或用五氯硝基苯药土撒施。生物防治采用绿色木霉菌制剂与培养土混合后再栽种植物。

2. 牡丹白绢病

【症状】病害主要发生在牡丹苗木近地面的茎基部。初发生时，病部的皮层变褐色，逐渐向周围发展，并在病部产生白色绢丝状的菌丝。菌丝作扇形扩展，蔓延至附近的土表上，以后在病苗的基部表面或土表的菌丝层上形成油菜籽状的茶褐色菌核。苗木受病后，茎基部及根部皮层腐烂，植株的水分和养分的输送被阻断，叶片变黄枯萎，全株枯死（见图4—65）。

图4—65 牡丹白绢病

【病原及发病规律】病原为无孢科、小核菌属的齐整小核菌。病菌一般以成熟菌核在土壤、被害杂草或病株残体上越冬，通过雨水进行传播。菌核在土壤中可存活4～5

年。在适宜的温湿度条件下，菌核萌发产生菌丝，侵入植物体。在长江流域，病害一般在六月上旬开始发生，七月至八月是病害盛发期，九月以后基本停止发生。在18～28℃和高湿的条件下，从菌核萌发至新菌核再形成仅需8～9天，菌核从形成到成熟约需9天。病菌喜高温多湿，生长最适温度为30～35℃，低于15℃和高于40℃则停止发展。土壤pH值为5～7适于病害发生，在碱性土壤中发病很少。土壤腐殖质丰富，含氮量高，土壤黏重以及比较偏酸的园地，发病率高。

【防治方法】①用70%的五氯硝基甲基苯粉剂处理土壤。②发病初期，可用50%多菌灵可湿性粉剂500～800倍液，50%的甲基托布津可湿性粉剂500溶液，萎锈灵10 ppm，或氧化萎锈灵25 ppm，浇灌苗的根部。③春秋扒土晾根，可抑制病害的发展。④选用无病苗木，并对健苗进行消毒处理。消毒药剂可用70%的甲基托布津或多菌灵800～1 000倍液，2%的石灰水，0.5%的硫酸铜溶液浸10～30分钟，然后栽植。也可在45℃温水中，浸20～30分钟，以杀死根部病菌。⑤根据树体地上部分的症状确定根部有病后，扒开树干基部的土壤寻找发病部位，确诊是白绢病后，用刀将根茎部病斑彻底刮除，并用抗菌剂401的50倍液或1%的硫酸铜液消毒伤口，再外涂波尔多液等保护剂，然后覆盖新土。

四、根部线虫病

1. 仙客来根结线虫病

【症状】该病在仙客来的球茎、主根及侧根产生瘤状物，单生或串生。表面粗糙，初期为白色，后变褐色，将其剖开可见到白色发亮的颗粒（此为线虫体）。发病严重时，根系腐烂，地上部分植株叶小发黄，开花也不正常，有的当年枯死。

【病原及发病规律】病原为南方根结线虫。线虫在土壤中或土中的根结内过冬。当土壤温度达到20～30℃，湿度在40%以上时，线虫侵入根部为害。从入侵到形成根结大约1个月。温度高、湿度大发病严重，在沙壤土中发病也较重。带病种苗是病害传播的重要途径。

【防治方法】①调用种苗时要加强检疫。②对病土可采用日光暴晒和高温干燥方法进行处理；也可用灭克磷等对土壤进行消毒。③染病球茎可在46.6℃水中浸泡1小时或在48.9℃水中浸泡半小时。

2. 牡丹根结线虫病

【症状】感病植株须根（当年营养根）上有许多瘿瘤，如绿豆大小，其上有许多小的须根，地上部分叶尖端皱缩、变黄，叶片渐渐枯黄，提前落叶，严重时植株枯死。

【病原及发病规律】病原为线虫纲的北方根结线虫。春季土温上升到15℃时，线虫开始活动。北京地区五月线虫开始侵染，六月至七月根部有根结（瘤）形成。土壤施肥、灌溉水等都是根结线虫的主要传播媒介。

【防治方法】①加强检疫，发现病株及时挖除，并用氯化苦对土壤消毒。②实行轮作。③及时清除野生寄主如紫花地丁。④土壤消毒：用15%的涕灭威颗粒剂每平方米2～6克，掺入30倍的细土拌匀后施用，并浇水。

3. 鸢尾根腐线虫病

【症状】该病在根部表面寄主为害。根部上有水浸状褐色斑点。严重时病斑扩大，导致根部腐烂，细根易脱落。

【病原及发病规律】病原为短体线虫属。以卵、幼虫或成虫在寄主组织中或土壤中生存。从二龄幼虫至成虫期在根部吸食为害。可在土中移动为害附近根系。春季，地温上升时，开始活动为害，1年可发生数代。生长适温为25～30℃，在适温下完成1个世代需30～40天。

【防治方法】①药剂防治，可用D-D混剂土壤施药灭虫。②选用抗病品种，实行轮作。

实训十九　植物根部病害的识别

一、实训目的及要求

掌握植物根部病害的症状特点，能区分由不同病原引起的根部病害。

二、实训材料与用具

1. 细菌性根癌病、立枯丝核菌或镰刀菌引起的立枯病、白绢病、根结线虫病、根腐线虫病害材料。

2. 显微镜、载玻片、盖玻片、滴瓶、解剖针、双面刀片等。

三、实训内容及方法

1. 描述并区别各类植物根部病害的症状特点。

2. 观察立枯丝核菌的菌丝

用双面刀片横切立枯病的病部，在病部作徒手切片。放入水滴中，取擦净的载玻片，中央滴一小滴蒸馏水，将切片置于水滴中，然后用解剖针自水滴一侧慢慢加盖洁净的盖玻片即成。将玻片置于低倍镜下观察，选择最佳视点，再转为高倍镜下观察菌丝。

3. 观察小核菌属的菌丝

取擦净的载玻片，中央滴一小滴蒸馏水，用解剖针挑取少量白绢病菌丝放于水

滴中，然后用解剖针自水滴一侧慢慢加盖洁净的盖玻片即成。将玻片置于低倍镜下观察其菌丝。

四、作业

1. 描述不同病原引起的根部病害的特征。
2. 叙述立枯丝核菌的菌丝与小核菌属的菌丝的差异。

实验报告

植物根部病害的识别
一、实训目的及要求 掌握植物根部病害的症状特点，能区分由不同病原引起的根部病害。
二、实训材料与用具 1. 细菌性根癌病、立枯丝核菌或镰刀菌引起的立枯病、白绢病、根结线虫病、根腐线虫病害材料。 2. 显微镜、载玻片、盖玻片、滴瓶、解剖针、双面刀片等。
三、实训内容 1. 描述并区别各类植物根部病害的症状特点。 2. 观察立枯丝核菌的菌丝。 3. 观察小核菌属的菌丝。
四、作业 1. 描述不同病原引起的根部病害的特征。   2. 叙述立枯丝核菌的菌丝与小核菌属的菌丝的差异。

实训二十　病理学综合训练

一、学生分组选择当地有代表性植物园、公园、城市社区绿地、花圃或苗圃植物病害调查与标本收集。

二、植物病害标本的镜检。

三、作业

1. 当地现有病害种类与为害情况报告。
2. 局部生态环境与植物发病的关系。
3. 对现有发生严重的病害，我们可采取的综合治理的措施有哪些？

注：根据各城市所处的气候环境及课时情况可作灵活变动。

思考与练习

一、名词解释

病害、病征、病状、症状、真菌、侵染性病害、非侵染性病害、子实体、菌核、菌索、子座、真菌的生活史、病毒、侵染循环

二、填空题

1. 植物病害可分为________、________两大类。

2. 植物所必需的营养元素有________、________、________、钙、镁和微量元素________、________、锰、________、铜等十几种。

3. 低温可以引起________和________，这是温度降低到冰点以下，使植物体内发生冰冻而造成的危害。________为冰点以上的低温对喜温植物造成的危害。

4. 空气中的有毒气体包括________、________、________、氮的氧化物、________、硫化氢等。

5. 按照从寄主获得活体营养能力的大小，可以把病原物分为________、________、________、________四种类型。

6. 园林植物病害的病征有________、________、________、________、________、________；病状有________、________、________、________。

7. 为害园林植物的病原物包括________、________、________、________、______等。

8. 真菌的产孢结构有________、________、________、________等。

9. 真菌的无性孢子有________、________、________、________。真菌的有性孢子有________、________、________、________、________。

10. 为害园林植的常见细菌有________、________、________、________、________五个属。

11. 植物病毒病的症状有________、________、________、________等。传播途径有________、________、________、________。

12. 寄生性种子植物根据它们对寄主的依赖程度，可分为________、________两大类。

13. 植物对病原物侵害的反应有________、________、________、________、________、五种类型。

14. 病原物的侵染过程包括________、________、________、________四个时期。

15. 病原物的越冬场所有________、________、________、________、________、________。

16. 病原物的传播途径主要有________、________、________、________。

17. 杀菌剂按化学成分可分为________、________、________、________四大类。

18. 蔷薇白粉病在气温为________时为发病盛期。

19. 贴梗海棠锈病原为________，为害________和________。

20. 松材线虫病的主要是通过________传播。

三、选择题

1. 引起植物花叶病的病原为（　）。

A. 真菌　B. 细菌　C. 病毒　D. 植原体

2. 可能引起植物腐烂病的病原是（　）。

A. 类病毒　B. 细菌　C. 病毒　D. 植原体

3. 下列哪类病害属于畸形病（　）。

A. 花叶　B. 丛枝　C. 腐烂　D. 流胶

4. 病害类型中不产生粉状物的是（　）。

A. 锈病　B. 白粉病　C. 白锈病　D. 霜霉病

5. 植物生长受抑制，植株矮小，叶片初期变成深绿色，灰暗无光泽，后渐呈紫色，早落。发病从老叶开始，可能是缺少（　）元素。

A. 氮　B. 磷　C. 钾　D. 铁

6. 阔叶树表现出自叶缘开始沿着侧脉向中脉伸展，在叶脉之间形成褪绿的花斑，可能是由（　）引起的。

A. 二氧化硫　B. 氟化物　C. 臭氧　D. 氮氧化物

7. 真核生物，不含叶绿素，完全异养的生物。以产生孢子的方式繁殖后代，这种微生物可能是（　）。

A. 真菌　B. 细菌　C. 病毒　D. 寄生性种子植物

8. 植物病原细菌主要引起（　）。

A. 腐烂病　B. 花叶病　C. 丛枝病　D. 炭疽病

9. 造成瘤肿、毛根等畸形症状的细菌是（　）。

A. 棒状杆菌属　B. 土壤杆菌属

C. 黄单胞杆菌属　D. 假单胞杆菌属

10. 植物病原病毒的传播途径，下列说法错误的是（　）。

A. 汁液传播　B. 嫁接传播　C. 昆虫传播　D. 主动传播

11. 植物受到病原物感染后，表现轻微的症状，对植物影响不大，称为（　）。

A. 抗病　B. 免疫　C. 感病　D. 耐病

12. 园林植物病害防治的最基本原则是（　）。

A. 预防为主，综合治理　B. 预防为主，积极防治

C. 积极防治，消灭病原　D. 积极防治，综合治理

13. 保护剂的使用时间以（　）最好。

A. 发病后　B. 发病前　C. 病原菌侵入后　D. 病原菌侵入前

14. 下列属于合成杀菌剂的是（　）。

A. 波尔多液　B. 石硫合剂　C. 可杀得　D. 代森锰锌

15. 对由霜霉属、疫霉属病原真菌引起的病害，宜选用（　）。

A. 五氯硝基苯　B. 三唑酮　C. 多菌灵　D. 乙磷铝

四、问答题

1. 缺氮引起的缺素症有哪些表现?
2. 缺铁引起的缺素症有哪些表现?
3. 如何防治菟丝子?
4. 病原物是如何破坏寄主引起病害的?
5. 多循环病害的特点是什么?
6. 单循环病害的特点是什么?
7. 叙述白粉病的症状、发病规律及防治方法。
8. 金盏菊的白粉病的发病症状是什么?

9. 根据锈病的不同发病规律，如何防治玫瑰锈病与贴梗海棠锈病?
10. 草坪锈病的防治方法有哪些?
11. 叙述兰花炭疽病的症状特点及防治时期与防治方法。
12. 叙述月季黑斑病的症状、发病规律与防治方法。
13. 如何防治樱花穿孔病?
14. 叙述桃细菌性穿孔病的症状特点与防治方法。
15. 叙述霜霉病的发病规律与防治方法。
16. 灰霉病的发病条件是什么?
17. 叙述鸢尾腐烂病的症状、病原、发病规律与防治方法。
18. 叙述一串红花叶病的症状及防治方法。
19. 叙述杜鹃叶肿病的症状、发病规律与防治方法。
20. 叙述月季枝枯病症状及防治方法。
21. 叙述合欢枯萎病的症状及防治方法。
22. 叙述松材线虫的症状及防治方法。
23. 叙述樱花细菌性根癌病的症状、发病规律与防治方法。
24. 叙述白绢病的症状与防治方法。

第五章　草坪杂草的防治

学习目标

◆了解当地常见杂草的种类

◆掌握除草剂的使用方法及注意事项

我们理想中的园林绿地、公园，应该是漂亮整洁的，草坪永远是一片翠绿，草种单一而纯净。而在现实的园林绿地中，特别是在草坪中，到处可见星星点点的杂草，使草坪看起来不再那么美丽与整洁。杂草的生长不仅影响观赏，还会挤占草坪的生长空间，争夺草坪的养分与阳光，还有可能成为病虫的中间寄主。由于它们的存在，引发了病虫害的发生，影响了草坪的生长。

第一节　草坪杂草的种类

仔细观察杂草，可以发现，它们种类繁多，不仅外观差异巨大，而且生命周期与生长习性也不相同。为了更有效地防治杂草，首先要认识杂草，并对杂草按标准进行分类。

一、常见杂草

从分类学的角度看，我国认定为杂草的植物有119科1 200多种。其中有近30种为草坪常见杂草。下面介绍一些常见的种类。

1. 禾本科

禾本科杂草的茎有节与节间，圆筒形；单叶互生成2列，由叶鞘、叶片和叶舌构成，有时具叶耳；叶片呈狭长线形，或呈披针形，具平行叶脉；花序为圆锥花序，或总状花序、穗状花序（见图5—1）。狗尾草是禾本科杂草中最常见的杂草之一，叶鞘开张，有叶舌，茎圆或扁平。禾本科中除了狗尾草外，其他常见的杂草见表5—1。

牛筋草

马唐

看麦娘

狗尾草

图5—1　禾本科杂草

表5—1　常见禾本科杂草

科名	常见种	习性
禾本科	马唐	一年生杂草
	牛筋草	
	千金子	
	狗尾草	
	小画眉草	
	雀麦	
	双穗雀稗	
	早熟禾	
	看麦娘	两年生杂草
	狗牙根	多年生杂草
	白茅草	

2. 莎草科

莎草科杂草的叶片窄、长，叶脉平行，无叶柄，叶鞘包卷，无叶舌，茎三棱，通常空心，无节。最常见的是水蜈蚣与香附子草（见图5—2）。

香附子　　水蜈蚣

图5—2　莎草科杂草

3. 菊科

菊科杂草叶常互生，无托叶。头状花序单生或再排成各种花序，外具一至多层苞片组成的总苞。花萼退化，花冠合瓣，呈管状、舌状或唇状（见图5—3）。大家最熟悉的一种就是蒲公英，除此之外，菊科还有很多种杂草见表5—2。

表5—2　常见菊科杂草

<table>
<tr><th>科名</th><th>常见种</th><th>习性</th></tr>
<tr><td rowspan="7">菊科</td><td>小飞蓬</td><td rowspan="2">一年生杂草</td></tr>
<tr><td>一年蓬</td></tr>
<tr><td>鸡儿肠</td><td rowspan="4">多年生杂草</td></tr>
<tr><td>山苦荬</td></tr>
<tr><td>蒲公英</td></tr>
<tr><td>艾草</td></tr>
<tr><td>鼠曲草</td><td>二年生杂草</td></tr>
</table>

蒲公英　小飞蓬

鼠曲草　马兰

图5—3　菊科杂草

4. 石竹科

石竹科杂草的茎通常节部膨大。单叶对生，有时具膜质托叶。花两性，稀单性，辐射伞形花序、圆锥花序或集生成头状。牛繁缕是最常见的石竹科杂草，对草坪的危害比较大（见图5—4）。石竹科常见杂草还有苍耳、繁缕、拟漆姑，它们都是一年生杂草。

苍耳

牛繁缕

图5—4　石竹科杂草

5. 玄参科

玄参科杂草单叶对生，稀互生或轮生，无托叶。花两性；萼4～5裂，常宿存；花冠合瓣，2唇形，少辐射对称，裂片3（4）～5；雄蕊多为4，2强，少为2枚或5枚，其第5枚常退化。草坪上常见的玄参科杂草有婆婆纳、波斯婆婆纳、通泉草，（见图5—5）全为一年生杂草。

婆婆纳

通泉草

图5—5　玄参科杂草

6. 十字花科

十字花科杂草为一年生至多年生草本，常为单叶，少数复叶，无托叶，具单毛或分叉毛；总状花序或伞房花序；花两性，常无苞片；萼片4，直立至开展，成2对，交互对

生；花瓣4。荠菜在园林中是一种重要的十字花科杂草，与荠菜同属十字花科的杂草还有很多，比如蔊菜、印度蔊菜、碎米荠等（见图5—6）。

荠菜

蔊菜

图5—6　十字花科杂草

7. 苋科

苋科杂草为一年或多年生草本。叶互生或对生，全缘，少数有微齿，无托叶。花小簇生在叶腋内，成疏散或密集的穗状花序、头状花序、总状花序或圆锥花序。空心莲子草是苋科的重要杂草，有着很强的生命力，也是分布最广，危害最大的杂草，它的茎是空心的；还有一种与它很接近的杂草——莲子草，茎为实心（见图5—7）。

图5—7　苋科杂草

8. 旋花科

旋花科杂草多为缠绕或直立草本。茎含乳汁，少数种有块茎。叶互生，单叶或复叶。花瓣相连，成漏斗状花冠，色鲜艳。其中小旋花（打碗花）是一种漂亮的杂草（见图5—8）。

9. 毛茛科

毛茛科杂草多为一年生或多年生草本植物。叶一般互生或基生，通常呈全裂状，一般掌状分裂，很少羽状分裂。聚伞花序，稀有总状花序。花下位，辐射对称。杨子毛茛是一种在南方比较常见的杂草（见图5—9）。

图5—8 旋花科小旋花

图5—9 毛茛科杨子毛茛

10. 木贼科

木贼科杂草为小型或中型蕨类。根茎长而横行，黑色，分枝，有节，节上生根，被绒毛。地上枝直立，圆柱形，绿色，有节，中空有腔，单生或在节上有轮生的分枝；节间有纵行的脊和沟。木贼科杂草常见的是节节草（见图5—10）。

11. 茜草科

茜草科杂草叶对生或轮生，单叶，常全叶缘；托叶各式，在叶柄间或在叶柄内，花两性或稀单性，辐射对称，有时稍左右对称。茜草科杂草主要是猪殃殃（见图5—11），全国各地都有分布。

图5—10　木贼科节节草

图5—11　茜草科杂草猪殃殃

12. 车前草科

车前草科杂草叶通常基生，单叶，基部常呈鞘状，无托叶；花小，两性，辐射对称，组成头状或穗状花序，生于花葶上。大车前是车前草科杂草的典型代表（见图5—12）。

13. 伞形花科

伞形花科杂草为二年至多年生草本，茎节间常中空。叶互生，常1至数回羽状分裂或3出羽状分裂乃至复叶，叶柄基部常扩大成鞘状抱茎。常为复伞形花序（少为伞形花序），花小，多两性，花瓣5；雄蕊与花瓣同数而互生。伞形花科天胡荽是一种良好的地被植物，适应性广，覆盖能力强，圆圆的叶片，很漂亮（见图5—13）。但在单子叶草坪中生长的天胡荽，一般被认为是一种杂草。

图5—12　车前草科大车前

图5—13　伞形花科天胡荽

14. 大戟科

大戟科杂草有乳液或无。叶互生，稀对生，单叶或复叶，稀退化为鳞片状，有时具腺体；常有托叶。花小，单性，雌雄同株或异株；花序各式，常为聚伞或圆锥花序，稀杯状花序斑地锦。属大戟科，一年生匍匐小草本，叶通常对生，椭圆形或倒卵状椭圆形。把它的茎折断，会流出乳白色黏黏的液体，中央有紫斑。其他的同类杂草，还有铁苋菜、地锦（见图5—14）。

15. 蓼科

蓼科杂草为一年生或多年生草本，稀为灌木或小乔木。茎通常具膨大的节。叶为单叶，互生，有托叶鞘。花两性，稀为单性，辐射对称；花序由若干小聚伞花序排成总状、穗状或圆锥状，花有时单生；花被片3～6片，常排列成两轮。扁蓄属蓼科植物，花1～5朵簇生叶腋，露出托叶鞘外，花梗短，基部有关节（见图5—15）。其他的蓼科杂草还有蓼、辣蓼、杠板归等，它们的共同特征为节常膨大，托叶鞘状，抱茎。花小，穗状花序或头状花序。

图5—14　大戟科杂草斑地锦

图5—15　蓼科扁蓄

16. 酢浆草科

酢浆草科杂草的叶为指状复叶或羽状复叶，有时因小叶抑发而为单叶，有托叶或缺；花两性，辐射对称，单生或排成伞形，稀为总状花序或聚伞花序。酢浆草是常见的草坪杂草之一，掌状复叶有3小叶，春夏之际，开出黄色的小花，它的近亲是红花酢浆草（见图5—16）。

17. 马齿苋科

马齿苋科杂草为一年生肉质草本。茎从基部开始分枝，平卧或先端斜上。全体无毛状物。叶互生或假对生，近无柄或极短，叶片倒卵形全缘。花3～5朵簇生在枝顶，无梗，黄色，5个花瓣，4个至5个苞片，2个萼片。马齿苋茎伏地铺散，多分枝，圆柱形。

叶片扁平，肥厚，倒卵形，似马齿状（见图5—17）。

图5—16 酢浆草科酢浆草

图5—17 马齿苋科马齿苋

二、杂草分类

1. 按生命周期分类

草坪杂草除了按以上的自然分类法分类外，我们还可以按它们的生命周期进行分类，可分为一年生杂草、两年生杂草和多年生杂草三大类。

（1）一年生杂草。春夏出土，夏秋一花结果，生命史在一年内完成。如稗草、马唐、狗尾草等。

（2）两年生杂草。夏秋萌发，来年开花结实，以幼苗和根芽越冬，生命周期跨两个年度。如荠菜、看麦娘等。

（3）多年生杂草。生命周期在三年以上，一个周期中，多次开花结果，以地下器官越冬。如牛繁缕、酢浆草、天胡荽、车前草、香附子等。

2. 按子叶数分类

为了便于杂草的防治，正确选用除草剂，还可按子叶数分类，分为单子叶杂草和双子叶杂草。

（1）单子叶杂草。种子萌发出土后，子叶为单叶。如稗草、看麦娘等。

（2）双子叶杂草。种子萌发出土后，子叶为双叶。如车前草、酢浆草等。

第二节 草坪杂草防除

杂草防除是指对园林绿地中的杂草进行人工控制的行为，是保护园林绿地避免自然滋生植物与之争夺阳光、土地、水和养分资源；免遭病虫中间寄主传播病虫害等而采取的积极控制手段。

人类对付杂草已有几千年的历史，传统的手段有人工拔除，水旱轮作，防止草籽传入，诱发田间杂草萌芽耙除或机械清除等。最近几十年实行化学除草技术，省劳力、简便、及时和彻底。但使用不当，也会产生较为严重的环境污染。鉴于此，近年重视发展杂草生防，包括以菌除草、以虫除草，线虫除草也在研究之中。杂草的防除方法与其他病虫害的防治方法，有许多类似的地方，主要包括植物检疫、人工除草、机械除草、物理除草、化学除草、生物除草、生态除草、综合防除。

一、杂草的防治方法

1. 植物检疫

植物检疫即对国际和国内各地区间所调运的作物种子和苗木等进行检查和处理，防止新的外来杂草远距离传播。

2. 人工除草

人工除草包括手工拔草和使用简单农具除草，是目前园林绿地养护中的主要方法。其缺点是劳动强度高，工作效率低下。

3. 机械除草

机械除草即使用机械动力牵引的除草机具。一般于播种前、播后苗前或苗期进行机械中耕耖耙与覆土，以控制杂草的发生与危害。此方法在草坪养护中无法使用。

4. 物理除草

物理除草是利用水、光、热等物理因子除草。如用深色塑料薄膜覆盖土表遮光，以提高温度除草等。可用于苗地的除草。

5. 化学除草

化学除草即用除草剂除去杂草而不伤害绿地植物。化学除草的这一选择性，是根据除草剂对植物和杂草之间植株高矮和根系深浅不同所形成的“位差”，草种萌发先后和生育期不同所形成的“时差”，以及植株组织结构和生长形态上的差异、不同种类植物之间抗药性的差异等特性而实现的。此外，环境条件、药量和剂型、施药方法和施药时期等也都对选择性有所影响。

二、常用除草剂及使用方法

除草剂按作用性质可分为灭生性除草剂和选择性除草剂两大类。灭生性除草剂施用后，不做选择地杀死各种杂草与苗木。例如，五氯酚钠、克芜踪、草甘膦等。选择性除草剂，能杀死某些杂草，而对另一些杂草则无效，此谓选择性，具有这种特性的除草剂称为选择性除草剂。例如二甲四氯只能杀死鸭舌草、水苋菜、异型莎草、水莎草等杂草，而对稗草、双穗雀稗等禾本科杂草无效。除草剂的选择性不是绝对的，而是相对的，就是说选择除草剂不是对栽培植物一点也没有影响，能把杂草杀光，而是在一定对象、剂量、时间、方法和条件下的选择性。

1. 草甘膦

剂型：10%水剂。

主要性能：内吸传导型广谱灭生性除草剂。以叶片吸收为主，植物的绿色部分均能吸收草甘膦。施药后24小时内大部分药剂转移到地下根和地下茎。植物的中毒症状表现较慢，一年生杂草在施药后3～5天开始出现反应，半月后全株枯死；多年生杂草在施药后3～7天地上部叶片逐渐枯黄，继而变褐，最后倒伏，地下部分腐烂，整个过程需20～30天。

应用范围和使用方法：草甘膦防除一年生、两年生和多年生杂草，每亩用有效量75～200克，兑水40千克，于杂草生长旺盛期，喷雾作茎处理。

防除对象：防除出苗后的一两年生和多年生的禾本科杂草、莎草科杂草和部分阔叶杂草及灌木。

注意事项：

（1）喷药后6～8小时内降雨一般会降低药效。

（2）药液用清水配制。

2. 百草枯（克芜踪、对草快、一把火等）

剂型：20%水剂。

主要性能：速效触杀型灭生性除草剂。叶片着药后2～3小时即开始受害变色，但不能传导，只使受药部位受害，不能穿透木栓化后的树皮。

应用范围和使用方法：本剂常用于果园和幼林除草，每亩用有效量40～60克，兑水40千克，于杂草基本出齐，草高小于15厘米时，晴天施药，见效快。

防除对象：防除一两年生杂草效果好。

注意事项：

（1）施药后30分钟遇雨对药效基本无影响。

（2）本剂只能作茎叶处理。

3. 高效氟吡甲禾灵（高效盖草能、盖草宁等）

剂型：10.8%的乳油。

主要性能：高效氟吡甲禾灵为苗后选择性除草剂。具有内吸传导性。药效发挥较快，喷洒落入土壤中的药剂易被表层杂草根吸收，也能起杀草作用。对苗后的一年生和多年生禾本科杂草有很好的防除效果，对阔叶杂草和莎草科杂草无效，对苗木无害。从施药到杂草死亡，一般需要6～10天。药效期较长，一次施药基本控制全生育期的禾本科杂草危害。

应用范围和使用方法：适合林业苗圃和花圃化学除草，每亩用有效量5～8克，兑水40千克，于杂草生长旺盛期（禾本科杂草3～6叶期）防效最佳，高于30厘米大草防除效果差。本剂只能作茎叶处理。

防除对象：一年生和多年生禾本科杂草。

注意事项：

（1）可与防阔叶杂草的除草剂混用，如灭草松、二甲四氯等防阔叶杂草除草剂，扩大杀草谱，提高除草效果。

（2）对鱼类有毒，剩余药液及洗涤喷药器具要特别注意。

4. 精吡氟禾草灵（精稳杀得、氟草除）

剂型：15%乳油

主要性能：为内吸传导型茎叶处理除草剂。杂草吸收的药剂部位主要是茎和叶，吸收传导性强，可达地下茎。落到土壤中的药剂也能被根吸收。对禾本科杂草有很强的杀伤作用。对多年生禾本科杂草也有较好的防除作用。受害植物一般在10～15天后才死亡，药剂在土壤中的残效期为1～2个月。

应用范围和使用方法：适合林业苗圃和花圃使用，每亩用有效量5～10克，兑水40千克，于杂草生长旺盛期，喷雾作茎叶处理，能有效地防除一年生禾本科杂草，提高剂量可防除多年生禾本科杂草如芦苇、狗牙根、双穗雀稗等。

防除对象：禾本科杂草。

注意事项：

（1）药效表现较迟，不要在施药后1～2周内效果不明显时重喷第二次药。

（2）以单用为宜，单、双子叶杂草混生的地块可与阔叶除草剂混用或先后使用。

5. 精恶唑禾草灵（骠马、精骠）

剂型：6.9%、7.5%的水剂，10%的乳油。

主要性能：具选择性、内吸传导型的芽后茎叶处理剂。植物吸收后，输导至叶、茎、根部的生长点。杂草吸收药剂后2～3天后停止生长，心叶失绿变紫，日益明显，然后坏死，一般10～30天完全死亡。

应用范围和使用方法：常用于林业苗圃和花圃防除禾本科杂草，与异丙隆、溴苯睛等防阔叶杂草的除草剂混用，可防除禾本科杂草和阔叶杂草，每亩用有效量2.5～5克，兑水40千克，于杂草2叶期，喷雾作茎叶处理，除草效果达95%以上。还可用在禾本科冷季型草坪防禾本科杂草，每亩用有效量2～3克，于杂草2～5叶期喷雾作茎叶处理，能有效地防除马唐、稗草、狗尾草、牛筋草等禾本科杂草，但对早熟禾和阔叶杂草无效。

注意事项：

（1）土壤干旱时应灌溉后或雨后施药，没有灌溉条件时应加大喷水量，并适当提高用药量。

（2）气温较低时施药，杂草死亡时间延长。一般于夏季施药为好。

（3）对鱼、蟹的毒性较高，故不要污染河流、池塘。

6. 稀禾定（拿捕净、草服它）

剂型：12.5%、25%的乳油。

主要性能：稀禾定为选择性茎叶除草剂，杂草通过茎叶吸收转移到分生组织，处理后3天停止生长，7天叶色褪绿，14天后枯死。稀禾定对禾本科杂草的杀伤力很强，但对阔叶杂草无效，可以安全地用于阔叶树和松树苗圃，只作茎叶处理。持效期为1个月。

应用范围和使用方法：苗圃防除一年生和多年生禾本科杂草，对香附子和阔叶杂草无效。对禾本科杂草从发芽至分蘖期防效最好。一般情况下，每亩用有效量为：一年生杂草2～3叶期为15～20克，4～5叶期为20～27克，多年生杂草4～7叶期40～80克，兑水40千克喷雾作茎叶处理，施药时，每亩加0.2～0.3升柴油，可提高除草效果，降低用药量，其除草效果与常规用药量相同。

防除对象：能防除稗草、马唐、狗尾草、狗牙根、看麦娘、牛筋草等禾本科杂草。

注意事项：

（1）在推荐用量下，稀禾定对苗木和花卉安全。

（2）混生阔叶杂草的地块，需加防阔叶杂草的除草剂，其用量各自单用量。

7. 苯达松（排草丹、灭草松等）

剂型：25%、48%的水剂。

主要性能：触杀型选择性苗后除草剂，药剂主要通过茎叶吸收，但在体内传导作用很小，因此施药必须均匀周到，效果好。中毒植物表现叶萎蔫、变黄。温度高、阳光充足有利于药效的发挥。禾本科和豆科植物有较强的耐药性，而阔叶杂草和莎草则表现敏感。药后8小时出现症状，10～15天死亡。

应用范围和使用方法：在禾本科草坪、幼林、果园中常用来防除阔叶杂草和莎草科杂草，每亩用有效量50～80克，兑水40千克苗后喷雾作茎叶处理。可与防禾本科杂草的除草剂各自单用的剂量混用，兼治禾本科杂草。

防除对象：双子叶及莎草科杂草。

注意事项：

（1）禾本科草坪使用苯达松，应在阔叶杂草及莎草科杂草出齐且幼小时施药。

（2）强度干旱和水涝地块，不宜使用。

（3）施药后8小时内如遇雨，须重喷。

8. 三氯吡氧乙酸（盖灌能）

剂型：48%的乳油。

主要性能：内吸传导型除草剂，喷药后，药剂能很快被茎叶吸收，造成叶片、茎和根生长畸形并逐渐死亡。

应用范围和使用方法：一般用于幼林抚育，禾本科草坪防阔叶杂草。每亩用有效量

130～200克，兑水40千克于植物生长旺盛期作茎叶处理。

防除对象：在禾本科草坪中，防除阔叶杂草。

注意事项：

（1）本剂只能作茎叶处理，在使用中要防止雾液喷洒或飘移到栽培植物上。

（2）施药后2小时内降中雨以上需重喷。

9. 麦草畏（百草敌）

剂型：40%、70%的水分散粒剂。

主要性能：苗后选择性除草剂，药剂可被杂草根茎叶吸收，通过木质部和韧皮部向上传导，影响正常生长发育，造成叶片畸形，叶柄与茎弯曲、根肿大、茎尖顶端膨大、生长点萎缩、分枝增多等。15～20天死亡。

应用范围和使用方法：麦草畏常用于针叶树苗圃和禾本科草坪，防阔叶杂草效果优于2，4-DJ脂，针树苗圃每亩用有效量15～16克，禾本科草坪每亩用有效量13～18克，兑水40千克，于苗木和草坪生长期，阔叶杂草2～4叶期施药作茎叶处理。

防除对象：双子叶杂草。

注意事项：施药后2～3小时内降中雨以上会降低除草效果，须重喷或补喷。

10. 乙氧氟草醚（惠尔、果尔、割地草等）

剂型：23.5%、24%的乳油。

主要性能：选择性触杀型土壤处理兼有苗后早期茎叶处理作用的除草剂，芽前和芽后早期使用效果好，对种子萌发的杂草有效，杀草谱较广，能防除阔叶杂草和一年生禾本科杂草，对多年生禾本科杂草只有抑制作用。乙氧氟草醚施于土壤而被吸附，在土壤表层形成药层，施药后不要打乱药层，以免影响除草效果。

应用范围和使用方法：常用于苗圃，每亩用有效量10～15克，兑水40千克，于苗前进行土壤处理，苗后40天以上可进行喷雾处理，可防除一年生阔叶杂草。对阔叶杂草的防除优于对禾本科杂草的防除，对一年生杂草的防除优于对多年生杂草的防除，对杂草2叶期以前防除优于以后防除。

防除对象：防除一年生禾本科杂草和一年生阔叶杂草。

注意事项：

（1）用药后不可混土。

（2）用后48小时内，下小到中雨，无须补喷，若下大雨，需用原量的1/2补喷。

（3）对针叶树苗木安全，对阔叶树苗木进行定向喷雾，防止药液喷到苗木顶梢上。

（4）对一年生小草有效，对大龄杂草无效。

11. 甲草胺（拉索、杂草锁、灭草胺、草不绿）

剂型：43%、48%的乳油。

主要性能：选择性芽前除草剂，可被植物幼芽吸收，吸收后向上传导。种子和根也吸收传导，但吸收量少，传导速度慢。出苗后主要靠根吸收向上传导。如果土壤水分适宜，杂草幼芽期不出土即被杀死。该剂除草活性高、药效期较长，一般为4～8周。能有效地防除一年生禾本科、莎草科和某些双子叶杂草。

防除对象：对一年生禾本科杂草、莎草科杂草和阔叶杂草如藜、马齿苋、苋等效果好，对红蓼、龙葵、拉扳归等效果差。

注意事项：

（1）只能做土壤处理，杀死刚萌发的杂草，对已长出的杂草无效。

（2）甲草胺对塑料制品有腐蚀作用，喷后必须清洗。

12. 乙草胺（禾耐斯、圣耐施、草必斯等）

剂型：5%的颗粒剂；20%、40%的可湿性粉剂；50%、80%、90%的乳油；40%、48%的乳剂；50%的微乳剂等。

主要性能：选择性芽前土壤处理剂，禾本科杂草由幼芽吸收。阔叶杂草主要通过根吸收。药剂抑制幼芽与幼根的生长，致使杂草死亡。每亩用有效量60～100克，兑水40千克，药剂在土壤表层而苗木根系在土壤中深层，利用位差而获得选择性，因而对苗木安全。

应用范围和施用方法：适用于针叶树播种圃、移植圃和草坪，每亩用有效量50～75克，兑水40千克，于播种后出苗前使用，暖季型草坪生长期杂草萌芽时使用，喷雾做土壤处理，能有效地防除一年生禾本科杂草和部分阔叶杂草。

防除对象：可防除一年生禾本科杂草及部分阔叶杂草，对多年生杂草无效。

注意事项：

（1）乙草胺做土壤处理效果好，对已出土的杂草效果差。

（2）土壤湿度大，气温高时效果好，可用低剂量，反之用高剂量。

（3）乙草胺可与乙氧氟草醚混用，其用量为单用量一半。

13. 丁草胺（马歇特、去草胺、稻草灭）

剂型：5%的颗粒剂、10%的微粒剂、50%的微乳剂、50%的乳油、60%的水乳剂。

主要性能：选择性内吸传导型芽前除草剂，通过杂草幼芽或根被吸收后在体内传导，最终导致死亡，在杂草刚萌发期使用效果为最好，残效期为40～50天。

应用范围和使用方法：适用于针叶树苗圃、移植圃和成坪草坪，每亩用有效量90～150克，兑水40千克，于播后苗前，移植圃、成坪草坪为杂草萌芽期使用。

防除对象：对一年生禾本科、莎草科杂草有效，对马齿苋、蓼等阔叶杂草有效，对藜、苋、牛繁缕、鲤肠有抑制作用。

注意事项：

（1）丁草胺的施药时期，应掌握在杂草萌芽前为好。

（2）在沙质土使用易产生药害，使用时要谨慎。

（3）花卉、直播草坪严禁使用。

14. 扑草净（秸锄、助锄）

剂型：20%、40%、50%的可湿性粉剂，50%的悬浮剂。

主要性能：选择性除草剂。药剂主要被根吸收，沿木质部运输到叶片内。中毒杂草产生失绿症状，逐渐干枯死亡。对刚萌发的杂草防除最好。

应用范围和使用方法：适用于种子播种苗圃和移植圃。每亩用有效量75～100克，兑水40千克，于播种后、出苗前和杂草萌动期喷雾做土壤处理，依靠位差获得选择性。有机质含量低的沙质土不宜使用本剂。

防除对象：可防除一年生禾本科杂草及阔叶杂草。

注意事项：

（1）药效期慢，一般需要1周左右，因此切勿心急或加大用量。

（2）有机质含量低的沙质土壤不宜使用。

15. 氟乐灵（茄科宁、氟特力）

剂型：38%、48%的乳油。

主要性能：主要被禾本科植物的幼芽和阔叶植物的下胚轴吸收，子叶和幼根也能吸收，但出苗后的茎和叶不能吸收。氟乐灵施入土壤中后易光解，所施药后须拌土，否则效果差。残效期3～6个月。

应用范围和使用方法：适用苗木移栽前或移栽后使用，每亩用有效量50～100克，兑水40千克，于杂草尚未出土前喷雾做土壤处理，施药后立即混土，深度为5～7厘米。

防除对象：防除一年生禾本科杂草和一些小粒种子的阔叶杂草，对已出土的大草无效。

注意事项：为防止药剂挥发，提高防效，施药后应立即混土。

16. 莠去津（阿特拉津、盖萨林）

剂型：38%的水悬剂、38%的胶悬剂、38%的悬浮剂、48%的可湿性粉剂、80%的可湿性粉剂、90%的可分散粒剂。

主要性能：选择性内吸传导型苗前、苗后除草剂。以根部吸收为主。茎叶吸收很少，吸收后传导至叶部，干扰光合作用，使杂草死亡。本剂水溶性大，易被雨水淋洗至较深层，因而对某些深根性杂草有限制作用。残效期一般可长达半年左右。

应用范围和使用方法：适用于花灌木等，每亩用有效量80～120克，兑水40千克，于杂草出土前和苗后早期使用，防除一年生禾本科杂草用低效量，灭生性除草用高效量。

防除对象：防除一年生禾本科杂草和阔叶杂草，对多年生杂草也有一定的抑制作用。

注意事项：桃等对莠去津敏感不能使用。

各种除草剂性能及使用表见表5—3。

表5—3　除草剂性能及使用一览表

序号	除草剂名称	常见剂型	作用方式	使用时间	防治对象	使用浓度（倍）
1	草甘膦	10%水剂	内吸传导，灭生性	杂草生长旺盛期	绿色植物	20～50
2	百草枯	20%水剂	触杀型，灭生性	草高小于15厘米	一二年生杂草	200～300
3	高效氟吡甲禾灵	10.8%乳油	内吸传导性	3～6叶期	禾本科杂草	500～650
4	精吡氟禾草灵	15%乳油	内吸传导	生长旺盛期	禾本科杂草	550～110
5	精恶唑禾草灵	7.5%水剂	内吸传导	2叶期	禾本科杂草	600～1 200
6	稀禾定	25%乳油	内吸传导	4～5叶期	禾本科杂草	270～500
7	苯达松	48%水剂	触杀型	苗后除草剂	阔叶杂草、莎草	240～380
8	三氯吡氧乙酸	48%乳油	内吸传导	生长旺盛期	阔叶杂草	100～150
9	麦草畏	70%水分散粒剂	内吸传导	2～4叶	阔叶杂草	1 500～2 000
10	乙氧氟草醚	24%乳油	触杀型土壤处理	2叶期以前	一年生宽叶与禾本科杂草	650～1[illegible]
11	甲草胺	48%乳油	内吸传导	发芽前	小种子杂草	200～300
12	乙草胺	48%乳剂	内吸传导	发芽前	小种子杂草	250～400
13	丁草胺	60%水乳剂	内吸传导	发芽前	禾本科、莎草科	160～270
14	扑草净	50%可湿性粉剂	内吸传导	苗前、萌动期	一年生禾本科及阔叶杂草	200～260
15	氟乐灵	48%乳油	内吸传导	出土前	小种子杂草	200～400
16	莠去津	38%胶悬剂	内吸传导	苗前、苗后	一年生禾本科及阔叶杂草	100～150

实训二十一　除草剂使用浓度实验

一、实训目的及要求

通过实验掌握一种除草剂在当时天气状况下的对某种杂草特定生长期的有效使用浓度。

二、实训材料与用具

喷雾器、温度计、湿度计、4种不同的除草剂。

三、实训内容及方法

全班分为4个小组，选用不同的除草剂，配制5个不同浓度对某种杂草进行除草实验，并在以后的1周内观察杂草与被施药的园林植物生长情况。

四、作业

1. 配制不同浓度的除草剂进行除草实验。
2. 观察并记录除草效果与施药的园林植物生长情况。

实验报告

除草剂使用浓度实验
一、实训目的及要求 通过试验掌握一种除草剂在当时天气状况下的对某种杂草特定生长期的有效使用浓度。
二、实训材料与用具 喷雾器、温度计、湿度计、四种不同的除草剂。
三、实训内容 分为4个小组，选用不同的除草剂，配制5个不同浓度对某种杂草进行除草实验，并在以后的1周内观察杂草与被施药的园林植物生长情况。

除草剂使用浓度实验

四、作业

1．配制不同浓度的除草剂进行除草实验。

2．观察并记录除草效果与施药的园林植物生长情况。

除草剂使用浓度实验记录表

日期		时间		天气		温度	
湿度		除草剂		杂草		园林植物	

观察记录												
时间(小时) / 生长 / 除草剂浓度	4		8		24		48		72		96	
	杂草	植物	杂草	植物	杂草	植物	杂草	植物	杂草	植物	杂草	植物

实验小组人员：

思考与练习

一、名词解释

一年生杂草、两年生杂草、多年生杂草、双子叶杂草

二、填空题

1. 杂草的防治方法有：________、 ______、________、________、 ________。
2. 常见的禾本科杂草有________、________、________、 ______、 ______等。
3. 常见的十字花科杂草有________、________、________、_________等。

三、判断题

1. 小飞蓬是多年生菊科杂草。 ( )
2. 石竹科杂草都为一年生杂草。 ( )
3. 禾本科杂草一两年生都有。 ( )
4. 节节草是一种蕨类植物。 ( )
5. 草甘膦是一种具有内吸传导的灭生性除草剂。 ( )
6. 骠马主要在禾本科草坪上防除双子叶杂草。 ( )
7. 防除阔叶杂草、莎草杂草可选用苯达松。 ( )
8. 盖灌能是用于防除阔叶杂草的选择性除草剂。 ( )
9. 丁草胺是一种芽前除草剂。 ( )
10. 莠去津对桃等敏感不能使用。 ( )

四、简答题

1. 当地常见的一年生杂草有哪些?
2. 当地草坪的主要杂草有哪些?
3. 如何在禾本科草坪上防除空心莲子草?

参考文献

1．陈岭伟.园林植物病虫害防治.北京：高等教育出版社，2001

2．黄少彬.园林植物病虫害防治.北京：高等教育出版社，2006

3．吴静，张志刚.天津市园林植物病虫害防治手册（第一册、第二册、第三册）.天津：天津市格瑞园林发展有限公司等，2005—2007

4．严衡元，严浩.观赏植物病虫害防治.浙江省风景园林学会，杭州植物园，2009

5．北京农业大学.昆虫学通论（上册）.北京：农业出版社，1978

6．中国科学院动物所.中国蛾类图鉴(Ⅰ、Ⅱ、Ⅲ、Ⅳ).北京：科学出版社，1981

7．丘守思等.森林病虫害防治.北京：农业出版社，1984

8．中国林业科学研究院.中国森林病害.北京：中国林业出版社，1984

9．忻介六，杨清爽，胡成业.昆虫形态分类学.上海：复旦大学出版社，1985

10．严衡元.花卉病虫害防治.杭州：浙江科学出版社，1985

11．徐天森.林木病虫防治手册(修订本).北京：中国林业出版社，1987

12．邓国藩，王慧芙，忻介六，王敦清，吴伟南，五孝祖.北京：中国蜱螨概要.科学出版社，1989

13．曾士迈.植物保护总论（一）.北京：中央广播电视大学出版社，1989

14．许志刚.全国高等农业院校教材　普通植物病理学（第二版）（植物保护各专业用）.北京：中国农业出版社，1990

15．江苏省苏州农业学校.全国中等农业学校教材　观赏植物病虫害及其防治.北京：中国农业出版社，1991

16．萧刚柔.中国森林昆虫.北京：中国林业出版社，1992

17．张中义.观赏植物真菌病害.成都：四川科技出版社，1992

18．王音，周序国.观赏昆虫大全.北京：中国农业出版社，1996

19．康振生，黄丽丽，李金玉.植物病原真菌超微形态.北京：中国农业出版社，1997

20．徐明慧.花卉病虫害防治.北京：金盾出版社，1998

21．王忠群.植保机具选购使用与维修.北京：中国农业出版社，1998

22．魏大为，郝康陕.园林花卉病虫害防治.北京：中国农业出版社，1999

23．张宝棣.花木病虫害原色图谱.广州：广东科技出版社，1999

24．吴萍.植保机械的使用与维修.南京：江苏科学技术出版社，1999

25．林焕章，张能唐.花卉病虫害防治手册.北京：中国农业出版社，1999

26．丁梦然.庭院花卉病虫害防治技术.北京：中国农业出版社，1999

27．迟德富，严善春.城市绿地植物虫害及其防治.北京：中国林业出版社，2001

28．宋瑞清，董爱荣.城市绿地植物病害及其防治.北京：中国林业出版社，2001

29．王思芳，赵洪海，吴献忠.保护地花卉病害防治.北京：金盾出版社，2001

30．韩召军，杜相革，徐志宏.园艺昆虫学.北京：农业大学出版社，2001

31．李怀方，刘凤权，郭小密.园艺植物病理学.北京：农业大学出版社，2001

32．刘悦秋，江幸福，赵和文.园林植物病虫害.北京：气象出版社，2001

33．张宝棣.园林花木病虫害诊断与防治原色图谱.北京：金盾出版社，2002

34．叶钟音.现代农药应用技术全书.北京：中国农业出版社，2002

35．高希武，郭艳春，王恒亮，艾国民，长保民.新编实用农药手册.郑州：中原农民出版社，2002

部分昆虫图片来自于互联网。